ACSM
身体活动与体育锻炼行为促进

ACSM's Behavioral Aspects of Physical Activity and Exercise

主　编　**Claudio R. Nigg**

主　译　漆昌柱

译　者　（按姓氏笔画排序）

王淙一　王梦婷　宋小燕　吴　恙　李梦婕
何燕燕　贺梦阳　郭远兵　高玮毅　桂茹洁

人民卫生出版社

·北　京·

Claudio R. Nigg: ACSM's Behavioral Aspects of Physical Activity and Exercise，ISBN：978-1451132113

Copyright © 2014 American College of Sports Medicine. All rights reserved.

This is a Simplified Chinese translation published by arrangement with Wolters Kluwer Health Inc., USA. Wolters Kluwer Health did not participate in the translation of this title and therefor it does not take any responsibility for the inaccuracy or errors of this translation.

图书在版编目（CIP）数据

ACSM 身体活动与体育锻炼行为促进 /（美）克劳迪奥 . R. 尼格（Claudio R. Nigg）主编；漆昌柱主译 . —北京：人民卫生出版社，2023.10
　　ISBN 978-7-117-35265-9

Ⅰ. ①A… Ⅱ. ①克… ②漆… Ⅲ. ①人体测量 Ⅳ. ①Q984

中国国家版本馆 CIP 数据核字（2023）第 176108 号

人卫智网	www.ipmph.com	医学教育、学术、考试、健康，购书智慧智能综合服务平台
人卫官网	www.pmph.com	人卫官方资讯发布平台

图字：01-2017-6546 号

ACSM 身体活动与体育锻炼行为促进
ACSM Shenti Huodong yu Tiyu Duanlian Xingwei Cujin

主　　译：漆昌柱
出版发行：人民卫生出版社（中继线 010-59780011）
地　　址：北京市朝阳区潘家园南里 19 号
邮　　编：100021
E - mail：pmph @ pmph.com
购书热线：010-59787592　010-59787584　010-65264830
印　　刷：北京顶佳世纪印刷有限公司
经　　销：新华书店
开　　本：787 × 1092　1/16　印张：16.5
字　　数：371 千字
版　　次：2023 年 10 月第 1 版
印　　次：2023 年 11 月第 1 次印刷
标准书号：ISBN 978-7-117-35265-9
定　　价：129.00 元

打击盗版举报电话：**010-59787491**　E-mail：WQ @ pmph.com
质量问题联系电话：**010-59787234**　E-mail：zhiliang @ pmph.com
数字融合服务电话：**4001118166**　E-mail：zengzhi @ pmph.com

前　言

长期以来,我们对为什么需要加强身体活动的认识更加明确了,但如何指导人们加强身体活动的著作却很少,或者说人们该如何做才能养成身体活动的习惯。(如果身体活动可以作为一种药丸,它一定是最常用的药丸!)

《ACSM 身体活动与体育锻炼行为促进》为专业从业者和学生填补了这一空白。对于从业者来说,本书提供了如何帮助人们更加积极参与身体活动的相关指导;对于学生来说,本书则包括了如何改变和促进身体活动的知识。无论你是一名从业者还是学生,你都会发现撰写本书的专家们为你提供了促进身体活动的各种有用的工具、技巧、方法和策略。

本书结构

本书由下列内容构成:

第 1 章介绍了身体活动促进的理论基础。基于有效的实践需要有好的理论指导这一理念,介绍了身体活动改变的一些代表性的理论。

第 2 章阐述了评估的重要性及其方法。如果不进行评估,我们就无法促成人们身体活动改变(例如,你需要去了解他人的身体活动动机)。

第 3 章至第 6 章是本书的主体部分,介绍如何帮助人们改变身体活动行为。这些章节包含了帮助人们加强身体活动的各种工具、技巧、方法和策略,包括:如何帮助访客获得必要的技能(第 3 章),如何评价访客计划改变身体活动的动机(第 4 章),如何与访客进行有效沟通(第 5 章),身体活动指导信息的传递途径或媒介(第 6 章)。

第 7 章至第 9 章是主体部分内容的进一步扩展,包括如何影响环境和政策以激励人们加强身体活动(第 7 章),如何与不同的人群打交道(第 8 章),以及如何评估身体活动行为改变的计划和实践(第 9 章)。

本书的最后一章(第 10 章)重点介绍了专业技能、行为和其他可能在实际应用中促进或妨碍身体活动与体育锻炼行为改变的因素。

本书特色

这本书的目的是能吸引读者,方便应用,并让专业工作者更有效地帮助人们更加积极参加身体活动。为此,大多数章节都包含以下特征:

- **概要**——为本章内容作简要铺垫。
- **实用工具箱**——包含可以使用的表格、清单、图表、工作表和其他资源。

- **研究证据**——包括支持具体建议的最新科学研究成果介绍。
- **循序渐进**——便于实践应用的具体指南。
- **案例场景**——强调材料的实际应用。
- **关键信息**——强调本章内容的核心要点。

　　所有参与这个项目的人都真诚地希望本书能帮助你让人们更多地参加身体活动。谢谢你所做的工作,谢谢你喜欢这本书。

致 谢

我要对下列人员表示感谢，没有他们的付出就没有本书出版。感谢 Katie Amato 和 Ashley Tsumoto 负责为章节提供编辑支持，Angie Chastain 让我所有的工作有条不紊（特别是通过电子邮件簿），Amanda Whittal 协助了第 2 章的文字编辑工作；感谢 ACSM 和 Wolters Kluwer 编辑团队的敬业与专业精神。最后，我还要感谢 ACSM 的远见，让我完成了本书。

Claudio R. Nigg, PhD

致我的女儿，Zoe Nigg——你让这一切都值得！

编者名录

Kacie Allen, BS
Virginia Tech
Blacksburg, Virginia
Chapter 9: Evaluating Physical Activity Behavior Change Programs and Practices

Adrian Bauman, MD, MPH, PhD
University of Sydney
Sydney, New South Wales, Australia
Chapter 7: Influencing Policy and Environments to Promote Physical Activity Behavior Change

Ute Bültmann, PhD
University Medical Center Groningen
Groningen, The Netherlands
Chapter 2: Assessing Your Client's Physical Activity Behavior, Motivation, and Individual Resources

Lauren Capozzi, BSc
University of Calgary
Alberta, Canada
Chapter 8: Promoting Physical Activity Behavior Change: Population Considerations

Brian Cook, PhD
University of Kentucky
Lexington, Kentucky
Chapter 4: Building Motivation: How Ready Are You?

S. Nicole Culos-Reed, PhD
University of Calgary
Alberta, Canada
Chapter 8: Promoting Physical Activity Behavior Change: Population Considerations

Danielle Symons Downs, PhD
The Pennsylvania State University
State College, Pennsylvania
Chapter 1: Why Do People Change Physical Activity Behavior?

Paul Estabrooks, PhD
Virginia Tech
Blacksburg, Virginia
Chapter 9: Evaluating Physical Activity Behavior Change Programs and Practices

Carol Ewing Garber, PhD, ACSM-PD, ACSM-RCEP, ACSM-HFS
Columbia University
New York, New York
Chapter 10: Professional Practice and Practical Tips for the Application of Behavioral Strategies for the Physical Activity Practitioner

Klaus Gebel, PhD
University of Sydney
Sydney, New South Wales, Australia
Chapter 7: Influencing Policy and Environments to Promote Physical Activity Behavior Change

Heather Hausenblas, PhD
Jackson University
Jacksonville, Florida
Chapter 1: Why Do People Change Physical Activity Behavior?

Eric Hekler, PhD
Arizona State University
Phoenix, Arizona
Chapter 6: How to Deliver Physical Activity Messages

Sara Johnson, PhD
Pro-Change Behavior Systems, Inc.

West Kingston, Rhode Island
Chapter 4: Building Motivation: How Ready Are You?

Julia Kolodziejczyk, MS
San Diego State University
University of California, San Diego
Chapter 6: How to Deliver Physical Activity Messages

Kristina Kowalski, BSc, MSc, PhD(c)
University of Victoria
British Columbia, Canada
Chapter 3: Building Skills to Promote Physical Activity

Blake Krippendorf, BS
Virginia Tech
Blacksburg, Virginia
Chapter 9: Evaluating Physical Activity Behavior Change Programs and Practices

Sonia Lippke, PhD
Jacobs University
Bremen, Germany
Chapter 2: Assessing your Client's Physical Activity Behavior, Motivation, and Individual Resources

Rona Macniven, MSc, BSc
University of Sydney
Sydney, New South Wales, Australia
Chapter 7: Influencing Policy and Environments to Promote Physical Activity Behavior Change

Greg Norman, PhD
University of California – San Diego
San Diego, California
Chapter 6: How to Deliver Physical Activity Messages

Serena Parks, PhD
Virginia Tech
Blacksburg, Virginia
Chapter 9: Evaluating Physical Activity Behavior Change Programs and Practices

Heather Patrick, PhD
National Cancer Institute, National Institutes of Health

Bethesda, Maryland
Chapter 5: Communication Skills to Elicit Physical Activity Behavior Change: How to Talk to the Client

Kimberly Perez, MA, ACSM-HFS
Focus Personal Training Institute
New York, New York
Chapter 10: Professional Practice and Practical Tips for the Application of Behavioral Strategies for the Physical Activity Practitioner

Ernesto Ramirez, MS
University of California – San Diego
San Diego, California
Chapter 6: How to Deliver Physical Activity Messages

Erica Rauff, MS
The Pennsylvania State University
State College, Pennsylvania
Chapter 1: Why Do People Change Physical Activity Behavior?

Ken Resnicow, PhD
University of Michigan
Ann Arbor, Michigan
Chapter 5: Communication Skills to Elicit Physical Activity Behavior Change: How to Talk to the Client

Ryan Rhodes, PhD
University of Victoria
British Columbia, Canada
Chapter 3: Building Skills to Promote Physical Activity

Erin Smith, MA
Virginia Tech
Blacksburg, Virginia
Chapter 9: Evaluating Physical Activity Behavior Change Programs and Practices

Pedro J. Teixeira, PhD
Technical University of Lisbon
Cruz Quebrada, Portugal
Chapter 5: Communication Skills to Elicit Physical Activity Behavior Change: How to Talk to the Client

Claudia Voelcker-Rehage, PhD
Jacobs University
Bremen, Germany
*Chapter 2: Assessing your Client's Physical Activity
Behavior, Motivation, and Individual Resources*

Geoffrey Williams, MD, PhD
University of Rochester
Rochester, New York
*Chapter 5: Communication Skills to Elicit Physical
Activity Behavior Change: How to Talk to the
Client*

审校者名录

Sherry Barkley, PhD, ACSM-RCEP
Augustana College
Sioux Falls, South Dakota

Beth Bock, PhD
Brown University and the Miriam Hospital
Providence, Rhode Island

Cynthia M. Castro, PhD
Stanford University
Stanford, California

Nickles I. Chittester, PhD
Concordia University Texas
Austin, Texas

Joseph T. Ciccolo, PhD
Columbia University
New York, New York

Bhibha M. Das, PhD, MPH
University of Georgia
Athens, Georgia

Kelliann K. Davis, PhD, ACSM-CES
University of Pittsburgh
Pittsburgh, Pennsylvania

Rebecca Ellis, PhD
Georgia State University
Atlanta, Georgia

Christy Greenleaf, PhD, ACSM/NPAS-PAPHS
University of Wisconsin – Milwaukee
Milwaukee, Wisconsin

Katie M. Heinrich, PhD
Kansas State University
Manhattan, Kansas

Patricia J. Jordan, PhD
Pacific Health Research and Education
    Institute
Honolulu, Hawaii

Mary Ann Kluge, PhD
University of Colorado – Colorado Springs
Colorado Springs, Colorado

Emily Mailey, PhD
Kansas State University
Manhattan, Kansas

Kathleen A. Martin Ginis, PhD
McMasters University
Hamilton, Ontario

Kristen McAlexander, PhD
Southern Methodist University
Dallas, Texas

Melissa Moore, PhD
Victoria University
Melbourne, Australia

Charles F. Morgan, PhD
University of Hawaii at Manoa
Honolulu, Hawaii

Terra Murray, PhD
Athabasca University
Athabasca, Canada

Neville Owen, PhD
Baker IDI Heart and Diabetes
    Institute
Melbourne, Australia

Ron Plotnikoff, PhD
University of Newcastle
Newcastle, Australia

Sarah Pomp, PhD
Free University of Berlin
Berlin, Germany

Deborah Riebe, PhD, FACSM, ACSM-HFS
University of Rhode Island
Kingston, Rhode Island

Carrie Safron, MA
Teachers College, Columbia University
New York, New York

David Seigneur, MS, ACSM-CES, FAACVPR
UPMC Mercy
Pittsburgh, Pennsylvania

Sarah A. Slattery, MA
Columbia University
New York, New York

John C. Spence, PhD
University of Alberta
Alberta, Canada

Takemi Sugiyama, PhD
Baker IDI Heart and Diabetes Institute
Melbourne, Australia

Sara Wilcox, PhD, FACSM
University of South Carolina
Columbia, South Carolina

Catherine B. Woods, PhD
Dublin City University
Dublin, Ireland

Julie A. Wright, PhD
University of Massachusetts
Amherst, Massachusetts

目　录

第1章　人们为什么改变身体活动行为？

Danielle Symons Downs , Claudio R. Nigg , Heather A. Hausenblas , Erica L. Rauff

第1节   行为改变的原理

概要

什么是行为?

"行为"就其广义而言,指人或生物的所有活动,包括动作、语言、外显的情绪和思维表达[17]。为了说明行为的调节或者改变情况,行为必须是外显的、量化的和可操作化定义的。行为有因也有果,导致行为的线索或诱因是行为的前因变量,与行为相伴而来的积极或消极结果就是行为的结果变量。具体到某种特定情景下,人们对行为的操作性定义是不尽相同的。例如,身体活动(physical activity)行为通常被界定为通过骨骼肌运动所消耗能量高于静息状态下能量消耗的身体运动[67]。身体活动这一概念的外延非常广,它包括体育锻炼、竞技运动、体育休闲、舞蹈等多种活动[14]。人们通常也将身体活动当作一种行为,特别是当个体积极参与一种有规律的活动时。另一方面,体育锻炼(exercise)一般指以增强体质为目的的有计划、有步骤的运动[6]。作为一名实践应用者,你需要在制定行为改变计划之前设置好目标行为,然后详细列出需要具体改变的行为要素。

行为的改变

行为改变不是一件容易的事情,其原因在于人的习惯不易改变,并且人们一般倾向于做自己想做的事情。我们愿意做自认为"得心应手的"或"容易的事情",因此我们需要明白,个体实质性的行为改变,特别是身体活动及相关的健康行为的改变,一般会经历从缺乏锻炼意愿或有害健康行为到有积极锻炼意愿或健康行为的一个连续变化过程。改变一个不正确或有害健康的行为包括:建立意识层面的信念,重复做一些未尝试过的,或者不同于以往的事情,或者戒除一些如吸烟、酗酒等坏习惯。同样地,想要达到一种良性的行为改变,如有规律的身体活动或健康饮食习惯,同样涉及相同的意识和反应,即反复做新的行为,随着时间的推移,直到这种行为成为你日常生活的一部分。那为什么做出积极的行为改变如此困难呢?因为这是我们一般人的共同属性,即我们一般会倾向于追求自己喜欢的活动,回避自己不喜欢的活动。不幸的是,许多积极的健康行为可能有我们不喜欢的地方。例如,尽管身体活动对我们的健康有许多好处,但它也需要我们付出时间、精力和体力。因此,个体需要有意识地把它融入日常生活中。下面有关强化原则会进一步强调这一理念。

行为强化的原理

著名心理学家 BF Skinner 指出："正强化的实施方式比重复次数更重要"。凡是能导致行为再次发生可能性增加的因素都是强化,奖励和惩罚可以增加或减少后续发生类似反应的可能性。Skinner 认为[62]教育完全依靠强化的原则,这些原则是当今心理学界被最广泛接受和应用的理论,也是行为改变的基础。强化最基本假设是如果一个人做了某件事情产生了好结果(被表扬或奖励),他就可能会重复此行为;而如果一个人因为某件事情被批评或惩罚,他通常会尽量避免此行为再次发生。例如,你在几周内坚持慢跑,遇到你的一个朋友说:"哇,慢跑真的有效果,你看起来棒极了!"你可能会尝试坚持慢跑以获得朋友和家人的正面表扬。相反,如果你听到对你来说很重要的人——比如你的家人说,"跑步只会让你伤害自己,我不知道你为什么会如此喜欢",你可能就会停止慢跑,以避免这种羞辱和批评。然而,强化原则在"现实世界"中并不总是表现得如此简单,同样的刺激对不同的人可能会有不一样的影响。例如,有些人会被健身教练的话语鼓舞,比如当他说:"加油,你需要更加刻苦些!你不能只是在那里放松一下!"但另外一些人可能认为这是消极的反馈从而停止运动。强化原则只有因人而异才能达到有效的结果——特别是行为因身体活动的不同而变得复杂。因此,了解对不同个体来说哪些强化物是有效的非常重要。对于不同的人来说有效的强化物也是不一样的。

大多数行为主义者普遍的共识是,积极的强化方法是最合适的,因为它会增加积极行为将来重复的可能性。从实践的角度来看,积极强化法对于加强身体活动行为改变的关键因素,如态度、动机和自我效能等有着更为明显的意义。目前在身体活动行为和竞技体育领域还没有一套正式投入使用的积极强化的指导方案,不过研究人员在相关领域已经提出了若干策略[70]:

第一,选择有效奖励:奖励对于表现某一行为的个体来说是重要的或是他很看重的。也就是说,应当选择对方感兴趣且喜欢的奖励方式,否则就不会有效。其中一些奖励可能是内在的,比如你为自己的成就感到骄傲,或者更努力地学习和表现得更好。另外一些奖励可能是外在的,如精神的(表扬、社会肯定、称赞的掌声)、物质的(服装、奖杯、成就证书)或者货币(现金或礼品卡)的奖励。

第二,安排有效的强化程序:研究人员已经证明[42,58,70],当我们学习一个新的行为或是在学习的初期,应该及时对行为进行连续的强化。强化应该立即使所期望的行为与正向反应间的联系或联结最大化。然而,一旦行为变得更为习惯化,间歇式(随机或不可预期)的强化就更加合理。否则强化就会显得单调乏味,失去其应有的价值。

第三,奖励适宜的行为:与合理安排有效的强化方式一样,选择合适的行为进行奖励也是我们需要关注的方面。如果每一个行为都得到奖励,那么奖励的效果就消失了。因此,你应该知道对于目标人群来说哪些重要的行为或结果需要给予奖励,而且在什么时候给予奖励更能接近目标行为,这就是所谓的塑造,当个体的行为接近所期望的行为时就会得奖励。

这样,随时间推移就会逐步改变原来的行为[50,62]。

第四,注重奖励表现和努力而不仅是结果:就像目标设置理论中的观点,重要的是奖励行为过程而并非结果,除了实际的行为表现以外,还包括行为过程中的一些重要的要素,如努力、勤奋、奉献等等。这会使人们在逆境或障碍面前更加坚持不懈,因为只有了解行为改变过程的价值,才能在面临挑战时永不放弃。

第五,积极的行为动机氛围:在积极、支持性的环境氛围中使用积极强化物可以增加行为改变的可能性。对个体行为的反馈应该是指导性的、鼓励的、充满耐心的,并有机会与相关群体进行讨论或得到其反馈支持。

由于行为变化不仅仅取决于上述的强化原则,因此为了更加全面地认识行为的改变,其他一些理论也很重要。下面的章节将概述理论或模型指导行为变化的重要性,并将介绍几种常用的行为理论来解释和预测身体活动行为,并通过案例插图来演示如何应用这些理论。

第 2 节　行为改变的理论

理论和模型的重要性

"没有什么比一个好的理论更有说服力。"(Lewin, K. (1952). Field theory in social science: Selected theoretical papers by Kurt Lewin. London: Tavistock.)

刚开始接触行为改变的理论和模型也许会觉得晦涩难懂,然而一旦开始自觉应用理论模型解决问题,很快就会在使用过程中发现理论模型的基本价值及其为学习和生活带来的便利之处。此外,将理论模型看作是对某一现象的一个结构化逻辑解释或概括,也是一种学习和了解理论模型的便捷方式。理论模型可以帮助我们理解、解释和预测人们的行为,并涵盖行为发生的原因和方式,提供一个以经验为基础的"蓝图",从而制定干预措施以促进健康水平。例如在身体活动行为领域中,理论模型为行为表现提供了一种直观表示,也为理论各部分是如何与理论整体结构相互作用提供了一个说明示例[10]。虽然许多理论都有模型架构,但并非所有的模型都是基于同一个理论。从实践的角度来看,好的理论重视通过模型来证明其理论各要素之间的密切联系以及理论对行为的预测作用。健康指导专家选择使用某种理论或模型原因各异,比如在个人、社区和社会层面分析促进或阻碍人们行为改变的因素;指导人们选择和发展健康行为促进策略。需要注意的是,如果缺乏对理论宏观思想的深刻理解,比如对你所从事的健康促进行为改变工作的个体、群体、组织和社区缺乏透彻的洞察和明确的意识,那么理论将不可能发挥作用。所以需要明确:理论不是解决问题的具体办法,而是实践的基础和支撑。

要改变或促进身体活动的行为,重要的是要认识到最常用的、以实践为基础的理论模型对行为变化影响的关键因素。为此,本节提供身体活动行为的几种常用理论模型概述,以身体活动领域的研究综述文献为证据,进行具体说明以及如何在实践中运用的方法,并列举实际场景示例。

自我效能理论

概要

自我效能的概念与作用

自我效能是个体在某一特定情境下对自己行为表现的自信程度[7,8]。自我效能会影响个体的每一种行为选择,无论个体是否意识到这一点。从人们在高速公路上开车到选择今天步行或慢跑等,自我效能都会影响到个体的想法、感觉和行为[7]。除此之外,个体自我感觉是否有能力成功地执行某一活动的信念也会影响其决定是否做这件事情。此外,你在这些活动中投入的精力会受到个体信念的影响。如果对自己成功执行某种行为的个人能力预估信念较弱(即低自我效能),那么个体将不会对这个不确定结果的事情投入太多精力。另一方面,如果个体对自己做某项任务有十足信心(即高自我效能),有强烈的信心和信念去承担这项任务,这样的情况下强烈的效能会增强个人愉悦感,促进建立为之努力的信念。同时,对个人能力的高信念会使个体倾向于把困难任务看作挑战而去积极应对,而不是看作威胁采取逃避行为[7]。

自我效能源于社会学习理论的假设[46],是社会认知理论的一个有机组成部分[8],如果个体有动机去学习某种行为,那么这种行为就会通过观察学习得到积极的强化。自我效能被认为是取决于几个重要因素(见图1.1)。第一位和最重

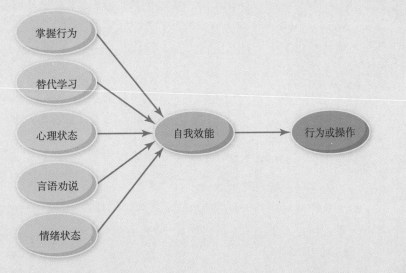

图 1.1　自我效能理论(Adapted with permission from Bandura A. *Social foundations of thought and action*. Englewood Cliffs(NJ): Prentice Hall: 1986.)

要的来源就是掌握(绩效)的经验。当个体成功地完成一项任务后,会产生相信自己需要并且能够重复行为的信心。过去的成功经验对自我效能和未来可能发生行为有很重要的影响。然而自我效能也很脆弱,过去失败的经验也会削弱个体自我效能。

自我效能的另一来源是替代经验或观察学习。他人的行为(成功和失败)会影响你的自我效能,也就是说,看到一个朋友或家庭成员在相似的任务上取得成功可以提高自我效能,而看到他人在类似的情况下失败则会降低个体的自我效能。

第三个影响自我效能的因素是言语劝说。当听到身边重要人物(朋友、家庭成员、老师等)对你说出诸如"干的好!坚持下去!"这样的口头赞扬或"加油,你能办到的!"的话语时,个体的效能信念会迅速增加。相反,消极的评论可能会损害或削弱个人坚持的信念,特别是在他人怀疑你能力的情况下。一般来说,如果你有一些理由相信坚持下去就会取得成功的话,言语劝说对自我效能的影响最大。

人体的生理状态也会影响自我效能。例如心率和呼吸频率升高、出汗增多等都可以反映你当前的效能水平。评估身体情况和这些生理线索很重要,当你沉着冷静、充满信心时通过这些生理线索同样可以判断出事情在自己掌控中。相反,如果个体通过身体信号判断自己没有准备好做某事,将会降低自我效能感从而质疑自己的能力。

最后一个原因是个体情绪状态,这也同样影响自我效能感。因为与过去的成功和失败相关的情绪会与当前的事件相联系,和成功的时候与事件相联系的积极情绪(例如成就感、骄傲)被储存在记忆中,而失败的经验也与消极的情绪(例如沮丧、羞愧)相联系而被储存在记忆中。事件发生之前的情绪状态会诱发记忆系统中之前的类似事件。因此,在行为之前建立一个积极的情绪状态可以诱发人们记忆中的喜悦与乐观,进而提高自我效能感。

由于自我效能是一个特定情境的结构,其操作性定义也在不断发生变化。以下概念是在身体锻炼行为研究中关于自我效能感概念构成要素的研究成果[45]:

- 锻炼效能:个体成功从事身体活动的能力,包括在不同的状况下,身体活动的强度和持续时间长短。
- 克服障碍效能:个体克服参与运动障碍的信念,障碍包括社会(配偶、朋友等支持不足)、个人(缺乏动力、慵懒的感觉)以及环境(恶劣天气、不安全的社区)等因素。
- 规划效能:规划或安排每天或每周身体活动能力的信心。
- 健康行为效能:从事健康促进行为能力的信念,如符合身体活动指南。

研究证据

综上所述，自我效能最强的来源是掌握（绩效）经验，所以说自我效能和身体活动参与之间的关系是相互促进的也不足为奇。也就是说，个人信念与身体活动的启动和维持密切联系，短期和长期的身体活动会导致自我效能显著增加[44]。有研究证实了自我效能对锻炼行为的重要促进作用。例如，通过分析自我效能和锻炼的研究得出两者间正相关的结论，特别是通过干预性研究，例如参与锻炼计划能促进身体活动自我效能提升[35]，自我效能对身体活动参与的积极作用似乎延伸到各种群体，包括心脏病康复患者[64]、发育缺陷人群[11]、糖尿病和有肥胖症的青少年[22]以及癌症幸存者[47]和新生儿母亲[23]。虽然有大量的证据表明提高自我效能可以促进身体活动，但现在的关键问题是如何通过自我效能来促进个体的身体活动行为？下一节将会系统描述如何应用自我效能理论促进身体活动。

 循序渐进：自我效能理论在身体活动行为领域中的应用

Edward McAuley 是在运动领域研究自我效能的专家，他指出："对于健康指导员和项目管理者来说重要的是提供有效的经验，以最大限度地提高自己在锻炼方面的个人能力的信念[43]。如果健康指导员做不到这点，参与者可能会对锻炼活动产生消极认识，变得心灰意冷或气馁，进而停止锻炼活动。"因此，下面针对每一种可能影响自我效能的因素提出了一系列策略，对症下药来促进个体自我效能感提升：

步骤 1：形成熟练的经验

通过增加积极的身体活动经验频率创造掌握经验的机会。例如，逐渐增加活动的频率和强度，不要一开始就进行最大强度的活动（例如高强度体能测试）；在日常活动中找寻成就感，如步行上班、走楼梯代替电梯，或扩大停车地点和目的地之间的距离等。逐步发现每个人喜欢的身体活动方式以提升从事这些活动的概率（如加入社区的活动中心或者找到身体活动伙伴）。

步骤 2：替代经验

最大限度地接触积极的榜样经验。例如，观看那些和自己在年龄、性别、身体特点和能力等方面具有较高相似性的成功榜样录像。参考榜样的锻炼频率或专家建议的锻炼学习方式，使自己在活动中保持舒适的感觉并不断重复这一活动，也可以加入一个具有安全感、充满社会支持的锻炼小组以增加同伴之间的榜样学习。

步骤 3：言语劝说

增加正面的和积极性的反馈机会。例如，发展社会支持网络，提供机会鼓励"多伙伴系统"，为联络人提供情感支持，共同克服困难。利用社交媒体，并使用多媒体等方式从他人那里获取积极的反馈（个人、家人、朋友等）。

步骤 4：身体生理状况

学习了解和解释身体症状，建立一定的常识经验。例如，教人们如何准确和积极地认识身体情况，如心率、呼吸频率、出汗、肌肉酸痛、体重变化和一般的疲劳感。解释这些症状也为有效身体活动的参与提供积极线索。

步骤 5：情绪状态

在参与锻炼前，增加对情绪的讨论，使积极的情绪状态保持到最大化。例如，在参加身体活动前，通过积极的表象训练和放松等策略使个体保持平静，产生快乐。在参与身体活动时对于个体的想法和情绪进行支持性交流；帮助锻炼者在积极的心境状态和积极的身体活动的体验（即身体活动前会感觉更好，身体活动期间和之后也会体会到愉悦）之间建立连接。

案例场景 1.1

　　Julie 即将进入高中，并且将开始她高中足球的季前赛。Julie 一直是球队的中场核心，带领球队进球并帮助球队进入季后赛，她一直也是团队中乐观的一员，表现良好，但是在今年的冬季室内足球赛中她的十字韧带（ACL）撕裂，并被迫做 ACL 手术修复，这使她错过了室内足球赛的其余部分和所有精英的春季巡回赛。术后她需要进行康复理疗，但是她害怕过度的康复治疗可能会重新撕裂她的十字韧带，因为医生告诉她重新进行康复可能会影响韧带。同时她还担心自己必须穿膝盖支撑的器具，这会束缚她的身体活动范围从而将无法发挥自己曾经的实力。她还梦想着参加大学足球比赛，但担心自己受伤会毁了在大学里踢足球的目标。为了帮助 Julie，医生应该考虑以下策略：

1. **过去绩效成就**：让 Julie 列出她个人成就（特别她在足球运动领域），还包括自己遇到障碍和挑战，以及她记忆中是如何处理这些挑战和克服困难的。

2. **替代经验**：给 Julie 展示其他精英运动员之前进行 ACL 修复手术后恢复的效果，使她看到在进行手术之后依然可以有良好的预后。

3. **口头说服**：争取家人、队友和教练的帮助，提供一个积极的恢复环境，使其获得康复信心。这些人应该注意一个事实——她刚从严重的伤病中恢复，和以前一样对待她会使她觉得自己不会因为受伤而被孤立。

4. **生理和情感状态**：Julie 需要慢慢学会倾听她的身体，这也许是一个缓慢的过程。如果她感到膝盖疼痛，可能需要减少训练或降低强度或持续时间，并且要及时关注自己的身体，尽量最大限度地恢复积极的情绪状态（例如，听音乐放松、观看录像正确指导膝盖恢复等）。

关键信息

自我效能是一种强大的自我信念,相信自己有组织能力并实施行动以达到预期。自我效能感受多种因素的影响,包括掌握的经验、替代经验、口头说服、生理状态和情绪状态。具体到身体活动行为,自我效能感依旧起着重要的作用。当效能感充沛的时候,个体更能保持动力,愿意参与和坚持,个体也更有可能报告更多的积极和消极感受,这些情绪也可能会影响身体活动参与。在此种情境下,个体也更喜欢身体活动!最后需要注意的是,疗效信念是由个人驱动的,因此了解内心的动机需求是必不可少的,这将会促进积极情绪的增强。

行为改变阶段理论模型

概要

迁移理论的概念与作用

对于大多数人来说,改变有害健康的行为(例如缺乏身体活动),养成良好的健康习惯(例如规律的身体活动)往往是具有挑战性的。行为的变化通常是一个漫长的过程而不是立竿见影的,并且包括几个阶段的渐进过程。在每个阶段,个体的认知和行为不尽相同,所以使用相同方法来促进行为的变化是不恰当的。行为阶段转变理论模型又称行为转变理论(TTM),是由美国罗德岛大学心理学教授Prochaska 于 1979 年提出来的。阶段的概念或者说"具体问题具体分析"[39]的这种理念在 Prochaska 和他的同事开发的跨理论模型中发挥了基础性的作用[53]。

这种模型是在对心理治疗和行为改变领域主导理论的比较分析的基础上提出的[56]。TTM 包括以下 4 个因素:1. 变化阶段;2. 决策平衡;3. 变化过程;4. 自我效能感。这一模型的各结构简介如下,在第 4 章会做详细阐述。

行为改变的阶段

行为的改变是一个循序渐进的过程。Prochaska 和 DiClemente 提出假设[54]:以个体改变健康不良习惯为例,从久坐不动到积极健康的生活方式,个体将经历多个阶段并且过程因人而异,在某一阶段可能会有不同的变化速度或者存在倒退的可能性。如果个体先前具有久坐不动的生活习惯,考虑到锻炼的益处(例如,使自己的精力更加充沛)和时间成本(例如,减少看电视的时间),之后的几个月后他可能会买一双运动鞋,6 个月后开始每周徒步 3 次。然而,经过一年的徒步锻炼,他可能会因为工作的压力而力不从心从而完全停止这种身体活动。停止某一项身体活动将代表一种倒退现象,也就是往复周期。简言之,当个体经历

坚持期

行动期

准备期

意向期

前意向期

图 1.2   行为改变阶段模型

行为改变的过程时，通常会出现螺旋式进步或者倒退的现象，个体首先要认识到需要改变，进而思考改变并且做出改变，最后维持某种新的行为。在个体的健康行为改变过程中通常要经历这 5 个阶段：意图、思考、准备、行动、维持[57]。图 1.2 提供了一个图解的阶段变化。下面提供了每个阶段的简要说明，更全面的描述见第 4 章。

（1）个人意向（"我不想"或"我不能"）

如果个体在无意向阶段，就不会考虑或不想改变其行为。所谓的"沙发土豆（couch potato）"就是没有进入到养成体育锻炼习惯的意图期阶段的典型例子。比如就身体活动而言，个体可能在无意图的情况下会认为其是无价值的，或者认为身体活动有意义但是难以克服时间障碍。个人意向缺乏者通常被认为是最难受到某种外界刺激而改变的人群，发生改变的可能性很小。

（2）关注阶段（"我可能"）

如果个体在关注阶段并且承认自己存在问题（例如，"我知道我需要更多的身体活动"），当个体意识到改变行为之后的付出和收获，发现必要性之后那么他有可能在接下来的 6 个月内会有做出改变的意愿[55]。

（3）准备阶段（"我将会"）

在准备阶段，个体会计划在不久的将来尝试改变活动水平，并且通常是在下个月内就会付出行动。但是准备过程是一个不稳定的阶段，处在这个阶段，每个人都很有可能在未来 6 个月中反复思考自己的行为改变方式与计划。

（4）行动阶段（"我正在"）

行动阶段是指一个人最近已经改变了自己的行为（即在 6 个月内），此阶段需要耗费大量时间和精力。因为个体刚刚建立的新习惯，所以要特别注意避免发生倒退行为（例如，减少或停止体育锻炼活动）。

（5）维持巩固阶段（"我已经"）

一旦连续坚持了 6 个月，通常认为个体已经进入了维持阶段。虽然已经很好地建立了新的行为，但是缺乏新鲜感和注意力是有可能成为再次停止身体活动的因素。在此阶段人们需要通过个人努力以加强所取得的收益，结合各阶段的变化，以尽量防止身体锻炼半途而废。

决策权衡

决策权衡：这是评估个体潜在优势以及优缺点或者弊端行为的重要途径[31]。利弊之间的权衡取决于个体在哪个阶段的变化。当体育锻炼的坏处（例如，需要占用其他活动的时间）大于身体活动带来的益处（例如，提高心理健康），那么个体改变行为的动机（即——从静止到从事体力活动）会降低。因此，例如个体在意向思考的阶段，弊都大于利；在准备阶段，利弊是相对均衡的；最后，在行动和维护阶段，则是利大于弊。

阶段过程变化

阶段变化过程包括 10 个方面内容，反映了个体在改变行为过程中的行为、认知和情绪状态。在第 4 章中将做出更详细的定义，包括：
- 意识提升（收集信息）
- 对抗条件反射作用（替代经验）
- 外界因素帮助（情绪调动）
- 环境评价（榜样作用）
- 帮助关系（获得社会支持）
- 强化管理（奖励）
- 自我解放（承诺）
- 自我援助（建立健康的自我表象）
- 社会环境影响（利用社会习俗）
- 刺激控制（使用行为线索）

如前所述，自我效能是个体对完成某项行为的能力的一种判断，故这也是行为改变的关键因素[8]，并且已经纳入 TTM 理论模型。根据 TTM 模型，自我效能理论提出了每个阶段的变化可能增加个体自信的因素，例如，通过增加有效益的身体活动成功经历，但是相反的行为也可能使自我效能降低，比如个体踌躇不前、犹豫徘徊就有可能回到行为改变初始阶段。参见图 1.3。

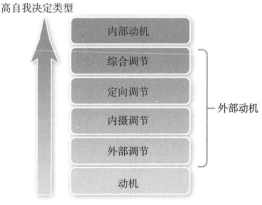

图 1.3　自我决定理论（Adapted with permission from Deci EL, Ryan, RM. *Intrinsic Motivation and Self-Determination in Human Behavior*. New York：Plenum Publishing Co：1985.）

研究证据

　　TTM 首先由 Onstroem 在 20 世纪 80 年代末应用于身体活动行为研究中[63],此后该理论应用愈加广泛。Marshall 和 Biddle 对从身体活动领域发表的 71 项学术成果中选取的 91 个独立样本进行了 Meta 分析[41],发现每一项研究至少检验了其中的一种理论。研究发现变化过程、自我效能和决策平衡在模型中的不同阶段其预测效应均不相同。他们还指出,每一阶段变化过程中个体有着不同身体活动水平,相关的自我效能感、利弊衡量。最近,Hutchinson,Breckson 和 Johnston[30] 回顾了 TTM 干预身体活动行为变化的研究,发现大多数的干预未能准确地代表所有的模型。他们的提出:想要检验模型的有效性,研究者应采取能准确地代表所有 TTM 模型构建(即改变阶段、自我效能感、改变决策的平衡过程)的锻炼方式。

循序渐进:阶段变化模型在身体活动行为领域中的应用

　　想要成功将 TTM 应用于身体活动领域中,首先要确定个体改变的阶段。利用实用工具箱 1.1 的阶段变化问卷调查可以确定个体阶段变化情况。一旦确定个体改变的阶段,就要对照 TTM 模型,把剩余阶段作为发展目标(即改变过程中自我效能和决策权衡的过程;利用实用工具箱 1.2 到 1.4 的调查问卷可以评估此行为处于 TTM 结构中的某一阶段)通过改变身体活动的意图或行为,最终达到推进个体行为改变阶段的目的。

　　通过决策的权衡,可以使人们在不同阶段评估锻炼的利弊,判断其发展的下一阶段。例如在无意图阶段,锻炼的弊远大于利。Carlos DiClemente 和他的同事指出[25],从第一阶段到第三阶段,是个体评估了解利弊和预测转型的时期(即意图、沉思和准备)。然而,在操作和维持阶段这些决策权衡措施更重要的目的是预测锻炼习惯改变的进展。要牢记的一点是:自我效能在个体运动过程中,会随着其不断进步而在连续变化中有所增加。在变化过程中逐步增加的自我效能可以给人信心,并且可以保持他们身体活动行为改变的坚持性。

　　最后,行为改变过程使个体明白如何将意图转变为实际行动。正如前面提到的,个体在各个阶段中有代表性的变化行为、认知和情感等 10 项内容,个体更多地将认知、情感和评价过程整合进入早期阶段的准备(即意图、沉思和准备)。在维持阶段,个体更多依靠承诺、自我调控、突发事件、环境控制和支持这几个条件。不同的策略应用于不同变化阶段才会有更明显的效果。例如,对抗条件反射作用和刺激控制在操作和维护阶段发挥重要作用,这个变化阶段可能都需要外在帮助辅导。除此之外,由于受到外界援助,此阶段个体意识状态提升效果好于个体无意图阶段。参见图 1.4 对 TTM 结构工作改变人们的意图和行为论述。

实用工具箱 1.1

阶段变化调查表示例

针对锻炼：以下 5 个语句将评估你当前在空余时间所做的身体活动。经常锻炼是指包括任何可以增强体质的体力活动（如快走、慢跑、骑自行车、游泳、舞蹈、网球等）。这一类型的活动应该进行每周 3 次以上，每次 20 分钟以上，以达到增加呼吸频率并且出汗的程度[6]。

根据上述定义您属于经常锻炼的人群吗？**请在以下 5 个选项中标记一项即可。**

1_____ 不，我不打算在未来 6 个月内开始有规律锻炼。

2_____ 没有，但我打算在未来 6 个月内开始有规律锻炼。

3_____ 没有，但我打算在接下来的 30 天开始有规律锻炼。

4_____ 是的，我有，但不到 6 个月。

5_____ 是的，我已经有 6 个月以上的锻炼经验。

评分项目

1＝意图；2＝反思；3＝准备；4＝行动；5＝保持

针对身体活动行为

以下 5 个语句将评估你当前从事闲暇时间的**规律身体活动**。身体活动要定期，要每天做 30 分钟（或更多），每周至少 5 天[67]。例如，你可以做 3 组 10 分钟的快步走或骑自行车 30 分钟。身体活动包括快走、骑自行车、游泳、舞蹈、健美操课或其他可以达到类似效果的活动。个体的心率和呼吸频率随之增加，但没有必要精疲力竭。

根据上述定义，您属于规律定期体育锻炼的人群吗？**请在以下 5 个选项中标注一项即可。**

1_____ 不，我不打算在未来 6 个月内开始参加有规律的身体活动。

2_____ 不，但我打算在未来 6 个月内开始参加有规律的身体活动。

3_____ 不，但我打算在接下来的 30 天内开始参加有规律的身体活动。

4_____ 是的，但我参加身体活动的时间还不到 6 个月。

5_____ 是的，我参与身体活动的时间已经超过 6 个月了。

评分项目

项目 1＝意图；项目 2＝沉思；项目 3＝准备；项目 4＝行动；项目 5＝保持

Questionnaire for exercise: Reprinted with permission from the following source; questionnaire for physical activity: Adapted with permission from the following source:

Nigg CR and Riebe D. The Transtheoretical Model: Research review of exercise behavior and older adults. In: Burbank P and Riebe D, editors. *Promoting Exercise and Behavior Change in Older Adults: Interventions with the Transtheoretical Model.* Springer Publishing Company; 2002, p. 147–80.

实用工具箱 1.2

过程变化阶段评分等级表

以下经验可以影响一些人的身体活动习惯。个体可能正在或已经在过去一个月有过类似的经历,然后通过重复相同的行为使事件频繁发生。请回答以下 5 点计分量表:

1	2	3	4	5	
从不	极少	偶尔	经常	频繁	

1	我读了很多关于体育锻炼的文章以便更了解相关知识 ⋯	1 2 3 4 5
2	我对于一些可以从体育锻炼中获益却不去付诸实践的 人感到惋惜 ⋯⋯⋯⋯⋯⋯⋯⋯⋯⋯⋯⋯⋯⋯⋯	1 2 3 4 5
3	我觉得如果自己缺乏规律的身体活动可能会生病并且 成为别人的负担 ⋯⋯⋯⋯⋯⋯⋯⋯⋯⋯⋯⋯⋯⋯	1 2 3 4 5
4	有规律的锻炼使我感觉更加自信 ⋯⋯⋯⋯⋯⋯⋯⋯	1 2 3 4 5
5	我注意到很多人都觉得体育锻炼有益于身体健康 ⋯	1 2 3 4 5
6	当我疲惫的时候我依旧会选择一些方式进行锻炼,因为 我觉得在那之后会感觉轻松很多 ⋯⋯⋯⋯⋯⋯⋯	1 2 3 4 5
7	在我不想锻炼时,会有朋友给我鼓励 ⋯⋯⋯⋯⋯⋯	1 2 3 4 5
8	身体活动的好处之一就是改善我的情绪 ⋯⋯⋯⋯⋯	1 2 3 4 5
9	我相信只要我坚持努力,就可以养成身体活动习惯 ⋯⋯	1 2 3 4 5
10	我随身穿着一套运动服以便在空余时间进行锻炼 ⋯	1 2 3 4 5
11	我寻找并关注与体育锻炼相关的信息 ⋯⋯⋯⋯⋯⋯	1 2 3 4 5
12	我会担心如果我不进行体育锻炼的身体情况 ⋯⋯⋯	1 2 3 4 5
13	我认为进行规律的体育锻炼可以使自己不成为医疗系 统的负担 ⋯⋯⋯⋯⋯⋯⋯⋯⋯⋯⋯⋯⋯⋯⋯⋯⋯	1 2 3 4 5
14	我相信锻炼会造就一个更加健康快乐的人 ⋯⋯⋯⋯	1 2 3 4 5
15	我逐渐意识到越来越多的人把锻炼作为他们生活的一部分 ⋯	1 2 3 4 5
16	我用锻炼取代工作后的休闲 ⋯⋯⋯⋯⋯⋯⋯⋯⋯⋯	1 2 3 4 5
17	生活中有人鼓励我去身体活动 ⋯⋯⋯⋯⋯⋯⋯⋯⋯	1 2 3 4 5
18	我觉得锻炼可以让我放空身心,缓解工作的疲劳 ⋯⋯	1 2 3 4 5
19	我承诺进行体育锻炼 ⋯⋯⋯⋯⋯⋯⋯⋯⋯⋯⋯⋯⋯	1 2 3 4 5
20	我做出了体育锻炼计划表 ⋯⋯⋯⋯⋯⋯⋯⋯⋯⋯⋯	1 2 3 4 5
21	我不断寻找出新的体育锻炼方法 ⋯⋯⋯⋯⋯⋯⋯⋯	1 2 3 4 5
22	我希望我爱的人也可以有着规律体育锻炼的生活否则 我会觉得有点失望 ⋯⋯⋯⋯⋯⋯⋯⋯⋯⋯⋯⋯⋯	1 2 3 4 5
23	我认为规律体育锻炼在节省医药费开支上面扮演着 重要的作用 ⋯⋯⋯⋯⋯⋯⋯⋯⋯⋯⋯⋯⋯⋯⋯⋯	1 2 3 4 5

24	当我体育锻炼时感觉自己更好了	⋯⋯⋯⋯⋯⋯⋯⋯	1 2 3 4 5
25	我发现名人几乎都有体育锻炼的习惯	⋯⋯⋯⋯⋯	1 2 3 4 5
26	相对于看电视和吃零食我更喜欢身体活动	⋯⋯⋯⋯	1 2 3 4 5
27	我的朋友们鼓励我锻炼	⋯⋯⋯⋯⋯⋯⋯⋯⋯	1 2 3 4 5
28	当我制定好锻炼的计划时我感觉自己更加精力充沛	⋯⋯	1 2 3 4 5
29	我相信我可以进行规律的体育锻炼	⋯⋯⋯⋯⋯	1 2 3 4 5
30	我确保自己随时有一套舒适干净的运动服	⋯⋯⋯	1 2 3 4 5

评分

意识提升 –1, 11, 21　　　　专业指导 –6, 16, 26

外在鼓励 –2, 12, 22　　　　支持系统 –7, 17, 27

环境因素 –3, 13, 23　　　　强化机制 –8, 18, 28

自助系统 –4, 14, 24　　　　自我解放 –9, 19, 29

社会支持 –5, 15, 25　　　　刺激控制 –10, 20, 30

实用工具箱 1.3

自我效能感量表

本部分着眼于当事情步入正轨之后在锻炼时候的自信心。阅读下列项目，并填写在你的闲暇时间与自己最相关的事件。请回答以下 5 点量表使用：

在以下情况，当我进行体育锻炼时我觉得充满自信

1	2	3	4	5
信心全无	有点信心	中等信心	很有信心	满怀信心

1	当遇到雨天、下雪天以及冰雹的天气	⋯⋯⋯⋯	1 2 3 4 5
2	当我压力很大的时候	⋯⋯⋯⋯⋯⋯⋯	1 2 3 4 5
3	当我的时间很紧张	⋯⋯⋯⋯⋯⋯⋯⋯	1 2 3 4 5
4	不得不独自运动的时候	⋯⋯⋯⋯⋯⋯⋯	1 2 3 4 5
5	当我没有合适的运动场地	⋯⋯⋯⋯⋯⋯	1 2 3 4 5
6	和朋友一起聚会的时候	⋯⋯⋯⋯⋯⋯⋯	1 2 3 4 5

评分：这 6 个项目是一般自我效能量表的 6 个因素。长期形成的（每个因素包含三个项目）条目由编制量表的人员制定。

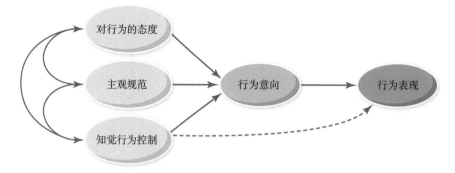

图 1.4　计划行为理论图（Adapted with permission from Ajzen I.The theory of planned behavior.*Organ Behav Hum Decis Process*.1991；50：179-211.）

 实用工具箱 1.4

决策权衡等级评分表

本节主要讨论运动的积极和消极方面。阅读以下内容，并说明每一句话对你在闲暇时间锻炼或不锻炼的决定有多重要。请在以下 5 个评分等级中选取与自己情况最相近的 1 项：

1	2	3	4	5
根本不重要	有时重要	一般重要	非常重要	极其重要

1　经常锻炼使我对自己的家人和朋友更加充满热情和能量 …　1　2　3　4　5
2　当朋友看见我在锻炼的时候我会觉得很不好意思 ………　1　2　3　4　5
3　锻炼身体可以减轻我的压力 ………………………………　1　2　3　4　5
4　锻炼身体耗费了我和朋友在一起的时间 …………………　1　2　3　4　5
5　我觉得锻炼身体让我一天中的空余时间心情更好 ………　1　2　3　4　5
6　我穿运动服觉得不自在 ……………………………………　1　2　3　4　5
7　我觉得体育锻炼会使我的身体更加舒适 …………………　1　2　3　4　5
8　关于体育锻炼我需要了解的还有很多 ……………………　1　2　3　4　5
9　锻炼身体可以使我的形象更加有魅力 ……………………　1　2　3　4　5
10　锻炼可能会增加周围亲人的负担……………………………　1　2　3　4　5

评分

积极方面 –1，3，5，7，9

消息方面 –2，4，6，8，10

案例场景 1.2

    Carla 是一个 60 岁的肥胖者,最近医生诊断她为糖尿病早期并鼓励她开始锻炼。Carla 不承认自己身上存在的问题,并且也不想在接下来的 6 个月有锻炼的行为。Carla 是一个缺乏动力进行体育锻炼的人,并有很多的"借口"不锻炼身体。她并不认为体育锻炼在帮助她减轻体重和解决其他相关健康问题方面有什么价值。她感到力不从心,因为她没有时间,也不知道如何进行体育锻炼。她强烈地认为自己不可能参加体育锻炼。为了帮助 Carla,她的私人健康指导员应该考虑以下几个方面:

- 变化阶段:首先,确定 Carla 所处的变化阶段。因为 Carla 并没有打算在可预见的未来开始一个锻炼计划,故属于无意图阶段。了解她的变化阶段有助于健康指导员开发出适合于她变化阶段的身体活动干预。
- 决策权衡:为 Carla 列出她参加体育锻炼利弊。让她意识到从久坐到主动进行身体活动的生活方式带来的诸多好处。强调针对身体问题锻炼带来的好处。
- 改变过程:利用情感唤起、意识提升和帮助关系,让 Carla 意图阶段进入沉思阶段。为了做到这一点,可以帮助 Carla 收集有关身体活动带来健康益处的信息,以及如何帮助她减肥,减少她患糖尿病的可能性(也就是提升意识层次)。也可以让 Carla 表达她对久坐和超重的感觉。最后,让 Carla 评估她的不活动如何影响她的朋友和家人,例如,Carla 不能愉快地和自己的孙子玩耍,因为她没有精力这样做。而且,她也不能和丈夫一起去散步。引导 Carla 从不进行体育锻炼的阶段出走来的关键就是使她开始思考积极层面。

关键信息

    在过去的几十年里,TTM 已越来越多地应用于评估身体活动的行为,其核心在于构建 TTM 的阶段变化、过程变化、决策权衡过程和自我效能。在身体活动领域的 TTM 结构已经改变的阶段构建是研究的最集中的方面,而阶段的变化,评估个体进展和回归经历了五个主要阶段,当个体试图进行身体锻炼时经历:意图阶段(不想改变)、思考(打算在可预见的未来做出改变)、准备(立即打算改变)、行动(积极从事新的行为)、保持(维持锻炼行为)5 个方面。变化的过程是个体用一系列外显或内隐的行为来改变他们的经验和调节行为变化。决策权衡研究的是优势(改变优点)和成本(改变劣势)的行为,并认为在决策过程中是非常重要的。最后,自我效能是一个人对完成某一特定行为所需自信心和行为能力的自我判断。它是适用于所有 TTM 的重要结构(即变化的过程、自我效能、决策平衡)的因素,综合起来试图改变人们的身体活动动机和行为。

自我决定理论

注:此处介绍这一理论是为了使本章更加完整。更全面的使用方法将在第 5 章中介绍。

概要

自我决定理论的概念与作用

自我决定理论(SDT)[24]具有广泛实用性,可以解释个人在成就领域(即在某个你可以发挥特定能力的领域,如在学术方面设置奋斗目标)表现的情感、认知和行为反应,并将其应用到身体活动行为中以更好地理解个体的动机。在SDT 的概念基础上有三个主要心理基本需求因素:

- 对能力的需要(即有效地执行行为的能力)
- 对相互关系的需要(即与他人的社会关系)
- 自主的需要(即独立做出决定的必要性)

因此,个体要试图来满足以上至少一个需求。SDT 包含了驱动个体行为的三种动机(见图 1.3):

- 无动机:处于动机连续体的一端,无动机表示缺少动机。在锻炼行为方面,缺乏身体锻炼动机的原因可能有很多,比如你的日常生活中缺乏锻炼的自律或者认为运动是没有必要的,认为不会达到自己预期(例如:减肥)等。

- 外在动机:在连续体上的下一阶段是外在动机,外在动机通常被认为是相对消极的,并不是激励个体表现特定行为的最理想方法。然而值得关注的是,在体育锻炼行为方面,外在动机的运用未必是不可取的方式。健身减肥和改善个体健康状况在实践操作领域被认为是受外在动机影响的重要部分,也是个体身体活动的重要原因。Deci 和 Ryan 描述了 4 种类型的外在动机[24]:

(1)外在调节型:这是行为表现的过程中会受到外部奖励(即运动后得到外界赞美和物质奖励)或避免惩罚(即加强锻炼以避免被同伴责怪)的影响。

(2)摄入调节型:描述个体行为,取决于自我施加的压力,比如进行锻炼避免内疚感。

(3)认同调节型:是个体对一个行为目标或规则进行有意识的评价,如果发现这个行为是重要的就接纳为自我的一部分的一种动机类型,是一种受个人目标驱动的自主性更强的外在动机形式(如运动减肥或进行一个 5 公里跑步训练)。

(4)综合调控:这是最显著的自我决定外在动机形式,包括根据从事的行为来确认个体自我意识类型(例如,我是一个自行车运动员或跑步者,而这就是我所从事的运动）。然而，综合性的管理仍然被认为是外在动机的调控范围，因为个体试图达到的目标是因为外在原因，而不是内在对运动享受或兴趣。

- 内在动机：从事某一行为以获得快乐，享受乐趣。

SDT 预测的身体活动因素包括环境因素（即奖励、积极的反馈）、个体因素（即基本心理需求），以及对身体活动后产生的重要心理效应（主观胜任力）等因素的体验[28]。SDT 能够为从业者如何有针对性地激励人们进行身体活动提供有价值的指导。

研究证据

最初在身体活动领域使用 SDT 的许多研究已经证明了各因素本质上的相关性[18]。相关设计是识别身体活动行为前因及其作用机制的重要方法，但这样的设计具有一定的局限性，因此需要通过实验设计来确定因果关系。

身体活动领域有少量基于 SDT 理论进行的实验和干预研究。最早期的工作主要集中在竞技运动领域[20,21,69]；但最近的研究都集中在具体的实验方法上，研究构建了 SDT 模型和锻炼行为的影响。研究人员已经证明，不断变化的自我决定动机导致了运动方式的操作变化，进而导致运动行为变化[19]。也有在应用情景中使用的案例，为了促进学生的身体活动动机提高采取的干预手段获得了最新进展[26,70]以及促进久坐不动的年轻人进行休闲身体活动[48]，了解癌症幸存者的身体活动的动机[49]和增加超重女性的身体活动频率等[59-61]。

尽管最近的研究取得一些进展，但是仍然需要进一步研究来检验自主支持技术在改变自我决定动机和身体锻炼行为中的作用（例如，为参与者提供锻炼强度、频率、运动类型的选择；表扬锻炼者在技术和体质上的进步）。研究人员和健康工作者应该利用这些策略更好地进行个体行为干预，培养良好的体育锻炼习惯。未来的研究工作还需要更加深入地了解，不仅着重于运行初始行为改变机制，更要看重长期坚持体育锻炼行为培养。

循序渐进：自我决定理论在运动行为领域中的应用

为了有效地使用 SDT 促进身体活动行为与坚持，Kilpatrick 和他的同事[36]开发了实践指南。

第一，促进行为选择的自主性

让个体有意识地参与到决策的过程中促进自主和自我决定能力。例如，给个体机会选择他最喜欢的锻炼类型会促进自主性提升，同时也增加了活动的乐趣。这些都是让个体从事身体活动必不可少的环节。同时，给予个体更多选择空间，而不是强迫其做某一项活动，可以进一步提升选择独立性。

第二,为行为提供合理依据

解释为什么个体需要从事身体活动,强调身体活动对健康的好处,以及身体素质的哪些方面可以通过身体活动得到提高。给个体一个合理的理由和明确的目的不仅可以产生自主感,也可能会使其对身体活动保持积极的认识,更容易培养其内在动机。

第三,给予积极反馈

积极的反馈包括表扬以及改善行为的建设性的批评。反馈的类型取决于个体技能改变水平的变化。例如,一个高度熟练和有经验的练习者可能会认为纠正或教学反馈可以更多地帮助正强化,而新手锻炼过程受到表扬和鼓励后有积极反应。正反馈培育的信心和能力,反过来会导致更明显的兴趣提升和更强的内在动机。

第四,设置难度适中的过程目标

过程目标重点强调实现目标过程中各项任务的达成,即不同阶段特定行为的出现。指导者要创造一个自我能力提升而不是与他人竞争的环境,鼓励以个人表现而不是与他人比较来衡量自己的成功。同时,设置难度适中的目标可能会带来短期的成功,从而培养能力。如果目标设置太难有可能会导致任务失败,会使个体信心减退,影响动机和行为。

第五,建立良好的社会关系

建立良好的社会联系可能帮助个体更好地坚持某一行为,反过来又会提高满意度并长期保持体育锻炼。

案例场景 1.3

内 部 调 节

Susie 今年 40 多岁,在过去的一年中她已经坚持了间歇的运动(即,一个月中每星期去健身房 4 天或 5 天,在接下来的 3 个月一次都没去),她去健身房锻炼或外去跑步的主要动机是使自己在朋友的婚礼或聚会上看起来更加完美,她表现出的外在动机是在需要看起来美观更好时才进行锻炼,朋友或家人是驱动她的因素。结果是,Susie 没有坚持有规律的体育锻炼或产生运动内在的愉悦,或者是提升自己的整体健康水平。

一项中等难度的训练对于 Susie 来说是有益的。比如,设定计划:一个星期锻炼 3 到 5 天。当她得到想要的结果时就不会放弃。Susie 选择的锻炼活动应该是她想做的,并且能确保她可以享受其中并获得愉快感。另外,Susie 需要设置个人目标(如跑一个 5 公里),完成自己定下的任务会产生自豪感和满足感(见从实用工具箱 1.5 例目标设定表)。最后,鼓励 Susie 参加团体健身课,加强她与群体成员的交往从而满足社交的需要。

实用工具箱 1.5

目标设置理论和自我决定理论示例

短期目标 #1	短期目标 #2	长期目标 #1	长期目标 #2
目标	目标	目标	目标
什么时候我想要完成这个目标	什么时候我想要完成这个目标	什么时候我想要完成这个目标	什么时候我想要完成这个目标
我准备如何做	我准备如何做	我准备如何做	我准备如何做
我将在哪里实施	我将在哪里实施	我将在哪里实施	我将在哪里实施
我完成这项目标的现实可能性有多少	我完成这项目标的现实可能性有多少	我完成这项目标的现实可能性有多少	我完成这项目标的现实可能性有多少
完成目标的难度高低	完成目标的难度高低	完成目标的难度高低	完成目标的难度高低

案例场景 1.4

积 极 性

Justin 在高中时期是一名足球运动员,由于在球队训练并进行举重练习,他身材曾经非常好。然而他进入大学之后就中断了系统锻炼,直到 20 岁他依然保持着这种"不运动"的常态。生活中 Justin 没有找到任何需要锻炼身体的理由,现在的他不再踢足球,缺乏任何要定期去健身房的自我约束力或动机。虽然他知道自己超重了,但却并没有发现自己自从高中以来的体重增长有什么不对劲的地方,并且认为自己是完全正常的,并不需要锻炼。

为了帮助 Justin,医生或健康指导员需要考虑以下几个重要的方面。他们需要向 Justin 解释健康体育锻炼的重要性。由于 Justin 是稍微超重,医生或者指导者应当说明,如果他继续过着久坐不动的生活方式可能产生的后果(即发展肥胖、代谢综合征、心脏病);再者,Justin 没有锻炼活动的动机,因此干预的目标将是帮助他最终产生身体锻炼的内在动机。

想要设计一个合理方案来鼓励 Justin 发展的内在动机,旨在加强和肯定他的竞争意识、自主性、支持性的环境和社会的相互作用可能发生的反应。Justin 应该能够自主选择身体活动,他希望做一项在日常锻炼中能提高自己的自主感,并具备行使所有权和控制权这样类型的工作。在选择活动类型的同时使活力增加,提升愉快感,并且仍然保持锻炼的持久可能性。同时,制定一个锻炼计划,让 Justin 感到可以成功掌握自我选择活动的权利,这将有助于发展其能力感。最后,小组练习可以帮助自己获得锻炼带来的有益,并且满足人与人之间相关联的意义,使他获得更良好的积极社会支持。

从一个锻炼"小白"开始,Justin 先从他可以掌握的简单的、低强度的活动开始,培养积极情感和满意度。Justin 开始有可能被积极的外在奖励(如减肥、情绪改善)所鼓励,并希望继续锻炼身体,认为会给自己带来愉快和满足,Justin 发展的这种内在动机是具有积极影响的。而且随着时间的推移,他的运动时间和强度可以不断提高,以使他接受新的挑战,在锻炼的过程也不会感觉无趣。

所以说,三个基本需求(自主性、能力和归属需要)尤为重要,Justin 的体育锻炼可能受到内在动机影响。然而需要注意的是个体可能不需要对三种基本需要同时进行干预,这是一个因人而异的过程,涉及个人目标和需求。只有根据个体的不同需求进行锻炼干预,满足个体的重点需要,才能有效激发个体参与身体活动的内部动机。

关键信息

SDT 强调个人寻求能力、自主性和归属需要等三种基本需要的满足。此外,将激励理论的三种驱动个体成就行为的动机形式(无动机,外在动机和内在动机)进行归纳。在本章集中介绍了个体的自主意识、能力感和自我决定理论与身体活动促进实践应用结合。

计划行为理论

概要

计划行为理论的概念与作用

计划行为理论(TPB)是一个关于个体态度和行为之间联系的理论。Ajzen 以一个单一的动作形式来定义行为(以有氧运动练习为例)[3],针对指定的目标(以健身为中心)在一个给定的锻炼环境中(YMCA 社区中心),并在指定的时间(如:星期二晚 5 点)[27]。Ajzen 提出的理论是合理行为理论的延伸[5],城市规划委员会提出一个最有说服力的理论预测,并指导了大量基于身体活动理论的研究[3]。这一理论包含以下 4 个主要心理因素,影响着个体行为(参见图 1.4):

意图:体现个体意愿付出多少努力以及打算执行的行为。是个体是否从事某一行为的主要决定因素。个体锻炼意图越强,那么他表现锻炼行为的可能性就越大,因此,如果一个人有强烈的意图去骑自行车,那么在当天下午就很有可能会付诸实践。然而,正如可以预期到的,个人意图也会随着时间的流逝而减弱。如果"想"和"做"之间的时间跨度太久,不可预见的事件产生概率会增加,个人意图改变的可能性更大。例如,你可能打算周末去骑自行车,但是恶劣的天气可能使你难以放心长时间骑车,因此即使你有强烈的意图,也无法去骑自行车。个体意图或动机水平受到行为态度以及感知社会压力做出的行为(即主观规范)和知觉控制执行行为的数量(即知觉行为控制)的影响。

态度:个体执行行为的积极或消极的评价。例如,老年人可能对从事剧烈的身体活动——如跑步,有一个消极的态度,但对在附近散步持积极态度。对一个特定行为的态度(不管是步行或跑步为例)具有行为信念的功能,即感知进行具体的行动和你对每一个后果评价的结果。例如,你对进行网球双打的信念可以通过积极的预期表现(例如,我会因为打网球而遇见很多人,这可以改善我的社交生活)和消极的期望(例如,打网球将减少我与家人在一起的时间)来综合体现。在塑造身体活动行为的过程中,个体可以评估每个信念带来的结果。信念的改变促进身体锻炼行为改变,提高了健康水平,改善了外在形态,带来愉悦感并增加了社会交往能力,从而提高心理健康水平[65]。

主观规范:个体感知到的社会压力,想要履行或不履行某种行为。主观规范是个人信念,由感知身边重要他人(例如,家庭、朋友、医生、牧师)或团体(例如,同学、队友、教会成员)以及遵守重要人物的期望所决定的。例如,一个母亲会觉得她怀孕的女儿不应该在怀孕期间锻炼,但是女儿可能不依从母亲的期望,她依旧经常在怀孕期间慢走锻炼。

主观行为控制感:代表个体在执行行为中感知的便利或障碍。个体可以持积极态度并认为身边重要的人会赞成自己的行为,但是个人不可能在自己认为没有资源或机会付诸实践的情况下拥有一个明确而坚定的意图[27]。例如某人很喜欢游泳,但是并没有合适的泳池提供给他,那他也将无法真的实现这项运动。主观行为控制感是一种控制信念的功能,它代表存在或所需的资源以及某个机会的缺失(例如,"本周末有个公路比赛"),但是出现了某种障碍或困难(例如,"周末有 95% 的可能性会下雨"),然而能力控制感因素会促进或抑制行为表现(例如,"即使这个周末下雨我仍然可以参加公路赛")[4]。身体活动中最常见的控制信念是缺乏时间、缺乏活力和缺乏激励[65]。

研究证据

一些统计结果及分析可以解释和预测各种各样的身体活动在许多人群类别中的作用,如少数民族、青少年、孕妇、癌症患者、癌症幸存者、老年人等等[5, 12, 29, 33, 34, 66]。大多数研究发现:意图是决定个体行为的最重要因素,其次是主观行为控制感。个体执行意图很大程度上是受态度、主观行为控制感所影响的,其次是主观规范。

实用工具箱 1.6

计划行为理论调查条目

说明:以下问题涉及你在癌症治疗期间的散步锻炼,在空格中列出符合自己的情况。

请列出在癌症治疗期间,走路给你带来的主要的益处【行为信念】

_____

_____

请列出在癌症治疗期间,走路给你带来的主要的不利之处【行为信念】

_____

_____

请列出在癌症治疗期间,阻碍你运动的最主要因素【控制信念】

_____

_____

请列出在癌症治疗期间,有利于你运动的最主要因素【控制信念】

_____

_____

请列出在癌症治疗期间,最能帮助鼓励你进行散步锻炼的个人或者群体【常规支持】

_____

_____

循序渐进:TPB(计划行为理论)在运动行为领域的应用

TPB 理论的一个明显优势在于对特定人群进行启发式教学研究。启发的研究可以确定某一特定人群的特殊需求,这是非常重要的,因为不同的人群有不同的价值观和行为模式。

例如,乳腺癌幸存者主要的行为信念表现在"让我记住了病症和治疗过程,在其中获得了身心的愉悦,提高了我的幸福感,并帮助我拥有一个正常的生活。"而孕妇的主要行为信念是,"尽量保持愉悦心情,努力减轻怀孕带来的生理反应,如恶心。"因为人们的信仰各不相同,因此,研究人员和医生强烈建议参考相关研究制定针对不同人群所需的特定干预方法(例如,产后妇女、癌症幸存者、高中学生)。如果对于身体活动锻炼感兴趣的人口尚未确定,建议进行初步研究(即众所周知的启发式研究)确定有关自身特定群体行为相关的信念。由 Ajzen 和 Fishbein 建议[65]进行启发式的研究包括:

- 使用开放式的问题来确定重要的行为规范,并在一个小样本的目标人群内进行控制信念调查(见实用工具箱 1.6);
- 进行内容分析(即,一个简单的频率计数)来确定哪些信念是最重要的;
- 从内容结构分析发展项目(见实用工具箱 1.7)。

 实用工具箱 1.7

计划行为理论条目示例

备注:这些条目是以妊娠早期的孕妇为研究对象,所反映的内容是你将要研究的方面。

规律运动是指参加中等强度运动 30 分钟以上,如果一次不能完成的话,可以算上整个一周的时间积累,这个练习可以在同一时间完成(例如,连续步行或慢跑 30 分钟)或不同时间段的累积(例如,早上步行 10 分钟,傍晚步行 20 分钟)。怀孕期间的活动方式通常为散步、水中有氧运动和低运动量的健身课。

在本次调查中,我们收集了孕妇在怀孕前 3 个月感兴趣的有规律的锻炼方式。虽然有些问题看起来非常相似,但是要解决的问题都会稍有不同。请仔细阅读每个问题,圈出最能反映你的意见的数字(按程度排列)。

1. 对我而言第一孕期有规律的运动是

无用的						有用的
1	2	3	4	5	6	7

2. 对我而言第一孕期有规律的运动是

不快乐的						快乐的
1	2	3	4	5	6	7

3. 对我而言第一孕期有规律的运动是

不合意的						合意的
1	2	3	4	5	6	7

4. 对我而言第一孕期有规律的运动是

愚蠢						明智
1	2	3	4	5	6	7

5. 对我而言第一孕期有规律的运动是

无聊						有趣
1	2	3	4	5	6	7

6. 对我而言第一孕期有规律的运动是

有害的						有益的
1	2	3	4	5	6	7

7. 对我而言第一孕期有规律的运动是

坏的						好的
1	2	3	4	5	6	7

8. 我身边大部分重要的人对我锻炼起到了鼓励的作用

极有可能						不太可能
1	2	3	4	5	6	7

9. 我身边大部分的女性熟人在她们的第一孕期中,保持着自己规律的锻炼习惯

极有可能						不太可能
1	2	3	4	5	6	7

10. 大部分的孕妇将会在自己的第一孕期内保持规律地运动

极有可能						不太可能
1	2	3	4	5	6	7

11. 我看重他们意见的人,都认为我在第一孕期应当保持规律地锻炼

极有可能						不太可能
1	2	3	4	5	6	7

12. 我关心的人支持我保持规律的锻炼

极有可能						不太可能
1	2	3	4	5	6	7

13. 我的健康医生也认为我应当在我第一孕期保持规律地锻炼

极有可能						不太可能
1	2	3	4	5	6	7

14. 我自己将会在第一孕期保持规律锻炼

绝对不会						一定会
1	2	3	4	5	6	7

15. 我是否在我的第一孕期经常锻炼完全取决于我

同意						不同意
1	2	3	4	5	6	7

16. 运动量在我自己的掌控之下

根本不是						完全是
1	2	3	4	5	6	7

17. 只要我想,我可以很轻松地在自己的第一孕期进行锻炼

不可能						很有可能
1	2	3	4	5	6	7

18. 我很想在第一孕期锻炼身体

完全错误						完全正确
1	2	3	4	5	6	7

19. 我计划在我的第一孕期进行锻炼

完全错误						完全正确
1	2	3	4	5	6	7

20. 我的目标是在我的第一孕期进行锻炼

完全错误						完全正确
1	2	3	4	5	6	7

21. 我在我的第一个孕期进行了规律的锻炼

完全错误						完全正确
1	2	3	4	5	6	7

22. 我有能力应对第一孕期的规律锻炼

完全错误						完全正确
1	2	3	4	5	6	7

23. 对于我来说在第一孕期保持锻炼

不可能的						可能的
1	2	3	4	5	6	7

24. 我决定在我的第一孕期进行规律的锻炼

绝对不能						完全可以
1	2	3	4	5	6	7

行为计划理论的测量全球通用标准

态度测量: 项目 1、2、3、4、5、6、7

主观规范: 项目 8、9、10、11、12、13

知觉行为控制: 项目 15、16、17、22、23

意图: 项目 14、18、19、20、24

行为: 项目 21

Source: http://people.umass.edu/aizen/tpb.html

　　Ajzen&Fishbein 指出[65],从启发性研究中所获取的结构性条目应该与研究的特定行为相对应,并与行为发生的时间和情境相结合。这意味着,当试图研究步行运动干预对于老年人的作用时,你应该问一名老年被试者:"请列出在夏天进行一周 3 次每次 30 分钟的户外步行锻炼有哪些好处。"这个信息将帮助研究者开发基于信念的特定行为的干预。根据计划,一旦信念发生变化,意图将被改变,所需的行为也将发生变化[4,66]。

　　在使用该框架进行干预措施的时候，这些预测能力的构建要与特定人群、特定语境先进行匹配测试。

　　同时，这对基于社会心理因素的身体活动是有益的，它可以有效开发社区和个人锻炼计划。例如，运动项目计划提供的积极经验会明显增加个体运动的意向，反过来又会影响个体的锻炼行为。积极的行为信念和他人评价可能会给予个体丰富的经验与享受，然后会逐渐出现激励强度增强，持续时间延长，以及活动频率提升的结果。主观行为控制感是激发积极身体活动意图的一个重要因素[13,51]，当你感觉此种身体锻炼方式难度太大，意图就会降低。克服诸如缺乏时间、相互竞争的需求和其他义务以及无能感等障碍，能增强人们对进行体育活动的控制力。这时候可以利用理论研究下一步是否确定以信念为基础的方案会导致身体活动水平的增加，以及决定身体锻炼活动行为的信念变化是否可以作为一个激发和维持身体活动的风向标[52]。

案例场景 1.5

　　Bill 是一位 75 岁的退休教师，他目前独居，喜欢园艺，在夏天的几个月里他忙碌在花园中，这让他精力充沛，因为这通常会花两个小时的时间在外面割草以及在院子里清理杂草、耕耘土地和采摘各种植物。然而，在寒冷的冬季，Bill 经常会长时间久坐，用看电视来填补他夏天坐在院子里工作的时间。由于 Bill 的年龄和他独自一人生活的事实，医生担心他不能在一整年保持规律稳定的活动。医生希望 Bill 保持较为稳定的体力活动水平，在全年的每个月，他拥有一个高水平的功能性的身体活动来确保他能完成日常活动，如自己穿衣服、避免摔倒和做家务等生活自理行为。

　　帮助比尔，健康管理者应当思考以下事宜：

- 行为信念：请 Bill 列出自己在夏天和冬天喜欢做的事情。
- 规范信念：请 Bill 安排一些冬天可以和他人一起做的有趣活动，比如逛商场。让他确认他的朋友和家人会支持类似的活动，让他们知道自己的目标，这样他们可以提供 Bill 所需要的支持。
- 控制信念：为 Bill 出一个可能阻碍其在冬季活动的问题清单（如恶劣的天气等），并尽可能为 Bill 提供有效方法来克服这些问题。如果天气太冷或是风雨交加则为他提供室内活动（例如，运动视频、家庭健身器材）。
- 意图：为 Bill 提供全年活动的激励计划。

> **关键信息**
>
> 　　改变个体行为是很难做到的,尤其面对的是一个复杂的健康行为,如体育锻炼活动。为了提高成功预测、理解、解释、改变身体活动行为的概率,研究人员和健康管理从业人员应该使用一个科学的理论框架,如 TPB 理论作为指导[68]。研究人员已经研究出了态度的工具支持、主观行为控制感,并从人的意图、主观规范等层面解释体育锻炼行为。另外,无论个体从事什么行为,有研究发现个体意图和活动之间存在密切关系。此外,从事身体活动的认知也可以直接预测行为。总之,由于解释和预测运动行为的理论逐渐发展成熟,为我们提供了指导身体活动干预的一个有效理论框架。

其他重要理论

　　除了在本章中详细介绍的几个应用到身体活动行为的常用理论和模型外,也有其他的概念框架已被用于运动领域。虽然这些理论框架使用的频率低于上面我们讲的几种,但是综合考虑,到目前为止并没有单一的"运动"理论可以完全有效地解释和预测运动行为。在下面的论述中,读者会了解到健康信念模式并简要说明预防复发的机制和社会生态模型的内容。

健康信念模型（知觉益处、直觉阻碍、行为线索、自我效能感）

　　健康信念模式（HBM）[32]是一种最被广泛认可的健康行为概念框架。其主要的假设是:行为取决于两个条件:一是个体赋予特定目标本身的价值;二是个体对实现目标可能性的估计[32]。当在健康相关行为的背景下考虑这两个条件时,重点在于是想避免疾病（或者如果已经生病,获得健康）或认为某种行为方式将防止或改善疾病。因此,HBM 是当慢性疾病（如癌症、糖尿病、心血管疾病）迫在眉睫时最有用的理论模型。

　　HBM 第一部分是知觉敏感性,或个体的信念。当你遭受某种疾病（例如,我患前列腺癌的概率很高,因为我们有这种病的家族史）的困扰。主观感知严重性取决于个体对特定事件及其后果严重性的看法（例如,癌症是可以降低生活质量,如果得不到有效治疗,严重的疾病甚至会夺走生命）。

　　HBM 第一组的 4 个要素反映了个体采取行动的可能性:

- 感知利益:代表个人在行为风险和影响程度上的意见。例如,你是否认为有规律地从事体育锻炼（例如,一天的中等强度的体力活动 30 分钟）可以减少你患癌症的风险。
- 知觉障碍:个体建议行为的现实和心理成本的看法。例如,你可能认为体力活动可以降低患癌症的风险,但存在诸多障碍,如体力活动上缺乏经验、动机不足、缺乏时间或者身体的不适（如放射治疗引起的疼痛）,这些困难有可能减少或完全阻止行为发生的可能。

- 行动线索：生活中某些线索使个体开始着手准备活动并付诸实际行为。行动线索包括个人的（例如，哮喘或一个家庭成员或朋友患病）和为人们行动提供信息或指导，提高个体对疾病的风险意识，并提供警告（例如，电话、短信、备注提示）等指导策略。
- 自我效能：最近针对此模型的研究理论（在本章前面，我们了解到完整的自我效能理论的描述，请看"自我效能理论"部分）中的内容代表个人能力在采取行动过程中的信心程度。提高自我效能的策略包括培训、指导教学、创造成功的机会以及口头表扬的正强化。

预防复发理论

预防复发理论[40]是一种具有识别和预防高危情况的目标认知行为方法。该模型也是一种有效的理论框架。对于高风险的行为，挫折（或复发）是常见的情况，如药物或酒精滥用、强迫行为、抑郁。通常情况下，这些行为频率高且不受欢迎。因此，将此框架应用于身体活动似乎不太适合，这是一种理想的行为，但往往频率较低。尽管如此，这个模型还是可以提供一些有关运动停止的前因变量。

Marlatt 和 Gordon 验证了引发复发的 3 个主要原因（在运动、运动停止的情况下）[40]：

- 个人冲突
- 消极情绪状态
- 社会压力

特别是消极的情绪状态（如抑郁、愤怒、压力）和社会压力（例如，来自学校或工作同事的锻炼之外的其他活动造成的压力增加）属于常见的预测缺乏身体活动的因素。预防复发的关键是制定有效的应对策略。当具备有效的应对策略（例如，自我意识强、乐观的前景、支持你的家人/朋友）和较高的自我效能时，复发的可能性就会降低（运动停止）。然而，当缺乏有效应对策略或低自我效能，加上消极的归因（例如，无助的感觉、缺乏控制），这样的情况下复发（或运动停止）可能性会增大。因此，了解和确定有效的应对策略是防止运动中断的有效方法。

社会生态系统模型

社会生态模型是一个理解影响行为因素的多层次框架模型。它强调个人要对自己的健康行为负责，同时认为周围的社会环境压力和具体可实施条件也是采取行动的关键因素。这个理论有几个版本，Bronfenbrenner 生态系统理论[15,16]最常用于运动领域，在此基础上将环境影响因素分为 4 个主要方面。这些因素可以用洋葱图进行简要说明（参见图 1.5）：

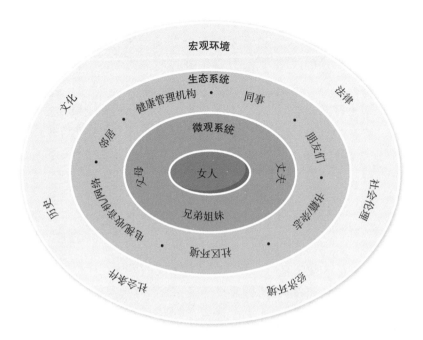

图 1.5   社会生态系统模型（Adapted with permission from Bronfenbrenner U.Toward an experimental ecology of human development. *Am Psychol*.1977；32：513-31.）

- 个体是此系统的中心部分
- 上一层是微系统，或与个体直接产生互动的系统（例如，家庭、学校、工作环境、公园、体育馆等）。
- 中间系统：影响下一级系统，并代表了多个微系统的相互作用。例如，父母的影响（家庭微系统）和教师（学校微系统）。
- 最后两个系统代表了最广泛的大生活环境以及宏观环境的影响。外系统代表外部系统如学校或社区委员会和包含了所有其他系统（例如，政府、经济、社会等）的宏观系统。

越接近个人系统，影响个体的作用越明显。

当环境成为个体行为改变的关键因素时，社会生态模型就是指导个体锻炼行为的重要理论框架。例如，为了使某个社区的人群能够积极地参与身体锻炼，如骑自行车或步行上班，那么这个社区必须有适合骑行自行车或者适合步行的路径，并具备支持这项运动的基础设施（例如，足够的人行道空间、适合散步的路径以及方便的路途到达目的地、自行车道等）。农村和城市地区的连接（例如，铁轨步道更长的通勤和公路进入的主要区域）。社会生态模型近年已经成为比较流行的理论，并且优化了环境中的基础设施，进一步促进体育锻炼行为的启动和维持。

第3节 基于理论的具体实践技术与原则

目前，大家已经对理论和模型的重要性有了初步了解，每个理论的具体内容我们也做了大致的介绍，下一步是了解如何将理论付诸实践。理论为我们提供了一种逻辑模型和路线图以确定努力的方向，并有助于确定从哪里开始以及如何开展理论结合实践。

一个逻辑模型的基础是确定行为的前因或影响未来行为的可能性因素[37]。通过识别这些重要的因素，我们可以确定干预的主要目标，进而制定和实施更有效的计划。

例如，在计划行为理论中[1,4]，个人意图（动机）被确定为一个主要的行为决定因素（行为的前因）。更高的动机水平会促进身体的锻炼行为产生，就会有更多的人进行身体锻炼。因此，根据这一理论，人们为了养成良好的体育锻炼习惯，需要树立目标意图或动机行为理念。

在自我效能理论中[9]我们提到，自我效能感的最主要来源是信任自己的能力，是对过去的成败经验以及技能的掌握。当个体成功完成一项任务，会认为自己具备了在将来从事某一行为所必需的能力。例如，如果成功完成5公里跑步任务，就会对自己以后完成类似的任务更加有信心。因此，根据这一理论，帮助促进行为的改变，你需要寻找创造成功经验的行为。

在健康信念模式中[32]，行为取决于几个因素，包括个体感知获得疾病易感性、严重程度及其后果的情况下，减少风险的感知利益、感知障碍或成本的行为以及个体采取行动并开始具备行为能力的信心。例如，如果你是一个久坐不动的人，你可能会认为自己有心脏病发作（知觉敏感性是可能的）的可能性，缺乏这种自我意识可导致心脏病发作（感知程度大），个体选择开始某种行为以减少负面事件的发生（低知觉障碍）。

理论的核心是为个体提供行为启动的基础。但需要注意的是，没有一个单一的理论或模型可以解释所有的广泛范围的健康行为，或者更具体地说：可以解释100%身体活动行为。你需要考虑的个人目标和集体氛围，以及可能影响行为的环境因素或其他因素。此外，综合性理论或许可以更好地解释行为变化的原因[37]。

本章关键信息

本章回顾了行为改变的基本原则并讲解了基本的理论和模型。这可以为个体提供一个实用的理论基础，以促进身体活动。没有哪个体育锻炼行为改变理论是最好的，重要的是选择适宜的理论框架，并发现在榜样人群身上易于接受和理解的关键因素，这些都是影响身体活动行为的关键因素。毕竟，这些前提条件（想法、信念、困难等）为我们提供了线索，解释了行为发生与否的原因，目的是激发运动行为改变并使其得到有效且良好的维持[2,38]。

（宋小燕译，邓炜校，漆昌柱审）

参 考 文 献

1. Ajzen I. *Attitudes, Personality, and Behavior.* Chicago (IL): Dorsey Press: 1988.

2. Ajzen I. *Construction of a standard questionnaire for the theory of planned behavior;* [cited 2012 May 11]. Available from: http://people.umass.edu/aizen/pdf/tpb.measurement.pdf.

3. Ajzen I. The theory of planned behavior. *Organ Behav Hum Decis Process.* 1991;50:179–211.

4. Ajzen I, Driver B. Prediction of leisure participation from behavioral, normative, and control beliefs: An application of the theory of planned behavior. *Leisure Sci.* 1991;13:185–204.

5. Ajzen I, Fishbein M. *Understanding Attitudes and Predicting Social Behavior.* Englewood Cliffs (NJ): Prentice Hall: 1980.

6. American College of Sports Medicine. *ACSM's guidelines for exercise testing and prescription.* 6th ed. Philadelphia (PA): Lippincott, Williams & Wilkins: 2000.

7. Bandura A. Self-efficacy. In: Ramachaudran VS, editor. *Encyclopedia of Human Behavior Volume 4.* New York: Academic Press; 1994. p. 71–81.

8. Bandura A. *Self-efficacy: The Exercise of Control.* New York (NY): W. H. Freeman: 1997.

9. Bandura A. *Social Foundations of Thought and Action.* Englewood Cliffs (NJ): Prentice Hall: 1986.

10. Bao W, Ma A, Mao A, et al. Diet and lifestyle interventions in postpartum women in China: Study design and rationale of a multicenter randomized controlled trial. *BMC Public Health.* 2010;10:103–10.

11. Bazzano AT, Zeldin AS, Diab, IR, Garro NM, Allevato NA, Lehrer D. The Healthy Lifestyle Change Program: A pilot of a community-based health promotion intervention for adults with developmental disabilities. *Am J Prev Med.* 2009; 37(6):S201–8.

12. Blanchard C, Fisher J, Sparling P, Nehl E, Rhodes R, Courneya K, Baker F. Understanding physical activity behavior in African American and Caucasian college students: An application of the theory of planned behavior. *J Am Coll Health.* 2008;56(4): 341–6.

13. Blue CL. The predictive capacity of the theory of reasoned action and the theory of planned behavior in exercise behavior: An integrated literature review. *Res Nurs Health.* 1995;18(2):105–21.

14. Bouchard C, Shephard RJ, Stephen T. *Physical Activity, Fitness, and Health.* Champaign (IL): Human Kinetics: 1994.

15. Bronfenbrenner U. *The Ecology of Human Development.* Cambridge (MA): Harvard University Press: 1979.

16. Bronfenbrenner U. Toward an experimental ecology of human development. *Am Psychol.* 1977; 32:513–31.

17. Catania AC. *Learning.* 3rd ed. Englewood Cliffs (NJ): Prentice-Hall: 1992.

18. Chatzisarantis NL, Hagger MS, Biddle SJ, Smith B, Wang JC. A meta-analysis of perceived locus of causality in exercise, sport, and physical education contexts. *J Sport Exerc Psychol.* 2003;25:284–306.

19. Chatzisarantis NL, Hagger MS. Effects of an intervention based on self-determination theory on self-reported leisure-time physical activity participation. *Psychol Health.* 2009;24(1):29–48.

20. Cury F, Da Fonsesca D, Rufo M, Peres C, Sarrazin P. The trichotomous model and investment in learning to prepare for a sport test: A mediational analysis. *Br J Educ Psychol.* 2003;73:529–43.

21. Cury F, Da Fonseca D, Rufo M, Sarrazin P. Perceptions of competence, implicit theory of ability, perception of motivational climate, and achievement goals: A test of trichotomous conceptualization of endorsement of achievement motivational in the physical education setting. *Percept Mot Skill.* 2002;95(1):233–44.

22. Contento IR, Koch PA, Lee H, Calabrese-Barton A. Adolescents demonstrate improvement in obesity risk behaviors after completion of choice, control and change, a curriculum addressing personal agency and autonomous motivation. *J Am Diet Assoc.* 2010;110(12):1830–9.

23. Cramp AG, Brawley LR. Sustaining self-regulatory efficacy and psychological outcome expectations for postnatal exercise: Effects of a group-mediated cognitive behavioural intervention. *Br J Health Psychol.* 2009;14(Pt3):595–611.

24. Deci EL, Ryan, RM. *Intrinsic Motivation and Self-Determination in Human Behavior.* New York (NY): Plenum Publishing Co: 1985.

25. DiClemente CC, Prochaska JO, Velicer WF, Fairhurst S, Rossi JS, Velasquez WE. The process of smoking cessation: An analysis of precontemplation, contemplation, and preparation stages of change. *J Consult Clin Psychol.* 1991;59(2):295–304.

26. Edmunds JK, Ntoumanis N, Duda JLD. Testing a self-determination theory based teaching style in the exercise domain. *Eur J Soc Psychol.* 2008; 38:375–88.

27. Fishbein M, Ajzen I. *Predicting and Changing Behavior: The Reasoned Action Approach.* New York: Taylor & Francis Group; 2010.

28. Hagger M, Chatzisarantis N. Self-determination theory and the psychology of exercise. *Int Rev Sport Exerc Psychol.* 2008;1(1):79–103.

29. Hausenblas HA, Symons Downs D. Prospective examination of the theory of planned behavior applied to exercise behavior during women's first trimester of pregnancy. *J Reproduct Infant Psychol.* 2004;22:199–210.

30. Hutchinson AJ, Breckson JD, Johnston LH. Physical

activity behavior change interventions on the transtheoretical model: A systematic review. *Health Educ Behav*. 2009;36(5):829–45.

31. Janis IL, Mann L. *Decision-making: A Psychological Analysis of Conflict, Choice, and Commitment*. New York (NY): Free Press: 1977.

32. Janz N, Becker M. The health belief model: A decade later. *Health Educ Q*.1984;11(1):47.

33. Jones LW, Guill B, Keir ST, et al. Using the theory of planned behavior to understand the determinants of exercise intention in patients diagnosed with primary brain cancer. *Psychooncology*. 2007;16(3):232–40.

34. Karvinen KH, Courneya KS, Campbell KL, et al. Correlates of exercise motivation and behavior in a population-based sample of endometrial cancer survivors: An application of the theory of planned behavior. *Int J Behav Nutr Phys Act*. 2007;4:20–30.

35. Keller C, Fleury J, Gregor-Holt N, Thompson T. Predictive ability of social cognitive theory in exercise research: An integrated literature review. *Online J Knowl Synth Nurs*. 1999;6:2.

36. Kilpatrick M, Hebert E, Jacobsen D. Physical activity motivation: A practitioner's guide to self-determination theory. *J Phys Educ Recreat Dance*. 2002;73:36–41.

37. Langlois MA, Hallam JS. Integrating multiple health behavior theories into program planning: The PER worksheet. *Health Promot Pract*. 2010;11(2):282–8.

38. Lox CL, Martin Ginis KA, Petruzzello SJ. *The psychology of exercise: Integrating theory and practice*. 3rd ed. Scottsdale (AZ): Holcomb Hathaway Publishers: 2010.

39. Marcus BH, Dubbert PM, Forsyth LH, et al. Physical activity behavior change: Issues in adoption and maintenance. *Health Psychol*. 2000; 19: 32–41.

40. Marlatt GA, Gordon JR. *Relapse Prevention: Maintenance Strategies in the Treatment of Addictive Behaviors*. New York: Guilford: 1985.

41. Marshall SJ, Biddle SJ. The transtheoretical model of behavior change: A meta-analysis of applications to physical activity and exercise. *Ann Behav Med*. 2001;23(4):229–46.

42. Martin G L, Pear JJ. *Behavior Modification: What It Is and How to Do It*. 7th ed. Englewood Cliffs (NJ): Prentice-Hall: 2003.

43. McAuley E. Enhancing psychological health through physical activity. In: Quinney HA, Gauvin L, Wall AET, editors. *Toward Active Living: Proceedings of the International Conference on Physical Activity, Fitness, and Health*. Champaign (IL): Human Kinetics; 1994. p. 83–90.

44. McAuley E, Bane SM, Mihalko SL. Exercise in middle-age adults: Self-efficacy and self-presentation outcomes. *Prev Med*. 1995;24(4):319–28.

45. McAuley E, Mihalko SL. Measuring exercise-related self-efficacy. In Duda, JL, editor. *Advances in Sport and Exercise Psychology Measurement*: Morgantown: Fitness Information Technology; 1998. p. 371–90.

46. Miller NE, Dollard J. *Social Learning and Imitation*. New Haven (CT): Yale University Press: 1941.

47. Mosher CE, Fuemmeler BF, Sloane R, et al. Change in

self-efficacy partially mediates the effects of the FRESH START intervention on cancer survivors' dietary outcomes. *Psychooncology*. 2008; 17(10): 1014–23.

48. Patrick H, Canevello A. Methodological overview of a self-determination theory based computerized intervention to promote leisure-time physical activity. *Psychol Sport Exerc*. 2011;12(1):13–19.

49. Peddle CJ, Plotnikoff RC, Wild TC, Au H, Courneya KS. Medical, demographic, and psychological correlates of exercise in colorectal cancer survivors: an application of self-determination theory. *Support Care Cancer*. 2008;16(1):9–17.

50. Peterson GB. A day of great illumination: B. F. Skinner's *discovery* of shaping. *J Exp Anal Behav*. 2004;82(3):317–28.

51. Plotnikoff R, Lippke S, Courneya K, Birkett N, Sigal, R. Physical activity and diabetes: An application of the theory of planned behavior to explain physical activity for Type 1 and Type 2 diabetes in an adult population sample. *Psychol Health*. 2010; 25:7–23.

52. Plotnikoff RC, Lubans DR, Costigan SA, et al. A test of the theory of planned behavior to explain physical activity in a large population sample of adolescents from Alberta, Canada. *J Adolesc Health*. 2011;49(5):547–59.

53. Prochaska JO, DiClemente CC. *The Transtheoretical Approach: Crossing Traditional Boundaries of Change*. Homewood (IL): Dorsey: 1984.

54. Prochaska JO, DiClemete CC. Toward a comprehensive model of change. In Miller WR, Heather N, editors. *Treating Addictive Behaviors: Processes of Change*. New York: Plenum; 1986. p. 3–27.

55. Prochaska JO, Marcus BH. The Transtheoretical Model: Applications to exercise. In: Dishman RK, editor. *Advances in Exercise Adherence*. Champaign (IL): Human Kinetics; 1994. p. 161–80.

56. Prochaska JO, Velicer WF. The transtheoretical model of health behavior change. *Am J Health Promot*. 1997;12:38–48.

57. Reed GR, Velicer WF, Prochaska JO, Rossi JS, Marcus BH. What makes a good algorithm: Examples from regular exercise. *Am J Health Promot*. 1997;12(1):57–66.

58. Schmidt RA, Wrisberg C. *Motor Learning and Performance*. 4th ed. Champaign (IL): Human Kinetics: 2004.

59. Silva MN, Markland DA, Minderico CS, et al. A randomized controlled trial to evaluate self-determination theory for exercise adherence and weight control: Rationale and intervention description. *BMC Public Health*. 2008;8:234–47.

60. Silva MN, Markland DA, Vieira PN, et al. Helping overweight women become more active: Need support and motivational regulations for different forms of physical activity. *Psychol Sport Exerc*. 2010;11:591–601.

61. Silva MN, Vieira PN, Coutinho SR, et al. Using self-determination theory to promote physical activity and weight control: A randomized controlled trial in women. *J Behav Med*. 2010;33(2):110–22.

62. Skinner BF. *The Technology of Teaching.* New York: Appleton-Centry-Crofts: 1968.

63. Sonstroem RJ. Stage model of exercise adoption. In: *Proceedings of the 85th Annual Meeting of the American Psychological Association*; 1987 Aug 26–30: San Francisco.

64. Sweet SN, Tulloch H, Fortier MS, Pipe AL, Reid RD. Patterns of motivation and ongoing exercise activity in cardiac rehabilitation settings: A 24-month exploration from the TEACH Study. *Ann Behav Med.* 2011;42(1):55–63.

65. Symons Downs D, Hausenblas HA. Elicitation studies and the theory of planned behavior: A systematic review of exercise beliefs. *Psychol Sport Exer.* 2005a;6:1–31.

66. Symons Downs D, Hausenblas HA. Exercise behavior and the theories of reasoned action and planned behavior: A meta-analytic update. *J Phys Act Health.* 2005b;2:76–97.

67. United States Department of Health and Human Services. *2008 Physical Activity Guidelines for Americans.* Washington, D.C.: U.S. Department of Health and Human Services, Secretary of Health and Human Services; 2008. Available from: http://www.health.gov/PAGuidelines/guidelines/default.aspx.

68. Vallance JK, Courneya KS, Plotnikoff RC, Mackey JR. Analyzing theoretical mechanisms of physical activity behavior change in breast cancer survivors: Results from the activity promotion (ACTION) trial. *Ann Behav Med.* 2008;35(2):150–8.

69. Vallerand RJ, Reid G. On the causal effects of perceived competence on intrinsic motivation: A test of Cognitive Evaluation Theory. *J Sport Psychol.* 1984;6:94–102.

70. Weinberg RS, Gould D. *Foundations of Sport and Exercise Psychology.* 5th ed. Champaign (IL): Human Kinetics: 2011.

网 络 资 源

计划行为理论有关的问卷编制：http://people.umass.edu/aizen/tpb.html

自我决定理论有关的测验：http://www.psych.rochester.edu/SDT/questionnaires.php

第 2 章 评估访客的身体活动行为：动机与个人资源

Sonia Lippke , Claudia Voelcker-Rehage , Ute Bültmann

第 1 节　访客的身体活动行为及动机概述

许多组织，如美国运动医学学会（ACSM）[8]都提出了科学运动的指南。ACSM 的具体建议如下：

- 中等强度心肺训练，每周 5 天每天 30 分钟及以上；
- 或者高强度心肺训练，每周 3 天每天 20 分钟及以上；
- 或者中等和高强度两种运动结合，每周累积 500 分钟~1 000 分钟或以上的能量消耗；
- 各主要肌肉群的阻力锻炼，至少每周 2 天；
- 涉及平衡、灵活、协调的主要肌肉群的运动锻炼（功能性训练），每周至少 2 次（每次锻炼 60 秒）。

每次 10 分钟的活动可以作为日常生活或健身计划的一部分。虽然这些指导是有帮助的，但也引发了许多实际问题（见图 2.1）。

图 2.1　推荐的运动指南而产生的实际问题

为了更好地回答图 2.1 中的问题，我们需要理解动机和行为，以及其他个体变量，如需要、愿望、恐惧和身体活动障碍等，这些信息可以从我们帮助对象身上获得。对个体从不同方面或变量上进行评估是很重要的。除了这些，环境特征的影响也不可避免（如设施的可用性）会影响锻炼行为。Bronfenbrenner 提出的生态学框架的模型[6]，从个体、社会、物理环境和政策（图 2.2）不同的层次描述了影响锻炼行为的因素。

本章只关注图 2.2 中个体和社会这两个内部层面的因素。我们可以直接评估个体如何看待环境，以及他们的期望和（感知到的）阻碍。外在的两个因素也是很重要的，将会在第 7 章介绍。

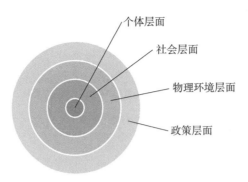

个体层面

社会层面

物理环境层面

政策层面

图 2.2　运动的生态学模型

循序渐进

作为与访客合作的专业人员，我们需要了解访客的信息，包括他们的想法、期望、观念和有关健康行为的能力，以便可以充分地帮助他们。因此需要确定如下信息：

1. 目标人群
2. 感兴趣的运动行为
3. 感兴趣的相关行为
4. 心理和社会（中介或预测）变量
5. 测量策略

根据这些信息，可以制定测量和评估计划。

情境 2.1 展示了上述步骤在帮助人们开始并保持身体活动的任务中的实际应用，这种情况可能发生在人们的工作、学习、会面或仅仅只是消磨时间的任何环境中。

案例场景 2.1

假设有这样一所大学，校园虽然偏小但是有朝气，拥有 1 500 名学生和 450 名教师及工作人员（＝目标人群），目前有针对学生和员工的体育锻炼项目。活动中心设有划船池、健身房和齐全的健身设施。健身设施种类繁多，包括有氧类健身器材、自由举重和阻力训练机等。此外，健身房还提供运动场地和运动器材，如球、网和划船设备。问题是有多少人会在活动中心和健身房进行运动（＝感兴趣的运动行为）。

除了活动中心的更衣室和浴室，校园内的各个地方都为骑车到学校的学生和员工提供淋浴（＝感兴趣的相关行为）。

一个小采访（＝测量策略）表明，（a）30% 的学生和员工每周至少参与一次体育锻炼；（b）其他 25% 的学生和员工有兴趣使用这些设施（＝心理和社会变量）；（c）大学董事会不满意娱乐中心的用户数量,寻求更高的利用率(＝心理和社会变量)。

对于这种情况,我们可以去探索如何帮助个体参与并保持建议的活动水平。我们如何帮助这些个体呢? 有以下不同的方法:

1. 我们可以自己找到一些解决方案。

2. 我们可以询问学生、教师、员工、校友和公众,或者具有代表性的样本,了解他们所期望的,喜欢的和不喜欢的是什么。

3. 我们可以通过查看文献和以前很好的实例来寻找理论和证据,以此作为我们自己发展的依据。

所有这些方法的结合肯定是最有利的。然而,为了满足个体的需要,我们必须首先了解和评估他们。

概要

如果我们的目标是了解个人和社会因素并制定策略来帮助提高个体行为水平,那么我们还需要了解更多的信息。我们只有了解了他们能做的(如:身体活动水平)、他们的感觉(如:运动感知障碍)和想法(如:动机),才可以对干预措施进行充分调整以适用于每个个体。此外,对干预是否满意以及是否达到预期效果的评估也是很重要的。

对于如何测量影响个体健康行为的各方面因素的描述是极其重要的,故本书的以下章节将进行重点阐述,因为它可以让我们更好地理解个体以及他们的感情、想法和目标。测量的目的是准确评估访客的行为、需要和前提条件,如意图或自我效能。当测量目的实现时,评估和测量的结果就可以对个体健康干预措施进行更好地设计和调整。此外,当我们确定在整个干预过程中应该改变哪些方面(如:意图),或干预的结果应该是怎样时(如:行为改变或行为保持),干预措施也可以相应地进行适当评估。在本章中,我们提供了示例,对情境进行评估以显示个体和社会层面信息的实际影响。我们还展示了对于评估可能有用的工具或项目。这些工具通常来源于已发表研究论文中的有效问卷,并在整个章节中提供了这些研究的参考资料。另外,还提到了一些有用的网络资源,在这些网站上也可以找到评估工具。

关键信息

评估可以帮助我们充分了解个体的行为、动机和决定行为的因素。根据评估的结果,我们可以制定适当的干预措施,并评估其有效性。

评估模式

健康行为是指任何能够促进健康和良好感觉的行为，反过来又有助于预防疾病的发生或加重，以及过早死亡。因此，适当强度和频率的身体活动是一种健康行为。健康行为还包括降低风险的行为，比如限制看电视这种久坐活动的行为。虽然很多人都知道他们应该定期进行健康行为，但研究显示，运动不达标的人数令人震惊[8]。定期进行健康行为尤其适用于那些残疾人和患慢性疾病的人。

为了更好地涵盖身体活动行为的各个方面，表 2.1 所示的不同方面是对身体活动评估的概括。

表 2.1 行为评估的不同方面

方面	例子
能量消耗	kcal，MET（能量代谢当量）
行为时长	时间（分钟 / 周）
行为频率	次数 / 周
执行容易度（强度）	活动执行的严格性

注：MET 的测量和计算[1,7]。

正如你所看到的，观察者从外部监控到的不仅仅是纯粹的运动行为，还有心理方面的，如执行的容易度也是很重要的。也就是说，可以通过观察和其他客观方法来获得行为的某些组成成分。然而，并不是所有的方面都可以通过观察或生理指标测量得到，所以也使用自我报告的方法[18]。各种评估模式的优缺点如表 2.2 所示。

表 2.2 不同评估模式的优缺点

	主观评价		客观测量
内容	**感知价值**		**外部测量**
方式	• 直接询问他 / 她的行为 • 采访 • 调查问卷，或者 • 日记记录和自我监控策略		通过设备来监控行为，如计步器或加速度计（跟踪步数或运动），或通过直接观察（出席率、观察其为锻炼购买或使用了哪些产品等）
优点	个体资源和阻碍因素，如意图、内在的诱惑、感知到的自我效能感和社会支持，这些只能主观测量		极少受到社会赞许性（倾向于以更有利的方式呈现自己，而不是真实的）和回答倾向（例如同意提问）的影响
缺点	社会赞许性（用积极的观点表达自己）影响测量的信度和效度		大多数都很难收集数据（耗时、昂贵）

评估自我报告信息的工具

自我报告的信息（问卷或访谈）常被用来测量身体活动及其影响因素。尽管身体活动也可以通过客观的方法评估，如观察或生理指标，但像动机这类影响因素通常是由自我报告进行测量。虽然并不总是能保证自我报告行为的效度（测量到要测内容的程度），但相对于客观的办法，还是较容易获得。

不同访谈类型有不同的用处，这取决于具体的访谈方法。运用叙事和非结构化访谈方法，很少或者没有事先界定的问题，并且问题是开放式的（即被访问者可以用叙述性的文本形式做出反应，而不是用"是否"或选择题答案来回答）。这种采访常常导致截然不同的结果。这可能使多个访谈信息之间的比较变得复杂化（如个体被采访多次）。此外，也有结构性访谈如问卷调查，提供明确的问答选项。通过限定的答案限制了信息收集的范围，使其更容易比较。访谈和问卷调查的主要区别是访客如何评价自己，两者各有其独特的优势，也有一些类似的特点。访谈者要求访客对其说出所有的答案，会受社会赞许性的影响。但在问卷调查中，回答过程是匿名的，这可能会降低社会赞许性偏见。例如，社会赞许性偏见可能导致访客报告比他们实际上更多的健康行为。另外，访谈能够让访谈者为访客澄清问题；问卷调查没有这个优势。在问卷调查和访谈中都会产生共享个人信息的焦虑。

日记记录技术和自我监控策略和问卷调查有很大相似性。有了这些技术，访客会被要求受到监测，比如说，通过携带计步器和读取每日记录到的数字，得到访客每天的步数。这些记录可以是纸质版，也可以是电子版。电子版则提供了收到有关步数即时反馈的选项。例如，个人和自我比较："今天，你走了 7 000 步，这是昨天的两倍。"个人和目标比较："今天，你走了 7 000 步，这少于建议的 10 000 步 / 天。"

时间因素

为了信息评估而进行自我报告调查的设计时，重点要考虑到以下几个方面的问题。

第一，应考虑行为的性质：问题所指的行为是偶尔表现的行为还是经常重复出现的行为。例如，我们可能对了解一个人是否参与有规律的身体活动（可通过 PAR-Q 测量——见本章后面的说明）[22,23]，或是否参与一次身体活动（偶尔出现）感兴趣。这两个问题的答案只能是二分法，提供一个"是"或"否"的回答。然而，为了达到促进健康的目的，身体活动必须反复进行。因此，我们现在感兴趣的是反复出现的行为。

第二，可以在规定的时间内进行身体活动评估（如"上个月你多久锻炼一次？"），或通过询问典型行为的数量和频率来测量（如"上周你多久锻炼一次？"）。此外，在意外事件或其他健康问题阻碍他或她执行典型活动时，个人应该得到具体的指导，比如对意外事件发生前一个月的思考。当评估信息时，应该要考虑有可能发生的任何健康事件。

第三，应考虑测量的最佳时期。如果有明确的原因，那么应该对确定时间范围的过程进行评估。以下是对于下列情况时间范围如何确定的建议：

1. 如果能预计将发生行为改变过程，那么则在干预后测量；

2. 如果能在前期通过社会认知变量预测这个特殊的时间间隔，例如测量个体意图来预测半年后是否参加马拉松，那么则在前期测量；

3. 如果个体处在特殊状况下，如手术或假期，那么则在手术或度假后测量。

另外，没有时间框架有时也是有优点的，有特定的时间框架可能是主观的：为什么一个打算在 6 个月和 1 天内参加运动的人与一个打算在 5 个月和 20 天内进行运动的人，或一个打算在 6 个月内改变的人不同？有没有具体的证据表明这个特定的时间截止是 5 个月和 20 天或 6 个月。当前有些评估阶段的变化（见表 2.3 中的例子）的测量没有使用特定的时间框架[10, 11]。

表 2.3　阶段变化的评估

说明：请你设想有代表性的一周。你是否会参与每周至少 5 天，每次 30 分钟或以上（或一周总共 2.5 小时）的运动？这种活动方式是否让你感到中等疲劳？从以下的陈述中，请选择一个准确描述你的数字。

不，我不打算开始	1
没有，但是我考虑它	2
没有，但是我认真打算开始	3
是的，但是这对我来说是相当困难的	4
是的，这对我来说很容易	5

Adapted with permission from Lippke S, Ziegelmann JP, Schwarzer R, and Velicer WF（2009）. Validity of stage assessment in the adoption and maintenance of physical activity and fruit and vegetable consumption. *Health Psychology*, 28（2）, 183-193.

测量准确度

测量准确度也必须加以考虑。行为的全面性水平是非常宽泛的（如"我遵循一种积极的生活方式"），或是确切地定义为持续时间（如"我每天骑自行车上班，大约需要 30 分钟"）。为了精确测量，会被问及锻炼频率和持续时间的问题（如"你每周进行多少天的身体活动？每次持续多长时间？"）。另外，答案可以根据评定等级来口头回复如（1）一个月不到 1 次或从不；（2）一个月 1 次；（3）一周大约 3 次；（4）一周 2-3 次；（5）一周 4~5 次；（6）（几乎）每天。为了对陈述进行很好的回答，答案可以给出（1）不完全到（6）完全的等级范围。

客观方法：基本原理、工具和优点

一些客观方法（如计步器测量一周的步数，和其他如表 2.4 所示的方法）通常比主观方法有更高的准确性（通过访谈来测量），这是因为个体不需要自己回答问题。相反，身体活动水平的收集可以依靠工具进行即时监控，如身体活动检测仪（如计步器或加速度计）。

表 2.4   评估身体活动水平和体能的客观方法例表

测试方法	测试及所需材料（例子）
……身体活动	
步数	计步器
加速度力	加速度计、GPS、手机
……身体素质	
心血管健康	在跑步机，固定自行车，划船机等上进行最大摄氧量测试 Rockport 1 英里（1 英里约等于 1 609.3 米）步行测试
心率或心率变异性	心率测量装置
握力	手柄测力计
灵活性	卷尺或卷棒
姿势稳定力	测力台，单腿站立

现代技术（如手机、GPS 技术），能对个体的运动进行追踪，也是一个解决方案，但是，必须谨慎地评估它，因为准确的指导和个人配合是获得可靠信息的主要依据。个体只有适当地使用计步器，才能正确监控运动。所提到的设备对访客来说通常小巧而不笨重。他们不仅能买得起，并且有各种各样的品牌供挑选，其中大多数应该是有信度和效度的。

活动中心的出勤率也可以作为一个客观的观察方法。如果活动中心的工作人员必须检查访客的训练，那么这些测量相对客观，然而，如果工作人员忘了对训练进行检查或由别人对访客进行检查，数据就有可能不准确。如果一个人感兴趣的不仅仅是出勤率还有日常的运动，如人们也可以在其他环境中训练（如公园），那么错误也会产生。

常用的客观生理指标（表 2.4）可以测量身体活动水平或个人的体质和功能。身体活动与体质相关但不相同。身体活动行为会导致体质和功能的改善，但不良体质和功能也可能阻碍身体活动行为。

案例场景 2.2

让我们再次思考与大学相关个体的运动。一个研究小组决定采访学生、教师、员工和校友，以及员工家属和生活在校园附近的人，获得关于这些个体身体活动水平的信息。我们的目标是尽可能地了解他们过去的行为和在大学的经历，他们是否喜欢在校园里健身，以及他们是否支持每周例行的运动。这个过程如下：首先，工作人员选择一组代表性的参与者，为此，通过招募和采访从每组中选择 3~5 个人。

可能的问题包括：

• 你每天进行 30 分钟中等强度的身体活动吗？

- 如果没有,有什么挑战阻止你这样做呢? 可以改变什么来帮助你变得更积极吗?
- 如果有,你认为有什么办法激励不积极运动的人变得和你一样积极呢?

接下来,封闭式问题是在这些回答的基础上开发的。问题通过电子邮件发送给所有学生、教师、员工和校友,并亲自去接触员工的家庭成员。所有参与者都会收到这样的问题:

- 如果考虑到以下条件的变化,你会愿意每天进行 30 分钟中等强度的身体活动吗? 请从以下(1)"一点不愿意"到(6)"非常愿意"中选择您的回答。

(a)如果你能获得在工作日如何规划训练的信息。　　　　1-2-3-4-5-6

(b)如果你能在锻炼期间得到(更多)个人帮助。　　　　1-2-3-4-5-6

(c)如果你的朋友和(或)家人可以与你一起锻炼。　　　1-2-3-4-5-6

这使人们能够表明他们过去的行为和信念。

我们现在知道了回答问题的个体的一些信息。因此,我们可以根据个体的需要来调整干预措施。

关键信息

当评估行为时,可以搜集客观和主观的测量指标。动机和其他心理变量(见下章节)通常是由感知或主观方法来测量的。客观和主观评估方法都有各自的优点,但也有一些局限。人们在选择测量工具或设计项目时应该考虑到这些。

第 2 节　获取访客健康信息(或病史)

概要　为了进行合适的锻炼,了解自己或访客的健康状况是很重要的。评估锻炼是否安全,应该咨询专家依据个体自身健康状况来决定。ACSM 锻炼测试与指导指南[3]所推荐的前测问卷是运动调查问卷(PAR-Q)[22,23]和 AHA(ACSM)健康(健身设施)前测筛查问卷。为了使前测筛查过程更具体、深入和详细,可以将 PAR-Q 和 AHA(ACSM)健康(健身设施)前测筛查问卷与健康风险评估工具(HRA)或病史问卷(HHQ)结合使用[24]。

这 4 种评估工具——PAR-Q、AHA(ACSM)健康(健身设施)前测筛查问卷、健康风险评估工具(HRA)、病史问卷(HHQ)——标准化后可以确定个体进行锻炼的健康风险因素。问卷调查的目的是从他或她的医生那里得到体检合格证,并利用这些信息来调整他们的锻炼计划等。因此,对于每个打算开始锻炼的个体和提供环境的专业人士，了解所有风险因素和禁忌是非常重要的。此外，这类评估为随时追踪访客，以及监测其进展与阻碍因素提供便利，因此应该每周或每年定期重复。PAR-Q 还有针对专门人群的版本，如 PAR-MEDX 和 PAR-MEDX 孕妇版调查问卷。如果个体正确回答这些具有针对性的版本，就可以更准确地完成运动指导。（有关 PAR-Q，PAR-MEDX 和 PAR-MEDX 孕妇版的更多信息见实用工具箱 2.1。）

提供 4 种评估信息的网址如下：

- PAR-Q at http：//www.csep.ca/english/view.asp？ x=698
- AHA/ACSM Health/Fitness Facility Preparticipation Screening Questionnaire at http：//circ.ahajournals.org/content/97/22/2283.full.pdf
- HRA at http：//www.cdc.gov/nccdphp/dnpao/hwi/downloads/HRA_checklist.pdf
- HHQ at http：//www.hr.emory.edu/blomeyer/docs/HealthHistory Questionnaire2007.pdf

下面将简单地描述两种评估方式。

 实用工具箱 2.1

准备运动的筛查

Lauren Capozzi 和 S.Nicole Culos-Reed

当对锻炼个体进行筛查时，重要的是认识到某些特定人群参与锻炼可能有所禁忌。使用适当的筛选工具是确保个体安全的第一步。

运动准备问卷 PAR-Q and YOU

这个问卷是针对 15 岁 ~69 岁的人，调查表帮助人们知道在进行身体活动之前是否需进行医学检查。参见图 2.3；该表可见于 http：//www.csep.ca/english/view.asp？ x=698。

PARmed-X

这是一个身体活动医用评价表，主要供在 PAR-Q 中有一个或以上"是"回答的人使用。此表可见于 http：//www.csep.ca/english/view.asp？ x=698。

PARmed-X 孕妇版

这是适用于孕妇的身体活动医用评价表，用于评价孕妇参加产前健身或进行其他锻炼时使用。此表格可见于 http：//www.csep.ca/english/view.asp？ x=698。

AHA（ACSM）健康（健身）设施准备状况筛查

这个表格（见图 2.4）提供了一个深入的分析，针对那些可能影响身体活动参与的特定的心血管和其他危险因素。它还建议在锻炼之前个体是否需要联系他或她的医生。

运动准备问卷（PAR-Q&YOU）

（适用人群：15 岁~69 岁）

　　有规律的身体活动既有趣又刺激，并且越来越多的人每天开始进行更多的身体活动。对大多数人而言，做更多活动是安全的。然而，有些人在进行更多的活动之前应该找医生进行检查。

　　如果你现在计划着要去进行更多的身体活动，请先回答下面表格中的 7 个问题。如果你年龄在 15 岁~69 岁之间，PAR-Q 能告诉你，你在进行身体活动前是否需要找医生做检查。如果你超过 69 岁，并且你以前并不常做活动，请找医生做下检查。

　　根据你的实际情况回答下列问题。认真阅读，诚实作答。选择"是"或"否"。

序号	是	否	症状
1			医生是否跟你说过你有心脏病，你只能做医生建议做的身体活动？
2			你身体活动时胸口是否会疼痛？
3			在过去的一个月里，你有没有在做身体活动的时候感到过胸痛？
4			你是否曾因为头晕而失去平衡？你是否曾经失去过意识？
5			你是否有骨头或关节的问题，会在你进行身体活动时变得更糟？（如：背部、膝关节或者髋关节）
6			医生给你开过药吗？如用于治疗血栓或心脏问题的药物。
7			你是否还有不应该进行身体活动的其他原因呢？

　　如果你的回答有 1 个或以上的"是"：

　　在你增加你的身体活动量前，通过电话或当面与医生交谈，向医生说明在 PAR-Q 问卷中哪些问题你回答了"是"。

　　• 你也许能够做所有你想做的任何身体活动——只要你开始时慢一点，循序渐进地进行，或者你需要将你的活动限制在那些安全的项目上，告诉医生你想进行的活动项目，听取医生的意见。

　　• 找出哪种集体活动对你来说是安全的、有帮助的。

　　如果你的回答全是"否"：

　　如果你真的所有问题的回答都是"否"的话，那么你肯定可以：

　　• 可以进行更大量的身体活动（前提是慢点开始，并且循序渐进），这是最安全、最简单的开展方式。

　　• 做一个健身评价——这是一个确认你基本身体状况非常好的方法。这样你就能规划好你的生活，让它更加有活力。强烈要求你事先要测量你的血压，如果血压高于 144/94，请在你增加身体活动量之前向医生咨询。

　　以下情况推迟增加活动量：

　　• 如果你临时觉得不舒服，如：感冒、发烧，等感觉好些了再活动。

　　• 如果你可能或者真的怀孕了，在增加活动量前向医生咨询。

　　注意事项：如果你身体状况的改变，让你当时回答以上任意问题的答案是"是"的，请及时向医生反映，询问是否需要改变你的运动计划。

　　PAR-Q 使用须知：CSEP、加拿大卫生部，以及相关部门不承担相应责任，完成问卷后如有疑问，请在运动前向医生咨询。

禁止修改，仅允许复印使用。

　　注意：如果 PAR-Q 在参加体能活动或进行健身评价前提供给某人，这部分将作为法律或管理为目的来使用。

　　"我已阅读，并且完全理解整份问卷。一切问题均自愿。"

　　姓名：＿＿＿＿＿＿＿＿＿

　　本人签名：＿＿＿＿＿＿＿＿＿　　　　日期：＿＿＿＿＿＿＿＿＿

　　父母/监护人签名（未成年人）：＿＿＿＿＿＿　　见证人：＿＿＿＿＿＿＿＿＿

　　注意事项：此体能活动许可有效期为 12 个月。如果你的身体状况有所改变，上述 7 个问题中有任意一项回答为"是"，此许可将失效。

图 2.3　运动准备问卷（PAR-Q）

通过标注真实的陈述来评估你的健康状况

既往史

你曾有：

—— 心脏病发作

—— 心脏手术

—— 心导管检查

—— 冠状动脉成形术（PTCA）

—— 起搏器 / 植入式心脏除颤器 / 心律失常

—— 心脏瓣膜疾病

—— 心力衰竭

—— 心脏移植

—— 先天性心脏病

如果您在本节中标注了这些陈述，请咨询您的医生或其他适当的健康护理人员，然后进行锻炼。您可能需要医疗执业人员的指导。

症状

—— 你经历过胸部不适

—— 你经历过不合理的呼吸困难

—— 你经历过眩晕、昏厥或暂时昏迷

—— 你经历过脚踝肿胀

—— 你经历过不愉快的强有力的意识或快速心率

—— 你服用心脏病药物

其他健康问题

—— 你有糖尿病

—— 你有哮喘或其他肺部疾病

—— 你短距离行走时小腿有烧灼感或抽筋感

—— 你有肌肉骨骼问题且限制你的运动

—— 你有锻炼安全性的担忧

—— 你服用处方药

—— 你怀孕了

心血管危险因素

—— 你是 ≥45 岁的男人

—— 你是 ≥55 岁的女人

—— 你在前 6 个月之内吸烟或戒烟

—— 你的血压 ≥140/90mmHg

—— 你不知道你的血压

—— 你服用降压药

—— 你的血脂水平 ≥200Mg/dl

—— 你不知道你的血脂水平

—— 你的一个亲人在 55 岁（父亲或哥哥）或 65 岁（母亲或姐妹）前有心脏病发作或心脏手术

—— 你体力不足（如，你每周至少 3 天有 30 分钟的运动）

—— 你的身高体重指数 ≥30kg·m^{-2}

—— 你有前期糖尿病

—— 你不知道你有前期糖尿病

如果您在本节中标注了两个或以上的陈述，在逐步进行锻炼计划时，您应该咨询医生或其他健康护理人员以作为良好的医疗保健。你可能会受益于使用设施与专业合格的锻炼人员来指导你的锻炼计划。

—— 以上都不是

在没有咨询你的医生或其他适当的卫生保健提供者时，你应该能够在自我指导下安全地锻炼并使用任何设施，满足你锻炼计划的需求。

[a] 专业资格的健身人员是指受过适当训练的个人，具有学术训练、实践和临床知识、技能和能力，符合附录 D 中所定义的凭据。

图 2.4   AHA（ACSM）健康（健身设施）前测筛查问卷。有多种心血管疾病风险因素的个体，应该在剧烈运动之前咨询他们的医生，作为良好的医疗保健的一部分，并且应该根据锻炼计划的运动强度逐渐进步。ACSM，美国运动医学会；AHA，美国心脏协会；CVD，心血管疾病；PTCA，经皮穿冠状血管成形术。经由美国运动医学会允许转载

ACSM's Guidelines for Exercise Testing and Prescription. 9th ed. Baltimore（MD）: Lippincott Williams and Wilkins；2014；modified from American College of Sports Medicine Position Stand，American Heart Association. Recommendations for cardiovascular screening，staffing，and emergency policies at health/fitness facilities. *Med Sci Sports Exerc*.1998；30（6）：1009-18.

知情同意

该表格（见图 2.5）确保个人知道运动测试和训练过程，并确保各方（个人和运动专业人员）了解所有可能结果的相关影响。

运动测验的知情同意

1. 测试的目的和解释

你将在自行车或电动跑步机上进行运动测试。运动开始时的强度在较低的水平，然后根据你的身体水平逐步提高。如果有疲劳迹象，如依据心率、心电图、血压等变化，我们会随时停止测试。你可以在任何你感到疲劳或其他不适时，要求停止测试。

2. 伴随的风险和不适

在测试过程中存在某些变化的可能性。这些包括异常血压；昏厥；不规则的、快速的、或缓慢的心率；以及极少出现的情况，如心脏病发作、中风、或死亡。通过评估有关您的健康和体质的初步资料和测试过程中的仔细观察，我们会尽一切努力使这些风险最小化。急救设备和训练有素的人员用于处理可能出现的异常情况。

3. 参与者的责任

你的健康状况信息或以前与心脏有关症状信号（如呼吸急促；活动量小；疼痛；压力；紧张；胸部、颈部、下巴、背部、和（或）手臂的沉重感）可能会影响你运动测试的安全性。在运动测试中，你能第一时间报告和平时不同的异常感觉是非常重要的。你有责任全面披露你的病史以及在测试过程中可能出现的症状，也希望你报告最近服用的所有药物（包括非处方药），特别是那些为今天的测试所服用的。

4. 预期效益

从运动测试中获得的结果可能有助于诊断你的病情，评估你所服药物的效果，或评估你可以参与的低风险的身体活动类型。

5. 询问

可以问有关运动测试过程或结果的任何问题。如果你还有其他困惑或问题，可以要求我们做进一步的解释。

6. 医疗记录的使用

根据 1996 年《健康保险便利和责任法案》，你在运动测试中获得的信息将被视为特权和机密。未经你书面同意，除了你的主治医生外不向任何人透露或泄露。保留你隐私权的前提下，所获得的信息可用于统计分析或科学目的。

7. 同意自由

本人同意自愿参与此运动测试，以确定我的运动能力和心血管健康状况。我允许执行这项运动测试是自愿的。我明白只要我愿意，可以在任何时候自由地停止测试。

　　我已阅读此表，我理解我将执行的测试程序和伴随的风险与不适。我了解这些风险与不适，并有机会询问相关问题并使我满意，我同意参加本测试。

日期	签名的病人
日期	签名的见证
日期	医生的签名或授权委托

图 2.5　症状受限运动测试知情同意表样本

Reprinted with permission from American College of Sports Medicine. *ACSM's Guidelines for Exercise Testing and Prescription*. 9th ed. Baltimore（MD）: Lippincott Williams and Wilkins; 2014.

运动准备问卷（PAR-Q）

PAR-Q[22,23]（如图 2.3 所示）是一个通用的筛选工具，可确定增加个体锻炼风险的因素。可以通过自行填写问卷或在专业人员的帮助下进行评估。

可以对问题进行"是"或"否"的回答。有时候也有"我不知道"或"我不记得了"的回答选项。问卷通过给出答案提供直接的反馈。如果个体对任何项目都回答"是"，他们应该在开始一项锻炼计划之前去咨询医生。

健康史问卷（HHQ）

像 PAR-Q 一样，HHQ[15]是开始身体活动之前对风险因素进行筛查的工具。然而，HHQ 更详细。第一部分有 7 个条目："一、身体活动筛选问题"的风险因素评估的题目如：

• "你知道你不能参与身体活动项目的其他原因吗？"

第二部分："二、一般健康历史问题，"进一步评估体检情况的 10 个问题，如中风、糖尿病、哮喘、骨科疾病、高血压、背部问题、怀孕。HHQ 也直接评估身体活动习惯和所服药物：

• "你目前每周锻炼不到 1 小时或 1 小时以上吗？ 如果你回答'是'，请描述你做的活动。"

• "你正在服用任何可能会影响你安全地进行身体活动的药物吗？"

HHQ 的反馈必须由监督受访者的专业人员给出，因此，专业人员必须充分意识到信息代表了一个风险因素，如服用药物的糖尿病患者。在这种情况下，医生必须建议患者在身体活动的同时服用药物，以防止不良反应。在有危险因素或疾病的情况下，专业人员应该建议咨询医生进行体检。评估健康的客观方法如表 2.5 所示，这些方法作为健康的客观指标已经被使用和验证[18]。

见案例场景 2.3 的说明。

表 2.5   健康评估的客观指标列表

方法	测试和材料需要（例子）
腰臀比、腹部周长	卷尺
身高体重指数、脂肪	（标准化）体重计、卷尺
静息心率、血压	血液指标测量装置
握力	手柄测力计
姿势稳定力	测力台，秒表
肺容量	肺容量计

案例场景 2.3

R 教授 60 多岁了，长期背部疼痛，他知道特定的身体训练对他的背部是有益的，尽管他以前进行的力量训练减轻了背部疼痛和提高了总体幸福感，但他仍然担心参加这次大学活动中心的训练。他觉得自己年龄太大了，如果年轻的同事参加这门课程会比他做得更好。到目前为止，他既没有去参加当地的运动俱乐部的课程班，也没有进行前段时间理疗师给他的锻炼。如果健身中心建在校园里，并配备力量训练器械和私人教练，他会愿意立即开始锻炼。现在这些条件已经实现了，R 教授直接向中心走去。

私人教练见到 R 教授后，他应该了解 R 教授哪些信息？ 应该怎样问 R 教授？

关键信息

为给出合理的身体活动建议，进行体检和可能的禁忌评估是预防身体活动中风险的重要步骤。现在有不同的评估工具，有助于专业人员对他们的访客提出建议。此外，这些工具可以帮助个人评估对自己的挑战，并且可以使个体能简单地决定是否应该与医生交谈。这些方法可以使体育锻炼更加安全，防止受伤和负面的体验，以及对专业人员完成工作和改进活动计划提供支持。

第 3 节　评估访客身体活动潜能

概要

身体活动行为可以在不同层次上进行：轻度、中度或剧烈。不同强度的锻炼对哪些个体有好处，总体上有什么建议呢？ 如果我们阅读了基本身体活动指南，为保持健康，ACSM[3] 建议每周 5 天每天 30 分钟的中等强度有氧运动，或者每周 3 天每天 20 分钟的高强度有氧运动，加上每周 2 天的力量训练。活动可以作为日常生活的一部分，每次 10 分钟，或者加入一个体育项目。对不同体重的个体身体活动目标的建议不同（表 2.6），这些建议类似于 2008 年的运动指南[4,8,13]。

因此，重要的是评估身体活动的目的是什么，个人进行身体活动的强度水平是什么（它应该是中等还是剧烈强度的活动），以及是否达到每周建议的时间。正如本章"评估模式"部分所描述的那样，这可以通过观察测量（如出勤率），通

表 2.6   美国运动医学会减肥和防止体重增加的建议[4,8]

进行适度的体育锻炼的目的……	通过……
防止超重（体重指数 ≥25）	每周锻炼 150 分钟 ~250 分钟
运动减肥	每周锻炼超过 300 分钟
保持成功的减肥	每周锻炼超过 250 分钟

过客观方法测量（如计步器）或通过直接询问测量（如主观测量或感知）得知。在接下来的部分，我们提供评估工具的一些示例来测量在个体层面的行为。以下工具提供了很好的例证：Godin 休闲时间运动问卷[9]和 Godin 休闲时间运动问卷修订版[9,17]，其他例子如表 2.7 中所示。

表 2.7   运动测量的概述

量表（参考）	维度	完成量表的条目数量和时间
Godin 休闲运动问卷（GLTEQ）	休闲、运动	3 项，2 分钟 ~5 分钟
Baecke 问卷（BAECKE）	工作、休闲、运动	16 项，12 分钟 ~15 分钟
国际身体活动问卷（IPAQ）	工作、休闲、家庭和园艺活动、体育	27 项，15 分钟 ~20 分钟
国际身体活动问卷（IPAQ 简版）	工作、休闲、家庭和园艺活动、体育	7 项，5 分钟 ~7 分钟

Source：https://sites.google.com/site/theipaq/

　　有多种有效的问卷，可以对身体活动的评价可以相互印证[16]。问卷结果或通过问卷收集的信息可以提供有用的信息，让我们知道人们实际做了什么，以及在哪些方面可以采取措施进行改进（类似工具的列表，见参考文献 16，表 2.7 和引用列表中的"网络资源"小节）。

身体活动水平

　　通过 Godin 休闲运动问卷（GLTEQ）（见表 2.8），可以测量出在上个月的行为表现。依据运动强度衡量个体行为，要求访客报告他们（a）每周活动的平均次数，和（b）平均每次持续的时间。

表 2.8   不同强度运动的测量与说明

强度	内容或实例
剧烈的运动	心跳加快、出汗
适度地运动	不累人、少量汗水
轻微的运动	最少的努力、没有汗水

这 3 类活动水平的每一个都可以看作是运动的频率和持续时间的乘积。可以得到 3 个水平各自的分数,或者 3 个水平的总分：一方面是剧烈的和适度的活动,另一方面是剧烈的、适度的和轻度的活动。另外,这三者可以作为单一的指标,因此可以得到能量消耗量的近似值。Godin 休闲运动问卷的附加说明是,它不考虑不同领域的身体活动。身体活动特指的是体育锻炼(图 2.6)。

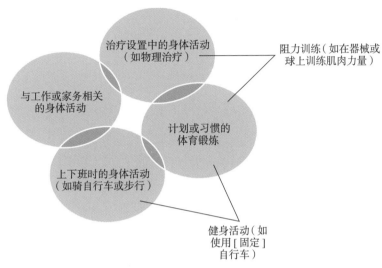

图 2.6　身体活动的范围和构成可能有部分重叠
(请注意：与工作和家务有关的身体活动通常不是干预的目标。)

身体活动的范围和构成

因为身体活动不仅是按计划进行的体育锻炼,所以活动领域是值得考虑的：如果干预措施指向某些子领域,那么这些子领域也应该被广泛评估(图 2.6)。身体活动的 4 个范围可以通过行为评定量表来评估,如下一小节所示。

身体活动的特定范围及其相互关系

如果测量目的是解释行为的差异,则特定范围的身体活动(如体育锻炼与积极通勤)更容易受到特定变量的影响,例如,影响身体活动的一个具体变量是自我效能,这可以通过以下方式进行比较：进行健身活动的自我效能感与上下班的自我效能感,或者对行为启动(开始新的行为)很重要的动机性自我效能感,以及对行为维持很重要的意志性自我效能感(参见本章的"评估访客资源"部分)。与特定领域的活动相比,如果考虑一般的身体活动(例如,通勤和家庭活动),特定变量只能解释较少的行为差异。

对于不同访客而言,身体活动的建议必须进行相应的修改。ACSM 提供了老年人和慢性病患者具体的运动建议[13]。

例如，为心脏病访客推荐的行为目标是每周 3 次 ×40 分钟。访客可以通过以下选项表明每次行为的频率和持续时间：(1)"每周不到 1 次 40 分钟"；(2)"每周至少 1 次 40 分钟"；(3)"每周至少 3 次 40 分钟"；(4)"每周超过 3 次 40 分钟"。答案可以用二分变量分类，例如，访客是否执行了建议的身体活动水平 (1) 或没有 (0)。此外，这种李克特量表提供了更多有关个人的信息，以及改进的可能性。

在上一段中提到的两种方法（4 或 2 的回答选项）主要包括：

- 因空闲时间而每周进行身体活动的频率
- 因通勤而每周进行身体活动的频率

然而，也可能是两个方面考虑。这些其他因素包括：

- 因工作而每周进行身体活动的频率
- 因家务而每周进行身体活动的频率

为了评估这些方面的活动，调查问卷可能会问以下问题：

"在过去的 4 个星期我有……"

- "……进行特定的身体活动和体育运动（如去健身中心、踢足球）"
- "……在工作中进行的身体活动（如携带重物、长时间行走）"
- "……由于上下班（如骑自行车而不是使用汽车）进行的身体活动"
- "……由于日常琐事（如消耗体力的照顾，花园工作、爬楼梯、剪草坪、吸尘）进行的身体活动"

条目可以用李克特量表回答（表示一致的程度）或每周的持续时间来反映，这类问题已经在前面着重描述，还可以指导观察（监测运动行为）。

用案例场景 2.4 进一步说明。

案例场景 2.4

　　一群园丁受雇于一所大学，他们修草坪、剪乔木和灌木，清除杂草，照顾花朵。为维持校园的美好环境，一些园丁的工作是使用割草机和用小型机动车辆运输堆肥。他们携带沉重的机器，用于花园吸尘和树木绿化，其他人做大量的铲切工作。所有的园丁都收到了活动中心的邀请，但没人表现出有在这里锻炼的兴趣。我们如何评估他们在工作和休闲时间的身体活动水平？应该鼓励他们在活动中心锻炼吗？如果是这样，要怎样做？

关键信息

　　了解访客既往的体育活动史可以制订更加适当的锻炼计划。身体活动行为可以在不同环境下进行，并且包含很多方面。适当地留意这些方面，并评估个体是否满足建议的身体活动水平,调查问卷和访谈应针对身体活动的不同方面。这些问题还可以指导观察(监控)。另外,客观方法如计步器可以用来评估身体活动水平。所有的方法都可以提供关注行为变化进展的可能性:

- 评估行为(和其他特征)的量表[4]
- 健康相关研究的体育活动问卷[16]。

第 4 节　评估访客身体活动动机

概要　　如果我们的目标是更多地了解人类的行为及其动力,那么我们需要更多地了解个体的头脑中发生了什么:他们是否具备产生和保持身体活动的动机? 他们打算增加他们的锻炼行为吗? 如果我们的目标是了解是什么驱动人类的行为,我们需要认识促使个人产生或保持身体活动的需要。这个具体的调查可以被称为"动机",人们可能会被激励去进行推荐的身体活动,这是采取实际行为的一个重要先决条件;同样,如果人们缺乏动机,行为的改变就不太可能发生。因此,有必要获得更多关于行为"准备"的知识:人们离他们的行为改变有多远,或还有多久他们会出现习惯性行为。

 研究证据

"准备改变"是一个提及频率甚至高于行为和意图的典型术语。"准备改变"即"阶段(变化)",被定义为行为变化的评价指标及其相关的心理因素。可以通过意图来评估人们是否可能改变他们的行为,也可以通过是否执行建议的行为来区分个体,这也是前面描述的测量行为的工具。然而,如果我们想了解关于个体的心理特征,那我们还需要采用进一步的方法:人们进行身体活动的习惯方式,换句话说,他们已经锻炼了很长一段时间吗? 他们在有风险的特定时间内停止锻炼吗? 我们可以使用一个特定的问题测量习惯性,比如"身体活动究竟有多困难?""我定期锻炼,没有觉得困难",或"你像现在经常锻炼身体多久了? "测量阶段的主要优势是把行为、意图和习惯化统一在一个测量工具里(见下文)。

动机(或意图)

执行行为的意图应该在某种程度上类似对行为本身的评估(表 2.8),这可以通过以下 3

个项目来完成："我准备执行以下活动，每周至少 5 天，每天 30 分钟。"

- "剧烈的运动（心跳快，出汗）"；
- "中度的运动（不累人，少量汗水）"；
- "轻度的运动（最少的努力，没有汗水）"。

根据评估答案从（1）完全符合到（6）完全不符合进行 6 级评分（如行为，参考前面）。

活动还应包括在工作时间之外进行的中等强度以上的身体活动。访客可以自己制定活动频率和时长（如前所示）。同样，答案可以用一种二分变量的方式进行分类（是否足够积极）。有心血管系统／骨骼问题的访客是否打算完成每周 2~3 次，每次 40/20 分钟的活动。身体健康的访客是否打算完成每周 5 次，每次 30 分钟的活动。

阶段的变化

根据阶段理论（参见第 4 章），健康行为的改变由一系列有序的类别或"阶段"组成，人们可以将其分类[14]。这些类别反映了个体的心理或行为特征，如动机和身体活动行为。

经典评估阶段需要考虑时间框架（如 30 天；半年）[18]，现在的评估阶段不需要使用一个特定的时间框架[10,11]，可能要求个体回想上一个月身体活动情况，然后提出以下的问题：

- "你是否参与每周至少 5 天，每天 30 分钟或以上身体活动？"回答"是"或"否"。

此外，他们应该问："在接下来的一个月，你打算进行每周 5 次，每次 30 分钟或更多时间的身体活动吗？"——可能的答案是"是"和"否"。

在过去积极进行身体活动的人被归为行动者。过去未进行身体活动，但打算开展目标活动的人，被归为有意向者。过去未进行身体活动，也不打算在未来开展目标活动的个体被归为无意向者。一个更详细的阶段评估如表 2.3 所示。

根据参与者的回答，将个体分为无意向者，有意向者或行动者。另外，运动意向分为以下阶段（见图 2.7）：

1. 前意向
2. 意向
3. 准备
4. 行动
5. 维持

评估还可以适用于其他与健康促进行为相关的行为（参见本章后面的"评估其他健康行为"部分）。

有了必要的信息，就可以根据心理和行为特征的阶段制定合适的干预方法，这被称为特定阶段的干预措施。我们可以通过测量阶段而不仅仅是行为（例如，从无意阶段到有意阶段的意图发展）来捕捉实际行为改变之前或之后的阶段运动。如果我们对跟进行为改变中潜在的变化感兴趣，那么这些变化可能是重要的。如果反复填写阶段评估——如每半年一次，就可以获得关于个体是否在两阶段之间前后的变化信息，仅测量行为则得不到这样的结果（参见图 2.7）。分享这些变化的反馈是激励个体的一个重要策略，因为它相比于内部的反馈（参考个体自身）而言提供了纯粹的规范性标准（参考外部框架）。

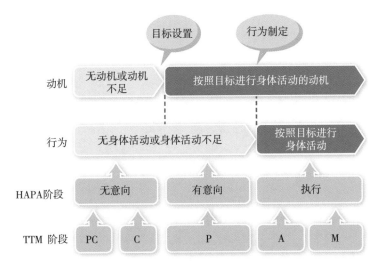

图 2.7 不同阶段个体动机和行为

HAPA= 健康行动过程的方法[20]；TTM = 跨理论模型[19]；PC= 前意向；
C = 意向；P = 准备；A = 行动；M = 维持。

案例场景 2.5

再一次请你思考大学的例子，这一次我们想知道更多关于大学成员对锻炼的看法和感受，即他们参与锻炼行为的动机，因此我们使用前面描述的问卷调查，以评估 3 个候选人的行为。A 报告的是每周有一次校园锻炼，并希望延长她的训练计划；B 表示她什么都没做；C 声明她每天运动至少 30 分钟，但不在校园里。

如果我们根据推荐的运动来比较三者的报告，A 和 B 都会被视为活动不足。此外，由于 A 和 B 之间的差异，那么我们应该怎样去询问这些人以便获得她们参与锻炼的动机呢？C 符合建议的锻炼标准，但是否还有一些重要问题需要询问呢？

关键信息

如果我们评价动机或评估个体所处的阶段，我们可以洞察到个体产生并保持活动的"准备"。意图和动机是行为的重要决定因素。阶段评估还包括在行为方面打开了快速测量人们在行为改变过程中的位置，以及如何接近目标行为的途径，这样的测量可以为帮助干预个体接受和维持其目标行为，提供成功的基础。

第 5 节   评估访客身体活动资源

概
要

目前的健康行为促进理论有社会认知理论（SCT）[5]，计划行为理论（TPB）[2]，和健康行动过程理论（HAPA）[20,21]。HAPA 的优势在于它是一个混合模型，结合了连续模型（如 SCT 和 TPB）和阶段变化模型[21]，然而，它比其他的阶段理论更简单，这使得它更容易在干预中确定阶段[21]。HAPA 假设在阶段变化中某些变量是必要的（见表 2.9）。

表 2.9   健康行为过程理论（HAPA）为基础的阶段特异性治疗的干预矩阵

	阶段		
	无意向	有意向	行动
风险感知	x		
结果预期	x		
自我效能（动机）	x		
设定目标 / 目的 / 动机	x		
行为计划		x	x
应对计划		x	x
社会支持		x	x
自我效能（意志）			x

From Schwarzer R, Lippke S, Luszczynska A. Mechanisms of health behavior change in persons with chronic illness or disability: the Health Action Process Approach (HAPA). *Rehabilitation Psychology*. 2011; 56 (3): 161-70, with permission.

这些变量将在接下来的部分进行阐述。如果这些变量达到一定水平，则可以作为行为成功改变的资源，如果他们处在较低水平，就可以通过有针对性的干预措施来促进行为改变。

HAPA 区分了行为改变的 3 个阶段（无意向、意向、行动）。在行为变化的初始动机阶段（即非意向阶段），激发了个体发起行动的意图。风险知觉是一个远端前因（如"我有患心血管疾病的风险"），但它本身不足以使人形成意图或改变行为。相反，它可能作用于意向阶段，并能进一步阐述对潜在危险行为后果和能力的思考。同样，积极的结果期待（如"如果我每周锻炼 5 次，我将减少心血管疾病风险"）在动机阶段很重要，主要表现在当个体对某些行为结果的利弊进行权衡时。此外，需要相信他或她的自我效能，这是一个人执行所需行动的能力（如"尽管有看电视的诱惑，我仍能够执行锻炼计划"）。自我效能感与积极的结果期待,这两者对意图形成很有帮助。

需要这些信念来形成意图,以便执行有难度的行为——如定期的体育锻炼。如果意图成功地形成,则进入第二阶段(意向阶段)。第二阶段被称为意志阶段因为行为的调节在于意志的控制。当个体对某一个特定的健康行为产生倾向后,"良好的意愿"必须转化为具体的指导来解释如何执行所需的行为。然而,仅仅开始行动还远远不够,保持行动也同样重要。

维持行为要通过自我调节技能和策略,比如社会支持。社会支持可以被概念化为自我调节障碍或自我调节资源。缺少社会支持会成为维持行为的障碍,而工具性、情感性和信息性的社会支持可以使行为产生和延续,在许多患慢性疾病的人群(比如糖尿病患者)运动研究中都有此发现[17]。另一个重要的自我调节因素是行动和应对计划,这可以使意图转化为行为,并使行为在遇到潜在障碍时也能维持下去。这些变量的测量将在以下小节中更详细地列出。

风险知觉

风险知觉可以用以下条目进行测量,比如"估计你患下列疾病之一的可能性有多高:(a)心血管疾病(如心脏病发作、卒中)或(b)肌肉骨骼系统疾病(如骨关节炎、椎间盘)?"这个测量可以反映出任何健康风险,特别是如果访客存在疾病或健康风险。通过李克特量表(1)"可能性非常低"和(2)"可能性非常高"来回答。

结果期待

第一部分的陈述是对积极结果期待(利)和消极结果期待(弊)的评估:
- "如果我参与身体活动每周至少 5 次,每次 30 分钟,那么……"

第二部分是对可能的利弊评估的陈述。

对利进行测量的项目,如:
- "我之后会感觉更好。"
- "我将遇到友好的人。"
- "我的能力会增加。"

对不利进行评估的项目,如:
- "每次都可能花费我一大笔钱。"
- "我要投资很多(如规划每周的日程)。"

利弊评估的答案,使用 6 点计分量表,从(1)完全不同意到(6)完全同意。如果弊端超过了一处,专业人员可以与访客共同面对这些看法和障碍。

自我效能

自我效能可以分为动机性自我效能感和意志性自我效能感。在开始的时候动机性自我效能是必不可少的，而意志性自我效能对保持习惯和重回正轨则是相当重要的。

动机性自我效能

动机性自我效能用"我确定……"的陈述方式来测量的。两个项目陈述如下：1."我可以定期锻炼身体，即使我必须激励自己"或 2."我可以定期锻炼身体，即使这很困难"。

意志性自我效能

意志性自我效能用"我能够执行定期体育锻炼……"测量，两个项目陈述如下：
1."……即使它需要一些时间才能成为一个习惯"或
2."……即使这需要一些尝试我才能成功"

意志性自我效能对恢复自我效能有用时可以被描述为：恢复对身体活动生活方式的信心，虽然有时没有进行运动；或恢复对经常性运动失败的信心，并对将来的失败做好准备；再或恢复对遭受疾病后身体活动的信心。意志性自我效能对恢复自我效能的项目可以描述为："我相信，我可以恢复身体活动的生活方式，即使我曾有几次失败"或"我相信我将能够在失败后恢复日常训练，并且我能为可能的失败做好准备"或"我相信我能恢复身体活动，即使在生病后感到虚弱。"答案可以用 6 点计分量表评估从（1）完全不同意到（6）完全同意。

行动计划和应对计划

行动计划是制定计划，并实际执行预期行为。应对计划是面对障碍时怎么做的策略。

行动计划

行动计划可以用 4 个项目对何时、何地、如何进行评估。项目可陈述为："康复后的一个月，我已经计划……"（1）"我将选择哪些身体活动（如散步）"（2）"我将在哪里活动身体（如在公园里）"（3）"我会在星期几进行身体活动"和（4）"我将在多长时间内锻炼身体"。答案可以使用 6 点计分量表评估从（1）完全不同意到（6）完全同意。

应对计划

应对计划可以用"我已经做了一个详细的计划关于……"的陈述测量，项目（1）"如果有什么干扰了我的计划,怎么办?"(2)"如何应对可能的挫折?"(3)"为了在我的意图下采取行动,在困难的情况下如何做?"(4)"采取哪些好的行动机会?"和(5)"为防止失误,什么时候我不得不额外注意?"这些项目用 6 点计分量表测量,从(1)没有到(6)总值。

社会支持

主观感知的社会支持可以来自不同的地方,比如家庭和朋友。有关运动的社会支持有 10 项,可以进行评估。首先,个人要求评价"我的家人……"第二,评价"我的朋友……"项目如下:(1)……鼓励我执行我的运动计划,(2)……提醒我参与运动,(3)……帮我准备运动,(4)……照顾我的家,为我参与身体活动的提供可能,(5)……加入我的运动项目。另外,家人和朋友也可以相结合以获得一个统一的支持。答案用 6 点计分量表,从(1)从不到(6)总是,或者从(1)完全不同意到(6)完全同意。一般来说,如果回答选项在本质上是相同的,则访客可以了解整个问卷调查或访谈。

案例场景 2.6

　　一个被称为 S 的员工收到新活动中心训练测试的邀请,他对设施的利用率和高质量有深刻的印象。在第一次访谈前,他参加了个人训练,教练告诉他"我强烈建议你每周至少进行 3 次,每次 30 分钟或更长时间的锻炼,因为这将改善你的健康,使你获益。"S 先生回答说:"好的,我会尽力的。"然而,由于他的工作和其他活动,他想这是不可能的。在最初的几周,他每周锻炼 3 次,在随后的 6 周里他每周只锻炼 1 次,一天 S 先生碰巧遇到了他的教练,教练问他的锻炼习惯,他说他喜欢每周锻炼 1 次,虽然他意识到他应该经常锻炼,但他很忙,他很满意每周 1 次的锻炼计划。

　　也许 S 先生应该了解锻炼风险和资源以及训练的信息以便相信自己的能力,应该获得如何应对诱惑的支持。这些选项可以发挥作用,但需要一个强有力的理论,以使用更好的方式支持个体。基于理论和证据的方法是最有效的理解访客问题的方式,制订适当的干预措施,并知道干预后如何评估(即结束训练时个人应做什么),如个人训练后会发生什么。

关键信息

　　如果目标是增加行为和意图,则应该了解具体的因素。风险知觉和结果期待对产生改变的动机很重要。计划是连接意图和行为的直接桥梁,自我效能和社会支持是行为改变各个阶段的核心因素,因此测量这些变量至关重要,以便在干预中解决因资源缺乏所产生的问题。

第6节   评估访客其他健康行为

许多人的生活目标可以驱动不同的行为,例如,一部分人为了社交而参加活动,比如和其他人一起上运动课,出去喝一杯,或抽烟,另一部分人则为了减肥而参加运动,与此同时,他们通过节食和戒烟来压抑自己的食欲,增加新陈代谢。第三组人可能因为高度紧张,因此他们寻求通过看电视、从事特殊运动如瑜伽或者食用巧克力来达到放松的目的。

前面提到的所有群体都在进行运动,但在参与运动的动机上却有明显差异。这3个群体还表现出了其他行为,有的可能会对他们的健康有益,像健康饮食;有的可能会适得其反,如吸烟和饮酒,或看电视。最近的一项研究表明[12],那些看电视多的人在4年内体重增加得更多(每天多看一小时电视体重多增加0.31lb http://www.nejm.org/doi/pdf/10.1056/ NEJMoa1014296)。

不同的动机导致不同的行为,例如社交团体 X 也可能是健身类的,因此,饮酒和吸烟与健身团体的健身目标相矛盾。也许他们可以忍住不吸烟,但没有进一步的意愿去避免在公司的久坐行为。

总的来说,除了身体活动之外关注更多的行为可能有助于:

- 全面了解身体活动,以及具体问题的发生(图 2.4);
- 理解为什么一个行为似乎是无效的,尽管它应该导致一个特定的结果(如减肥);
- 使人们对自己所追求的生活目标感到满足;
- 改善访客的健康生活方式。

因此,评估和了解其他的健康行为也很重要(图 2.8),这点可以通过检查行为及其决定因素做到,如对不同运动的意图,或阶段变化[10,11]。

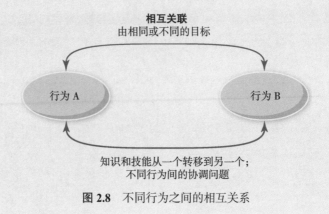

图 2.8   不同行为之间的相互关系

促进健康的生活方式概要Ⅱ（HPLP Ⅱ）

HPLP-Ⅱ[24]测量的是访客参与促进健康生活方式的程度[24]，它由 52 个项目组成，分为 6 个分量表，如身体活动、营养和压力管理等。受访者被要求表明他们多久从事一种行为（从未，有时，经常，或总是）。其优点是对习惯的生活方式因素进行评估，而不是仅局限于某种单一行为。条目包括：

- "遵循计划好的训练方案。"
- "选择低脂肪、低饱和脂肪和低胆固醇饮食。"
- "充足的睡眠。"
- "向医生或其他健康专业人员报告任何异常的迹象或症状。"
- "使自己接受新的体验和挑战。"[24]

该自我报告问卷的主要优势是，它涵盖的范围非常广，并在先前的研究中得到广泛应用。然而，目前尚不清楚该项目是否能测量行为或态度和期望。在接下来的部分，由于阶段包含行为和动机，阶段评估的项目少，因此我们描述了通过阶段评估来测量不同行为的简单方法（见图 2.7 和表 2.3）。

饮食及饮食习惯

对水果和蔬菜的消费情况，问题应该是"请回想你在上周消耗了什么？你每天吃 5 份水果和蔬菜吗？"

又或者，用均衡饮食阶段的指导语来测量：你平常饮食均衡吗？均衡的饮食除了水果和蔬菜外，还包括其他项目，特别是以下五个方面：

1. 有选择的适度的总热量摄入
2. 充足的谷物和土豆
3. 适量的肉类、肉制品和鸡蛋
4. 减少脂肪和脂肪类食物的摄入量
5. 限制糖和盐的摄入量

此外，还可以评估健康的饮料摄入阶段"请思考你通常喝什么？你白天是否喝 1.5 升不含酒精和咖啡因的饮料（水、果汁、水果和凉茶）吗？"

所有的行为都可以根据阶段进行评估（见图 2.7 和表 2.7）[12]。访客可以通过反应量表回答，"不，我不打算开始"（前意向，PC）；"不，但我考虑它"（意向，C）；"没有，但我认真打算开始"（准备，P）；"是的，但是只有短暂的一段时间"（行动，A）；和"是的，在很长一段时间"（维持，M）（见图 2.7 和表 2.3）。

吸烟

吸烟可以用标准的问题来评估："你现在抽烟吗？" 提供 "是" 或 "否" 回答选项。吸烟者应该被要求表明他们每天吸烟的数量。如果访客对 "你现在抽烟吗？" 这个问题的回答是 "否"，那么就接着问，"你抽过烟？" 回答是或否。通过这两个问题可以将对受访者分为当前吸烟者，曾经吸烟者，或从不吸烟者。

另外，一些作者还建议直接提问，并让个人选择最合适的陈述："你是……"

1. "定期吸烟者？"
2. "偶尔吸烟者？"
3. "戒烟者（不抽烟了，但过去习惯）？"
4. "不吸烟者（不吸烟，从来没有）？"

饮酒

酒精消费阶段应该评估 "请思考你通常喝什么？ 你是否避免每天饮用酒精饮料（少于一杯酒或每天一瓶啤酒）？" 测量所有行为的指导语都是一样的："请选择适合你的陈述。" 提供一个评定量表给访客，有以下回答选项："不，我不打算开始"（前意向，PC）；"没有，但我考虑它"（意向，C）；"没有，但我认真打算开始"（准备，P）；"是的，但是这对我来说是非常困难的"（行动，A）；和 "是的，这对我来说是非常容易"（维持，M）（见图 2.7 和表 2.3）。

案例场景 2.7

Y 是一个肥胖的学生，她来到大学活动中心表示想要减肥。虽然她经常锻炼，并尝试了不同的方法——包括定期运动，但最终都没有成功。指导者就关于训练和一些其他的生活方式因素——如饮食，对她进行访谈，了解到她的饮食包含大量的水果和蔬菜，还有土豆。在谈到土豆时，发现学生 Y 也吃如薯片和薯条之类的食物，她承认经常喝含糖饮料。此外，很明显的是，她每晚睡眠不超过 6 小时，大多数晚上她都看几个小时的电视。

我们有没有可以提供的支持，以减少学生 Y 的体重？ 修改后的训练计划可以帮助学生 Y 吗？教练应该推荐什么？

关键信息

身体活动与其他行为,不仅在决定健康上是相互关联的,而且在操作流程上,两者也互相促进或阻碍,它们可以由相同或不同的目标驱使。其他心理机制包括知识和技能从一个领域转移到另一个行为领域:个体可能已经学会了如何在一个行为领域规划其目标追求,比如怎么做背部日常锻炼(关于自我效能感),现在可以将这些技能应用到另一个行为领域,例如设法通过在上下班途中提前一站下车以获得运动(类似的自我效能)。人们可能在协调不同行为上存在严重障碍,如对积极的通勤感到很疲惫或试图戒烟,觉得自己的饮食不健康等。考虑到这一现状,我们应该对不同的行为进行评估。

本章关键信息

当目的是更好地理解个体(他或她)的需求和资源时,就应该把评估作为核心手段。当今的各种评估方法都有各自的优点和缺点,因此重要的是要决定如何测量和测量的用途。此外,我们需要个体的动机和经验等信息来优化个体的健康行为和促进健康行为。在收集这些数据的基础上,可以设计、提供和实施有效的干预措施。另外,在适当的测量基础上,可以评估干预措施的有效性。

(李梦婕译,王莜璐校,漆昌柱审)

参 考 文 献

1. Ainsworth BE, Haskell WL, Whitt MC, Irwin ML, Swartz AM, Strath SJ. Compendium of physical activities: An update of activity codes and MET intensities. *Medicine & Science in Sports & Exercise*. 2000;32(9 Suppl.):S498–504.
2. Ajzen I. The theory of planned behavior and organizational behavior. *Human Decision Processes*. 1991;50:179–211.
3. American College of Sports Medicine. *ACSM's Guidelines for Exercise Testing and Prescription*. 9th ed. Baltimore (MD): Lippincott Williams and Wilkins; 2014.
4. American College of Sports Medicine. *Exercise recommendations specifically for different health conditions* [Internet]. [cited 2009. Available from: http://www.exerciseismedicine.org/YourPrescription.htm.
5. Bandura A. Health promotion by social cognitive means. *Health Education & Behavior*. 2004;31(2):143–64.
6. Bronfenbrenner U. *The Ecology of Human Development*. Cambridge (MA): Harvard University Press; 1979.
7. Brown WJ, Bauman AE. Comparison of estimates of population levels of physical activity using two measures. *Australia and New Zealand Journal of Public Health*. 2000;24:520–5.
8. Donnelly JE, Blair SN, Jakicic JM, Manore MM, Rankin JW, Smith BK. American College of Sports Medicine Position Stand. Appropriate physical activity intervention strategies for weight loss and prevention of weight regain for adults. *Medicine & Science in Sports & Exercise*. 2009;41:459–71.
9. Godin G, Shephard RJ. A simple method to assess exercise behavior in the community. *Canadian Journal of Applied Sport Sciences*. 1985;10:141–6.
10. Lippke S, Fleig L, Pomp S, Schwarzer R. Validity of a stage algorithm for physical activity in participants recruited from orthopedic and cardiac rehabilitation clinics. *Rehabilitation Psychology*. 2010;55:398–408.
11. Lippke S, Nigg CR, Maddock JE. Multiple behavior change clusters into health-promoting behaviors and health-risk behaviors: Theory-driven analyses in three international samples. *International Journal of Behavioral Medicine*. 2012.
12. Mozaffarian D, Hao T, Rimm EB, Willett WC, Hu FB. Changes in diet and lifestyle and long-term

weight gain in women and men. *New England Journal of Medicine*. 2011;364:2392–404.

13. Nelson ME, Rejeski WJ, Blair SN, et al. Physical activity and public health in older adults: Recommendation from the American College of Sports Medicine and the American Heart Association. *Medicine and Science in Sports and Exercise*. 2007; 39(8):1435–45.

14. Nigg CR. There is more to stages of exercise than just exercise. *American College of Sports Medicine*. 2005; 33:32–5.

15. Pecoraro RE, Inui TS, Chen MS, Plorde DK, Heller JL. Validity and reliability of a self-administered health history questionnaire. *Public Health Rep*. 1979; 94(3):231–8.

16. Pereira MA, Fitzer Gerald SE, Gregg EW, et al. A collection of physical activity questionnaires for health-related research. *Medicine & Science in Sports & Exercise Suppl to*. 1997;29(66 Suppl):S1-205.

17. *Physical activity guidelines for Americans* [Internet]. [cited 2008. Available from: http://www.health.gov/paguidelines/ & FITT dimensions].

18. Plotnikoff RC, Lippke S, Reinbold-Matthews M, et al. Assessing the validity of a stage measure on physical activity in a population-based sample of individuals with type 1 or type 2 diabetes.

Measurement in Physical Education and Exercise Science. 2007;11(2):73–91.

19. Prochaska JO, DiClemente CC, Norcross JC. In search of how people change: Applications to addictive behaviors. *American Psychologist*. 1992;47(9): 1102–14.

20. Schwarzer R. Modeling health behavior change: How to predict and modify the adoption and maintenance of health behaviors. *Applied Psychology*. 2008;57:1–29.

21. Schwarzer R, Lippke S, Luszczynska A. Mechanisms of health behavior change in persons with chronic illness or disability: the Health Action Process Approach (HAPA). *Rehabilitation Psychology*. 2011;56(3):161–70.

22. Shephard RJ. PAR-Q, Canadian home fitness test and exercise screening alternatives. *Sports Medicine*. 1988;5(3):185–95.

23. Thomas S, Reading J, Shephard RJ. Revision of the Physical Activity Readiness Questionnaire (PAR-Q). *Canadian Journal of Sport Sciences*. 1992; 17(4):338–45.

24. Walker SN, Sechrist KR, Pender NJ. The health-promoting lifestyle profile: development and psychometric characteristics. *Nursing Research*. 1987; 36:76–81. Tool available at: http://www.unmc.edu/nursing/docs/English_HPLPII.pdf

网 络 资 源

BRFSS as an alternative questionnaire [Internet]. Available from: http://www.cdc.gov/brfss/questionnaires/english.htm.

Different validated scales to measure behavior and guide how to select a measurement [Internet]. Available from: http://toolkit.s24.net/physical-activity-assessment/.

Physical activity resource center for public health: Database of physical activity measures from (University of Pittsburg) [Internet]. Available from: http://www.parcph.org/assess.aspx.

Scales to measure different social-cognitive variables [Internet]. Available from: http://www.gesundheitsrisiko.de/docs/RACKEnglish.pdf.

Scales to measure self-efficacy, barriers, perceived severity, perceived vulnerability [Internet]. Available from: http://dccps.cancer.gov/brp/constructs/.

Scales to measure social support [Internet]. Available from: http://userpage.fu-berlin.de/~health/soc_e.htm..

Schwarzer, R et al. *Assessment and analysis of variables* [Internet] [cited 2003. Available from: http://web.fu-berlin.de/gesund/hapa_web.pdf.]

第 3 章

培养促进身体活动的技能

Ryan E. Rhodes, Kristina Kowalski

概要

在过去 20 年,人们对于影响身体活动因素的认识已经发生了转变[116]。最初,相当注重个人层面的因素来解释为什么有些人是活跃的,而另一些人则相反。原因归结于个人责任感、动机和自我约束。随着时间的推移,对于解释身体活动的侧重点已经转移到生态模型上[129],个人、社会、环境和政策因素都会影响参加身体活动。尽管这种方式更可能帮助我们完整而准确地认识身体活动,但人们对于个人意向依然保持相当的关注度。很明显,可供个人参与到身体活动的选择非常多。在大多数发达国家,运动器材和休闲娱乐设施的覆盖率相当高[27,42],并且社会也普遍认同身体活动对各年龄段群体起到的积极作用[56,130,133]。事实上,个人意向依然被认为是阻碍人们活动的关键因素[26]。

因此,促进身体活动的策略对健身与活动指导人士来说尤为重要,这也是访客最为感兴趣的。本章基于先前研究,概述在个人层面上建立和维持意向的基本策略。我们从帮助我们理解身体活动行为的个体层面理论开始介绍,然后据此理论基础指导访客建立和维持活动意向。本章中包含多个工作进度清单来指导你如何建立策略。具体可参阅实用工具箱 3.1 到 3.6,其中表 3.2 是选择合适表单和策略的决策指南,本章结尾则是一些描述访客的实例场景。

第 1 节　研究证据　身体活动意向与实际行为的差距

如果回想下自己每次在新年之际定下的目标,大多数人就会很快明白现实行动和自我意向间的差距。健身和健康饮食,这两项往往位于我们目标清单的前列,当然清单里还包括关于自我提升的方面,比如利用宝贵时间做自己喜欢的事、戒烟、有节制地花销或者学一项新技能。我们大多数人内心当然也很清楚这些愿望最终不可能实现。很早就被用来指导身体活动预案和解释行为的相关心理或行为学理论,里面同样涉及了关于意向的概念[12,46,90],并且在大部分这类理论模型中,意向都被看作是决定行为的关键因素(见图 3.1),就像我们许下的新年愿望一样。

从一般性概念讲,意向是一种想要进行某行为的决定[96],在更严谨的定义上,意向是一种想要进行某行为和有组织计划的动机[11,104]。总的来说,意向被认为是预测成人身体活动的主要因素[131]。显然意向的概念很重要,所以当我们在围绕意向建立相关策略和技巧时,需要谨慎地考虑所有可能影响意向的关键因素。现有的关于身体活动的实验研究已经让我们对意向有了充足的认识,因此,本章第一部分遵循了有关如何提升身体活动意向的最佳实践研究。

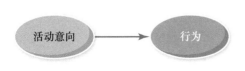

图 3.1　活动意图被看作是行为改变的近因

📦 **实用工具箱 3.1**

行为偏好工作清单

你对自己能力的信任和对活动的态度,会决定你是否是一个积极运动者。对于接触一个新活动并且长期坚持下去的人而言,自己是否有能力完成这项活动的信心是非常关键的一部分。

步骤 1:运动的类型

指导语:想一想你可以尝试开始哪些新的运动。在 A 栏写下你愿意进行的锻炼和你对每项活动的感受经历,之后在 B 栏写下你愿意尝试的新的锻炼项目,最后在 C 栏列出一些对你来说颇具挑战性的锻炼项目。现在你已经想出了一些运动项目,给这些运动项目分别打出你能完成它们的信心指数。在每一栏的每一项运动下,也要记录你的感受经历。

A 栏 日常运动	B 栏 新颖刺激的运动模式	C 栏 挑战性的运动模式
范例:散步 **信心程度 / 体验:** 非常有信心。我每天都要遛狗走几段路。	范例:健身游戏 **信心程度 / 体验:** 中等程度的信心。我之前从来不是一个电玩发烧友,但是这看起来很有趣。	范例:游泳 **信心程度 / 体验:** 较低的信心。自从我孩童时期上过的游泳课之后,我再也没游过泳,但我认为参加游泳俱乐部是一个结识新朋友的好途径。
锻炼项目 1	锻炼项目 1	锻炼项目 1
锻炼项目 2	锻炼项目 2	锻炼项目 2
锻炼项目 3	锻炼项目 3	锻炼项目 3

对于你认为很享受或者很有趣的身体活动,你会更容易坚持下来。想一想你在上表中罗列的活动,什么因素会让你享受这项活动? 你该如何提升你在这项活动中感受到的乐趣? 请在下表写下你的这些想法。

步骤 2:运动的乐趣与提升乐趣的策略

指导语:在 A 栏举出你将要进行运动的地方,以及离你家的距离;在 B 栏列举那些在环境上令你在运动时感到愉悦的因素;在 C 栏列举一些能够激发你运动参与度的方法,比如能够激发你兴趣的因素、参加社交的机会或者是其他一些能丰富你运动过程的方面(比如在运动时听音乐)。

	A 栏 便捷性	B 栏 适宜度	C 栏 兴趣感
	我将在哪儿运动? 我计划锻炼的地方离家近吗?	这个地方具有一个令锻炼者感到愉悦的环境吗?	我如何 —让运动更加有趣,刺激? —让亲朋好友参与其中? —借助其他多样的因素,例如音乐,以此来提高自己对运动的参与度?
	位置 1	因素 1	兴趣方面
	位置 2	因素 2	社交方面
	位置 3	因素 3	其他方面

🧰 实用工具箱 3.2

决策权衡工作清单

　　对于改变行为,一个有效的策略是思考你现有行为和你改变行为后的成本和收益,在下面表格中记录下你现有行为和改变行为后的成本和收益。然后,比较新旧行为的成本和收益,问问你自己:为什么我要改变我的行为,变得积极? 什么是最重要的理由?

步骤 1: 成本与效益分析

	现有行为＿＿＿＿	行为改变＿＿＿＿
效益		
成本		

步骤 2：根据你的决策权衡清单，问你自己

1. 为什么我想去改变自己的行为，想要变得更具有活力？

```
┌──────────────────────────────────────────────┐
│                                              │
│                                              │
│                                              │
│                                              │
│                                              │
└──────────────────────────────────────────────┘
```

2. 什么是促使你改变自己的原因？

```
┌──────────────────────────────────────────────┐
│                                              │
│                                              │
│                                              │
│                                              │
└──────────────────────────────────────────────┘
```

实用工具箱 3.3

目标确立工作清单

步骤 1：想想你的目标

想一想你想要在运动健身上获得的成果。尽可能多地想出一些你想要在你新运动项目里达到的目的，在下表中写出来。

```
┌──────────────────────────────────────────────┐
│ 1.                                           │
│                                              │
│                                              │
├──────────────────────────────────────────────┤
│ 2.                                           │
│                                              │
│                                              │
├──────────────────────────────────────────────┤
│ 3.                                           │
│                                              │
│                                              │
└──────────────────────────────────────────────┘
```

如果你想增加你成功的可能，你应该：

1. **设置一个你自己认为有价值并且你感兴趣的目标。**努力去做一些你喜欢或者想做的事情。

2. **设置一个具有挑战性且可以实现的目标。**你设置的目标不能太困难也不能太简单。

3. **设置的目标是明确且详尽的。**研究表明把目标设置很模糊的人最后难以成功。

4. **同时建立短期和长期目标。**完成每一次短期的目标,来最终实现你的长期目标。

让你设置的目标变为指导原则,尽可能遵循 SMART 原则。

指导:SMART 目标模式分为:S(specific:明确具体的,描述时间,地点,运动项目);M(measurable:目标是可量化的);AR(achievable/realistic:可实现的);T(time frame consideration:所需时间)。

步骤 2:评估你的目标

看看你上面的表格所写的目标,这些目标适用于 SMART?用下面的表格来评价这些目标。

	你的目标是明确的,可测量的,可实现的吗? 考虑到它所要花费的时间了吗?
目标 1	
目标 2	
目标 3	

步骤 3:用 SMART 技巧重新组织你的目标

指导语:重新用 SMART 技巧修订你的目标。S(明确的,描述什么时候,在哪里,如何做,做什么),M(可测量的,可以被量化的),A/R(可以实现的,现实的),T(预定的所用时间)。

		短期目标	长期目标
目标 1	S		
	M		
	A/R		
	T		

续表

		短期目标	长期目标
目标 2	S		
	M		
	A/R		
	T		
目标 3	S		
	M		
	A/R		
	T		

 实用工具箱 3.4

规划工作清单

　　大多数的人都达不到他们预定的目标,原因是他们没有建立起详细的行动计划。研究告诉我们,那些规划如何达到目标的人更容易成功。这就意味着,在你制订了一份 SMART 目标后,你必须去计划你做什么,该怎么做,将在哪里做,什么时候开始做。

　　步骤 1:行动计划—做什么　在哪里　什么时候开始你的运动?

　　指导:在 A 栏写出你计划的具体项目;在 B 栏写出你进行这项活动的地点;在 C 栏写出运动的具体时间。

A 栏 锻炼活动	B 栏 我将在哪里参与这个活动?	C 栏 我将在什么时间段参与这个活动?
示例:跑步	地点:社区公园	时段:周一,周三晚 6~7 点
锻炼 1	地点 1	时间 1
锻炼 2	地点 2	时间 2
锻炼 3	地点 3	时间 3

现在你已经制订了一项行动计划,重要的是你需要预判和处理可能会出现的干扰情况,运用有效的技巧和策略去克服你遇到的障碍。对于将意图转变为实际行动,并且长期保持下去,一个有效解决问题的策略是必要的。

步骤 2a:应对计划—锻炼的阻碍和克服阻碍的策略

综合指导:请想一想你在步骤 1 行动计划里列出的每一项身体活动。哪一种障碍会阻碍你达成你的运动计划?你将如何顺利地解决这些障碍?请在下表中写下你克服每一项运动障碍的策略。

指导:

1. 在 A 栏,写下你在步骤 1 已经决定进行的运动项目。

2. 针对你在 A 栏列举的每项运动,找出会阻碍你完成运动的障碍,并写在 B 栏,在 C 栏写下克服这些障碍的策略。试图去找出完成每项运动最主要的障碍,然后制定策略去克服它们。

A 栏 活动	B 栏 障碍,困难	C 栏 解决措施
1.		
2.		
3.		

难以选择如何去完成你的目标?有很多种方法可以达成目标。试着想出尽可能多的办法去达成你的目标。不要为这是否是一个完美的想法而烦恼。相反,你只需要让你的灵感不断迸发,写下在你脑中出现的所有想法。你可以运用下面的工作表去筛除,选择最合适你的解决办法。

步骤 2b:应对计划—可选择的替换

指导语:不止有一种方法可以达到你预定的目标,每一种方法都有其优缺点。写下目标,然后列举出所有实现目标的方法,填写在下表的 A 栏。再列举出每个方法的优缺点,填写在 B 栏和 C 栏。比较每种方法的优点和缺点,给它们排列等级。(1= 最有可能成功的,3= 最小可能成功的)

你的目标是什么?

A 栏 选择	B 栏 优点	C 栏 缺点	D 栏 等级
1.			
2.			
3.			

但是,一些关于身体活动的研究进展表明我们对意向的理论及实际应用仍然有必要再改进。尽管意向是一个对身体活动有力的预测指标,但仍然有至少 70% 的身体活动无法被意向所解释。众所周知的新年新愿望,这种就活动意向与实际行为存在差距的现象也在我们的理论中被讨论,部分原因可能是由于意向强度的上下浮动所致。最近一项关于身体活动意向和行为关系的因素分析表明,意向的持久性是其中最稳定且最重要的调节变量[111],可见,很多人确实没有坚持下来的意志和决心。但帮助我们在理论中提出更多行为和意向关系问题的,是出自实验性研究。例如,Wed 和 Sheeran[141]对 47 例有关运动意向结合行为的实验性研究所做的 Meta 分析结果表明:很大程度的意向改变只对随后的行为造成很小的影响,这阐明了即使运动意向和实际行为存在联系,但是意向的改变并不意味着行为的改变。这项 Meta 分析在最近又专门结合身体活动被重新施测[112],结果显示由活动意向引起的行为变化要比其他健康行为变化小得多。这个结果引发了人们对提升活动意向即可改变实际行为的很大质疑。

最近有研究将意向 - 行为的不一致关系用四分仪来解释[52, 122],表 3.1 明确体现了行为和意向之间变化的不对称。四个可能的象限中只有三个产生足够的样本量:先前无意向且最后行为无改变的人群(无意向者);先前有意向但最后未能达到目的的人群(尝试失败者);先前有意向且最后达成目的人群(成功实现者)[109]。这些结果表明了意向的关键性,但单独依靠意向这一个概念本身并不足以解释身体活动。

承接第一部分内容,本章的第二部分是关于能够将意向转化为行为的策略和技巧。近年来的一些研究在尝试寻找意向转化为行动的途径[53, 54, 98, 126]。我们利用这些研究结论去阐述将意向转化为行动的实际方法。

表 3.1 意向与行为的关系

		不积极的意向	积极的意向
是否行动?	否	无意向者	失败的意向者
	是	无意向者 / 行动者	成功的意向者

第 2 节　激发身体活动意向

首先理解意向对于身体活动及健身的重要性是帮助访客保持积极意向的必要前提。目前研究明确证实许多心理学变量和活动意向存在显著联系[17, 66, 134, 136]。这些名称各不相同的变量以及理论模型都可以被两种概念所涵盖：社会认知理论（自我效能感，结果预期），阶段变化模型（自我效能感，决策权衡）和计划行为理论（自我控制感知，态度）[11]。出于本章目的，这些含义及功能彼此重叠的变量将被统称为两个关键概念：（1）对活动健身的结果预期；（2）对活动健身的控制感。我们也会讨论以实证为基础的技巧和策略供健身及运动专业人士参考，帮助访客将意向转化为实际活动。

 实用工具箱 3.5

运动契约工作清单

对于你制定的每一个 SMART 目标，请填写以下承诺来展现出你对目标的坚守，借助契约来定期地提醒你履行当时许下的诺言。

1. 目标

> 我的目标是＿＿＿＿＿＿＿＿＿＿＿＿＿＿＿＿＿＿＿＿＿＿＿＿

2. 我将如何知道自己是否已经完成了目标？ 列举检验目标实现的具体行为测量指标。同时记录这些行为指标的测量时间和频率。

> - 为完成目标，我将会＿＿＿＿＿＿＿＿＿＿＿＿＿＿＿＿＿＿＿
> - 为完成目标，我将会＿＿＿＿＿＿＿＿＿＿＿＿＿＿＿＿＿＿＿
> - 为完成目标，我将会＿＿＿＿＿＿＿＿＿＿＿＿＿＿＿＿＿＿＿

3. 团队支持和资源

> 我将在＿＿＿＿＿＿＿＿＿＿＿＿＿＿＿＿＿＿＿＿＿＿＿＿＿＿＿
> ＿＿＿＿＿＿＿＿＿＿＿＿＿＿＿＿＿＿＿＿的支持下完成这项目标。

4. 奖励和时间期限

> 作为完成＿＿＿＿＿＿＿＿＿＿＿＿＿＿＿＿＿＿＿＿＿的奖励，我将
> 会＿＿＿＿＿＿＿＿＿＿＿＿＿＿＿＿＿＿＿＿＿＿＿＿＿＿＿＿＿＿；
> 这项承诺以及我对此努力的时限将会在＿＿＿＿＿＿＿＿＿＿＿＿到期。

5. 签名

经签名, 本人＿＿＿＿＿＿＿＿＿＿＿＿＿＿＿＿＿＿＿＿＿＿＿＿＿＿, 承诺

＿＿＿＿＿＿＿＿＿＿＿＿＿＿＿＿＿＿＿＿＿＿＿＿＿＿＿＿＿＿＿＿＿＿＿

＿＿＿＿＿＿＿＿＿＿＿＿＿＿＿＿＿＿＿＿＿＿＿＿＿＿＿＿＿＿＿＿＿＿＿

签名及日期＿＿＿＿＿＿＿＿＿　　　　　见证人签名＿＿＿＿＿＿＿＿＿

实用工具箱 3.6

自我监督计划列表

跟踪日志

指导语: 每一次你进行运动时, 在 A 栏写下运动日期, 在 B 栏写下运动项目, 在 C 栏写下运动地点和同伴, 在 D 栏写下你对运动的感受, 在 E 栏写下运动时任何其他重要的结论。利用栏目里提供的例子去帮助你自己。

A 栏 日期和时间	B 栏 运动类型和强度?	C 栏 你运动的地点在哪儿? 和谁一起运动?	D 栏 运动前后的感受?	E 栏 其他的一些感想,总结
例: 9 月 23 日下午 7 点到 8 点	例: 进行一次小跑	例: 在我家周围的公园里	例: 我感觉我少了些焦虑,比之前更精神了	例: 在公园里小跑时,路过一个新生训练营地,这看上去很有趣。今天天气很晴朗,也让我格外开心

第 3 节　健身的预期效果

最近一项针对群体的调查研究显示,促进身体活动最常规的方法是提高人们的结果预期[117]。访客对身体活动的结果预期包含许多方面:参与身体活动所带来的影响;身体活动的优缺点;可预期的利益、参与活动的阻碍[46]。个体对活动后果的重视程度同样十分重要(如果个体看重健身所带来的回报,那么就更可能会付诸行动)。

在关于解释和促进身体活动的不同理论模型中,一个概念可能会有不同的表现形式。例如,在行为计划理论中[5],态度是人们对于身体活动的总结性预期(例如好、坏)。关于计划行为理论的 Meta 分析结果表明,态度是解释活动意向的最有力指标[41,60,131]。这一结果证明意向会受到我们对日常健身预期收益的影响。最近的研究认为结果预期可以分为工具性预期或情感性预期[48,79,103,106],相较于工具性预期,情感性预期对意向有更大的影响。情感性预期是个体对参与活动后是否能感到愉悦和开心的情感性判断,工具性预期是个体对参与活动后是否能获得收益和好处的价值性判断[79,114]。日常健身所带来的结果往往并不直接涉及情感状态,比如身体素质的提高、外貌的改善、患慢性病风险的降低等,这些都属于工具性的结果;那些在健身后能直接感受到的,比如愉悦、枯燥、痛苦、放松以及满足感,这些都属于情感性的结果。这两类结果以其带来的影响被区分为短期结果(情感性的)和长期结果(工具性的)[11,58]最近研究支持了这一区分,研究结果显示情感性预期比工具性预期更能解释身体活动[48,100,114]。

第 4 节　改变对身体活动的结果预期

最佳实践策略

结果预期主要源于个人已有经验认知或者权衡利弊的过程。决策权衡是阶段变化模型里的概念[96],其内容是判断个体是否采取了最佳行为策略,其过程包含了个体对参与身体活动后的优缺点的权衡[25,86],以及对投入积极身体活动过程中的收获和障碍的信念评估。

一般来说,如果当个体更加注重参与活动会遇到的困难而非收益时,那么在他参与活动的最初阶段对这两方面进行考量就尤为重要。为了证明人们会受到对自己利好的结果预期影响从而会改变行为,一项最近的研究发现,事先了解进行活动的困难与收益的参与者,会比并不了解的人群在参与程度上有更大的动力[143]。参与者对结果预期的认同和重视,会极大地维持他们活动参与的积极性。

决策权衡工作清单(实用工具箱 3.2)可以帮助访客建立对身体活动的结果预期,尤其是帮助访客认识活动将会面临的困难与收益（无论这种困难是客观存在或主观感知）。当访客切实了解自己在表里写下的内容，这会促进他们参与活动的出勤率[62,89]。一旦确立了进行活动的困难与收益，那么就可以制定相应的策略，从而将收益最大化，并减少困难，寻求一种最佳平衡点（也就是使回报大于付出）。

在解决完付出与收益这个问题后，接下来需要了解的是访客对于参与活动的情感反应。关注一些参与身体活动所带来的工具性结果（即长远利好）——比如体重减轻，患慢性病风险减少，身体健康的改善等，并不能显著促进访客的身体活动。尽管如此，相较于告知访客不运动会带来的危害而言，简要帮助访客了解规律活动所获得的好处是一个更好的做法。事实上，积极的信息（也就是规律活动的好处）比消极的信息更容易被人所接受[65,72,92]。一份简要提及参与活动所得好处的材料可以有效帮助人们建立长远的结果预期[68]，有关此类材料的示例，请参见第 3 章。

在帮助访客建立对身体活动的结果预期时，应当引导访客更多地关注活动带来的体验，以及与活动体验相关的积极情感（比如开心、脑力的激发、身体的愉悦感、心理健康）。我们已经知道情感状态和身体活动有着密不可分的联系，一些研究正在致力于探究情感状态的变化对活动意向及行为的影响[83,114]。在一项以结果预期为变量的实验中，被试被随机分配到控制组（无预设结果预期）、情感预期组、认知预期组中，情感预期组较其他组在自述报告中的活动表现更为积极[34]。有趣的是，偏向于接受情感性预期的被试，在自述报告中的活动表现最为积极，这一结果则表明了个人的特征（如偏理性思考或感性思考）会影响他们建立结果预期。并且一项针对青少年的调查研究发现，只有在被试是非积极的群体时，情感性预期组所反馈的报告才比其他组别（认知预期、混合预期、无预期组）在活动表现上有更好的提高[6,124]，尽管这个研究的内部效度和外部效度还有待验证，但这似乎说明了通过建立情感性结果预期，会对非积极个体的运动表现起到重要的促进作用。

旨在宣传身体活动有利于缓解压力和抗抑郁的材料是可以影响人们的情感性预期和行为的[33,92]。Parrott 等人发现，旨在宣传身体活动利于心理健康的材料能促进那些有着高情感期待（态度）的人的运动，但是对抱有低情感期待的人则没什么效果。所以当我们在选择材料去引导访客参与活动时，要充分考虑到他们的性格特质和先前的运动经历。对于一个先前就觉得活动有趣的人来说，宣传活动带来的情感性益处（例如愉悦感）能有效促进他们参与活动，但对那些对运动有着糟糕体验（比如觉得无聊、不开心、劳累）的人来说，这种方式也许就是无效的。

大量证据都指出愉悦感和幸福感在激发人们参与健身活动过程中的重要性[17,19,20]，正因如此，创造一些方式让访客产生积极的体验，让他们重新认识到运动的乐趣和益处，则是一种改变访客结果预期的有效手段。第二种能够创造积极情感性预期的方式是改变活动环境，有研究证实了优美的场地环境更能让人参与到运动中来（比如户外运动[93]）。优美的周边环境能调动人的活动积极性，保持人们身心愉悦[64,105,108]。让访客关注环境而并非情感经历（例如无趣、疲惫），通过这种关注点的转移同样也可以改善访客的活动体验。具体可以参考实用工具箱 3.1 的行为偏好工作清单。

　　第三种改变结果预期的方法是选取有趣新颖的身体活动。Rhodes 和他的同事已经论述了人们参与互动视频游戏自行车的活动时长要高于传统的活动项目,说明人们更容易被新颖事物吸引[118,119],因此尽可能选择一个让访客感到有趣的活动项目。实用工具箱 3.1 的行为偏好工作清单可以指导你选择有趣的运动项目。

　　包括强化控制和应急管理在内的行为修正策略同样是一种促进活动的方法,这种策略是通过修正人们的短期结果预期来实现[40]。强化控制也就是通过正强化(增加一些奖励)或者负强化(消除负面因素[25])来增加目标行为,这个过程能够改变访客短期的结果预期。依照访客的自身的水平来详细地制定他们的锻炼周期,有助于控制访客目前的情感体验,从而提升访客在运动中获得正反馈的概率[21]。因为运动的强度将会影响访客的体验,所以在选择一个初始的运动强度时,要考虑到访客过去和现在的身体状况。高强度运动对于那些久不锻炼或者身体状况不佳的访客来说,是缺乏乐趣的[43]。在持续运动的早期阶段,人们可能会有疼痛、不适、疲劳等消极的情绪,从这些消极的状态到访客感受到积极反馈并且坚持下来可能需要一段时间,在此期间,通过给予外在的奖励(例如赞许、演唱会门票)能够帮助访客在一项新活动中坚持下来。因此,为帮助访客坚持运动以及应对突发状况,设置一些广受欢迎的奖励是调控结果预期的一种非常重要的策略。例如,如果访客表现得不错,那他们还可以参与到其他喜爱的运动中去。如果给予访客具体且实际的外在奖励,那么他们也会为之付出努力。

关键信息

　　总的来说,身体活动的结果预期这个概念已经被充分了解,它可以潜移默化地影响身体活动意向的建立。相较于工具性结果预期(患慢性病的风险降低、身体健康)而言,情感性的结果预期(愉悦、有趣)则更应当被关注。提升和改变结果预期的最佳策略有:建立付出与回报的权衡计划表;考虑日常健身的益处;选择令人感到愉悦的身体活动和环境。可以建立一个以外在奖励为形式的短期目标来提升访客的运动意向,不过需要注意这种形式所带来的影响不可能维持太久。

第 5 节　身体活动可控感

　　在帮助访客建立运动意向时,第二个需要健身指导师考虑的重要概念是学员对于所参加活动的可控感(即信心程度)。几乎所有关于人类行为的理论都会涉及行为可控感这个概念[12,46]。例如,自我效能感是社会认知理论里的一个概念,它是指个体对自己是否有能力完成某一行为的自信程度[10,12]。类似的还有行为控制认知,这个概念来自计划行为理论,是假设个体想要去完成某项行为,对自己驾驭能力的判断(即觉得能轻松完成还是费力完成)[4,103]。这种行为控制认知能够反映个体过去的经验和现有能力。自我效能感/行为控制认知和意向联系最紧密,可以和身体活动的结果预期相关联[57,128,131],但难点往往是在动机、价值观、情感性的结果预期中把真正的行为控制问题加以区分[99,107]。说到阻碍身体活动的困难,人们最常说的就是缺乏时间[26],大多数人都会以没时间作为不运动的理由,但有没有空闲时间跟锻炼其实关系不大(锻炼的人跟不锻炼的人其实在一天里空闲时间是一样的),因此,这样的说辞与其说是一个不可控问题,还不如说只是人们给自己不想运动找的借口[22]。

第 6 节　增强身体活动可控感

最佳实践策略

Bandura[8,10]强调了决定自我效能感的四种因素:

1. 直接经验
2. 社会榜样/替代性经验(观察那些与自己相似的人成功解决某事)
3. 言语劝说(例如:鼓励、表扬)
4. 基于运动的情绪、生理唤醒

这四种因素都对增强身体活动的可控感有重要指导意义,其中第一个因素对自我效能感的影响最大,第四个因素影响最小。

创造直接经验的最好方式或许是持续调节[25],持续调节是一种借助于强化来逐渐提升访客的身体活动水平和能力感的策略,首先让访客参与到他能完成的运动中来,然后逐渐提升运动的强度、持续时间和频率(也就是渐进原则)。给访客设置起始活动的水平是一项棘手的问题,需要兼顾到活动的趣味性和难度。如果在运动进程中没有遵循渐进原则,那么访客会早早退出。直接经验被认为是对自我效能影响最大的概念,因为过去在某个项目上的挫败经验将会给自我效能带来不利的影响,因此选择一个对访客来说切实可行的活动是非常重要的。

让访客自信他们能完成活动的是非常必要的,健身与活动指导人士应倾听访客在活动过程中的需求,或者让他们写下自己需要的支持,以加强访客在活动过程中的可控感和自信心,确保活动项目符合他们的偏好和风格。借助健身与活动指导人士提供的关于何时何地、如何健身的详尽信息,同样可以有效增加访客的运动可控感[67]。此外,我们建议让访客至少体验一次在自己所选场所完成目标的感觉(比如到附近健身房完成额定的锻炼),对访客每次在接近既定目标过程中取得的小成功、小进步都给予具体积极的强化,这种做法能增强访客的自我效能感,也符合 Bandura[8]提出的原则。

　　除了直接经验,社会榜样对于增强可控感同样重要。社会榜样影响自我效能感的方式是通过替代性学习获得经验,不必经过亲身体验,通过观察与他类似的人从而得知一个行为是否可控[73],因此,确保参与者在活动中有一个好的学习榜样是十分重要的。这种替代化学习可以是观看录像带,或者教练员亲身示范以及访客间相互成为榜样。给访客匹配一个合适的榜样对于活动指导人士是一个难点,因为访客的人数比以及彼此的经验基础都不一样,关键就是基于相似的地点和时间上进行匹配。

　　通过言语劝说策略来提升自我效能感的关键是给予访客足够多的关于"为什么锻炼","锻炼什么"和"在哪里锻炼"等信息。具体途径包括新生会议、新生手册、文章、简报等,或者借助媒体(如录像带、手册、电视、报纸)。给访客提供轻松入门身体活动的信息,能够帮助他们在短期内建立积极的运动意向。注重身体活动给情感上带来的收益,类似于我们强调的提升结果期望,也会积极促进短期以及长期的运动可控感。确切的证据表明了如果访客在一项任务中缺乏自信,那么他随后也会觉得这项活动乏味无趣[63,87],所以我们之前所说的提升情感性预期的方法同样适用于增强运动可控感。

　　最后,从生理状态上来提升自我效能感的首要策略是确保访客能理解活动过程中自己的生理反应。例如,身体活动会使人心率加快、出汗。对于个体来说,正确解读这些生理上的变化是重要的,一个对运动有着积极期待的人,能够很好理解自身对运动量的反馈,而刚接触运动的人则不然,因此,我们需要通过训练来帮助他们理解身体对运动的反应(包括身体变化的含义以及它们是怎么变化的)。让初学者认识运动训练后的正常现象,比如运动后的疼痛感,以及身体恢复的进程等等,这些都有助于访客了解他们的身体状况、围绕运动项目建立起所需的信心。

关键信息

　　总的来说,身体活动的可控感已经被充分证实是和运动意向相关联,这个概念也在大多数的人类动机理论中被提及。先从较低的活动水平开始,循序渐进,慢慢达到更高的活动水平,这是一种最有效提高运动可控感的策略。在短期内提升访客的运动可控感还可以通过榜样的示范,去帮访客克服心理负担。最后也要关注到访客参与活动后的情感状态以及一些生理状态的短期改变(如肌肉疼痛感),这些都能够提高访客对活动的可控感。

　　活动的可控感对于建立访客的运动意向是非常重要的,要在长期活动中面临各种挑战和困难时依然能够维持活动积极性,同样需要增强活动可控感。如果要增强自身对于活动的控制,尤其是将积极意向变为实际行动并且持之以恒,那么进行自我约束的技巧也是必不可少的,我们将会在下一节讲到这些技巧。

第 7 节　身体活动意向转变为行动

已有大多数旨在促进身体活动的理论,都是围绕着关于运动意向而展开。如前文所说,有切实的证据能够证明,建立访客对运动的结果预期和可控感能够培养他们的运动意向。近来不断有理论指出,对于最初建立的强烈活动意向来说,将意向转变为实际行动同样需要引起重视[53,54,97,126]。总体来说,这些方法说明了将积极意向转变为实际活动离不开自我约束的技巧、运动的部分自动化、周围环境对运动的支持以及减少干扰行为。下面我们将阐述这些因素,并为化意向为行动提供建议。

自我调节的技巧

根据 Bandura 的社会认知理论,自我调节是指个体为达到目标从而调节自身行为或表现所用的一种策略[9,12]。以目标为导向的自我调节的一个关键部分是"尝试去缩小个体现有状态和理想状态的差距"[61]。尽管自我调节被用于描述当个体为达到目标而如何改变自己的行为(例如减重 10kg),但它也可以超出主观意识和内部控制的范围(例如受到他人重视身体健康的影响[18,45])。换言之,访客所处的环境——包括周围的人,都会对其行为产生影响。

在和访客们相处时,帮助他们建立技巧、将意向转变为实际活动的过程中,要首先注重运用自我调节策略。在运动行为改变领域经常用到目标干预的自我调节策略,并且这个研究背后也有着令人信服的证据,表明其在所有行为干预中的有效性[55,117,135]。

自我调节策略包括但不仅限于目标设置和计划、自我监督[84]。自我调节还包括一些技巧比如寻求他人的帮助、创造能够支持身体活动的周边环境。接下来的章节将会提供给健身与活动指导人士一些必要工具,可以借此帮助访客提升设置目标、规划,以及自我监督的技巧。培养这些技巧是转化运动意向为行动的重要一步,也是帮助访客选择并且保持一个健康生活方式的重要一步。无论针对青少年或成人,都有具备理论研究支持的课程供他们选择。

制定目标和计划

目标制定是个人通过评估自己现有状态和表现,从而制定目标(即个人所要达成的、渴望达到的状态),并且构想出一套可行的方法来实现目标的过程[74,75,76-78,80,123]。目标有不同的特性:

1. 难易程度(即困难的目标需要更多的努力才能达成)
2. 具体程度(即目标处在一个非常具体到非常模糊的连续体上;一个具体的目标更容

易被定义,所需要付出的努力也很明确)

3. 距离程度(即短期目标与长期目标[78,123])

目标可以是一种连续的进程(专注于一项运动,比如每次慢跑 30 分钟,每周三次),也可以是一种结果性的目标(注重一种行为的结果,比如体重减轻)。因为能收到不间断的反馈和趋向目标的信息,所以制定一种可实现的、专注过程的短期目标相对于同样可实现的长期目标来说,能产生更多的运动可控感[13]。专注过程的短期目标还可以避免顾客产生那种在实现长期目标过程中出现的挫败和失望感。并且 Shilts 等人[123]认为,相比于制定长期目标,制定短期目标更能激起人们的动力,而制定长期目标可以使个体在头脑中有个宏观规划,但也可能会造成拖延。制定短期目标可以被当作实现长期目标的一种方法[13,75,80,125]。SMART 目标制定法是一种很受欢迎的自我管理方法[74,76,123],它结合了许多先前提及的目标制定的特性。SMART 目标制定法是明确(何时,怎么做,做什么),可以测量的(目标可以被量化),同时也是切合实际、可以实现的,并且包含对时间的运用规划。

在帮助访客制定身体活动目标和计划时,也需要考虑访客的意志力(即"有毅力的人可以通过他们的努力来克服困难、应对挑战"[3])和他们对切身行动的投入度(即人们对于这项目标的重视程度,决定了他们是否能直面不断受到的障碍和挫折[71])。人们倾向于制定那些他们喜欢且可行的目标,但这不能保证他们对实现目标的投入度[15]。签订运动契约是一种可以让他们坚持下来的方法,这份运动契约会作为一种外在的动力让访客感受到肩负责任,需要进行身体锻炼[25,80]。这份运动契约(坚持时长的约定,具体做法的约定)的内容应当包括访客承诺完成的运动(类型、频率、强度、时间);成功实现目标所应达到的标准;以及没有达成目标要承担的后果;成功完成目标后得到的奖赏(正强化)。

人们不应只制定他们喜欢及可以实现的目标,也应该通过一些积极有效的策略去尝试完成具有挑战性的目标。就其本身而言,仅仅制定目标是远远不够的——如果欠缺详细的规划,那么很多目标将难以实现[3]。关于将最初的意向转变为的行动计划有两种——实施计划和应对计划[126,127],实施计划是一种以目标为导向,关于何时、何地以及究竟如何去付诸行动的一种计划。

与实施计划不同,应对计划包括了预期和处理在人们遇到干扰情况时面对的风险,以及如何运用有效的应对策略帮助人们克服困难,将意向转变为实际行动[80,126,127]。应对计划不仅仅在将意向转变为行动的过程中有重要作用,同样可以帮助访客长期坚持地运动。问题解决和备用方案可以被用来应对风险情境。问题解决是一种根据预想可能会出现的所有问题来找出解决措施的一种方法。IDEA 法是一种可以帮你针对障碍提出解决办法的简易问题解决框架,这个框架包括:

- 确认一个很可能会面对的困难(I)。
- 想出解决问题的创造性方法(D)。
- 评估解决问题的方法,确定如何实施这种方法(E)。
- 分析这种计划会如何奏效,在必要时进行修正(A)[85]。

　　备用方案包括达到目标可以选择的所有其他方案,并评估每种方案的优劣,然后选择最容易成功达成目标的方案。

最佳实践策略

　　研究表明目标制定策略对于成人体育锻炼和饮食习惯改变起到调节作用[69, 123],但针对青少年和儿童群体,目标制定策略的有效性还有待深入研究[123]。不断有研究表明,相比起一个简单且内容模糊的目标而言,建立一个明确的、具体的且具有挑战性的目标能够促进人们更好地行为表现[71, 77]。一项对运动锻炼领域的 Meta 分析研究发现,设置短期目标或短期与长期相结合的目标,都比仅设置长期目标更具有效性[69]。研究同时还发现,个人的意志力是预测他能否最终达成目标的有力指标[3],而且那些对完成目标做出更高投入的群体,相比于对完成目标做出低投入的群体更可能做到言出必行[71]。在一项研究里,频繁设立目标被认为是对于身体行为改变的一种有效策略,频繁设立目标可以体现出人们对完成目标的坚定决心,或者可以反映出人们获得了更多的有关自身表现的反馈[91]。如果你要帮助访客设置目标,可以参考实用工具箱 3.3 提供的目标设置工作清单。

　　在身体活动的研究领域,不断有研究表明计划对于将意向转变为行动的重要性(例如参考文献[7, 28, 81, 121, 143])。同样也有研究阐述,运动意向可作为计划与行为间的中介变量,相比较低意向水平,一个带有强烈意向的人更可能去制定计划[121, 142]。同样也有研究表明实施计划在行为改变早期的重要性,然而,应对计划对于人们行为改变的持久性更加重要[121, 127]。此外,越来越多的证据表明应对计划的策略,或者同时包括应对计划和实施计划的策略,都能有效地让人们在运动中坚持下来[6, 126, 144]。最近的一项 Meta 分析研究显示,实施计划的策略能够促进人们的自我效能感和行为改变[143]。相比于低自我效能感的群体,具有高自我效能感的群体能够从计划干预策略里获益更多[81]。实用工具箱 3.4 将指导你如何制定有效的行动和应对计划。

自我监督和反馈

　　自我监督是指"个体自觉调整自己的想法、感觉和行为,使之符合某一种标准[80]"。自我监督,尤其是通过日记形式的自我监督(见实用工具箱 3.6 的自我监督工作清单),是一种记录身体活动各要素(频次、强度、类型、持续时间)和活动整体情况的极好方式。自我监督能够帮助访客了解他们的身体活动,看到自身在活动后的改观、了解在过程中遇到的困难[25]。自我监督同样可以提供给个体关于他们活动进程的反馈,增强他们对于完成目标的信心。根据目标设置理论,对于有效的目标建立,目标达成过程中的反馈是关键[77]。完善的心理及运动测试同样可以为设置目标、监管运动进程、评估或修正为达成目标的计划提供有效的参考依据[24]。一个最便宜的工具就是计步器,它可以设立目标,自我监督以及提供反馈。大量研究表明包括自我监督在内的运动干预策略比那些不包括自我监督环节的运动干预策略更加有效[31, 32, 88]。

尽管一个来自高动机水平的行为改变主要取决于我们先前讨论的自我管理策略，仍然有新证据表明部分行为自动化、环境与社会支持以及行为间冲突的减少同样重要。我们将在接下来的部分为大家呈现这些概念和研究。

运动自动化

虽然自动化这个概念已经在人类行为模式里有过近 40 年的争论[132]，但其在预测锻炼实用性上已经被认可[49]。自动化在身体活动领域的概念是指：不需注意或者只需很少注意就能完成动作行为，这个概念是从以意识和动机为基础的决策 / 动机的行为理论中发展而来，但是现在通过环境因素起到部分作用[1, 2, 137-139]。因此，自动化并不是一种随意的、无意识的行为，相反，自动化加工是从大量的重复练习及高动机水平的行为而来。描述自动化加工最好的例子就是驾驶，许多人在开车去工作或者回家的路上，根本不会刻意注意怎样驾驶，这个行为已经无比熟练，变成了一种自动化的过程。当我们在行车过程中准备改变路线，比如在回家的路上突然决定去商场，最后我们还是会发现自己开车回了家，即使我们原本是打算要开车去另外一个目的地！当然了，在身体活动方面，我们不支持让我们变成无自主性的机器的技巧[82]，但是，我们确实有理由认为一种无须时刻警醒自己的高效率的身体活动是不错的。基于先前的理论和研究[37, 110]，那些在身体活动中无须有意注意和思考的人，更有可能将意向转变为实际活动。例如，已经熟悉了运动模式、无须有意注意的群体，比起在运动过程中需要不断自我调整、规划并且决策的人来说，更有可能控制和继续自己的行为[139]。

运动自动化源于先前的经验积累和行为的多次重复[14]，因此当个体很少重复某项行为的情况下，他将意向转化为行动就欠缺自动性。由于先前的运动行为经验是一个难以避免的影响因素，所以建立一个如何重复锻炼的技巧（包括了时间地点和其他特点），将会有助于人们养成运动习惯[70]。另外一个能促进运动自动化的因素是完成意向[53]，完成意向是一种制定在何时何地、如何完成活动的计划行为，它在活动行为和环境因素之间起到中介调节的作用[53, 54]，已经有研究表明了完成意向可以促进行动的自动化[54]。

环境和社会支持

当我们想要做一些积极的改变，比如开始一项规律运动时，我们需要一些帮助来使我们实现目标。具体来说，当个人认为锻炼在长远来看是一种维系和增进友谊的方式时，那么活动的结果预期更有可能因为我们的目标而得到强化。同样，其他一些社会性的结果，比如责任感的建立，也已经提供了支持性的证据。关于在朋友[130]、孩子[29, 56]甚至是宠物间[23, 36, 59]的社会关系研究也都证实了这种假设。因而如果可能的话，社会性实验应当关注活动背后所蕴藏的更广泛的社会关系及意义。

由于结伴锻炼能使人减少乏味和单调的活动体验,因此它所带来的愉悦和消遣能帮助我们把强烈意向转化为实际行为[113]。如果锻炼同时满足了社交行为[38],那么它本身也强化了人们的锻炼预期[30,44,47]。在锻炼过程中完成交际,这种模式既能满足人的社会需求,也能满足对自身的健康需求[38],从这个方面来说,在锻炼中交际确实能够促进锻炼本身,因为它将多种需求融入单一的活动中,并且与他人约定时间一同锻炼无形中给自己增加了一项责任,当受到有空锻炼的人的实际影响时[35,115],你就更可能一同参与到锻炼中。那些能够从日常家务中抽出时间来的人,就有更多锻炼机会,更能将意向变为实际行动[30,44,47],在参与活动初期效果更明显,健身与活动指导人士可以进行言语鼓励和支持,以此来作为社会支持力量的一部分。这种支持可以让访客倍感动力,并让他们相信自己有能力开始进行活动。

对于有意向做出改变的群体而言,活动环境的变化也会同样影响他们的实际行动。个体接触到身体活动与锻炼的机会是一个值得考虑的方面,特别是环境特点,比如活动设施的便利性能促进意向转变为行动,这种影响已经被以往的研究证实[95,105,108]。为身体锻炼提供更可能的便捷途径,可以帮助缩小活动意向与实际行为间的差距。

行为间的冲突

将意向转变为行动,需要自身的动力和投入,但其他的事情和活动也不可避免地会占据你的业余时间,这种行为间的冲突是一种影响活动的负面因素,该因素的概念基础是时间上的置换[101],参与其他行为的动机和计划会在时间上与你想要锻炼的行为进行竞争。确切地讲,行为间冲突是指进行另外一件事所需的计划和精力会影响你当前任务状态下的行为,尤其在有限的空闲时间下,对一项行为投入精力就会影响另外一项行为的实施,两种行为相互阻碍。在运动过程中,行为间的冲突有被研究的价值[50,51,94,100-102,120],并且是行为经济学理论的核心信条[140]。因为电视的广泛普及,所以看电视是休闲生活中值得被注意的一种影响身体活动的因素,当然任何其他的消遣活动都可能充当阻碍我们锻炼的角色。

为减少行为间的冲突,我们不妨去深入了解久坐行为的危害,对这种行为加以时间上的限制是对我们很有帮助的[100]。例如在看电视的行为情境中,我们重点需要让访客认识到久坐的危害,并且对他们进行健康科学的行为指导来摆脱久坐,减少他们接触其他消遣活动的途径(比如拿走电视,收走电缆)或者加以时间上的限制(比如只允许在晚上 9 点到 10 点半这种不方便进行锻炼的时间段才能看电视),这些方法都可能有效;另一种可减少久坐行为的方法是让访客在他们生活习惯里添加更多积极的运动(比如选择爬楼梯而不是坐电梯,步行去附近的商场),其效果可能比一堂正规的训练课还要好(比如在健身房高强度地锻炼)。如果不想牺牲访客的娱乐活动或时间,我们可以把运动和娱乐相结合,以此促进访客的运动积极性,比如在锻炼的时候看电视。早期关于减少久坐行为的研究已经表明了这些策略的有效性[39]。

关键信息

　　总的来说,如果想提高访客的锻炼积极性,那么健身与活动指导人士需要帮助访客建立起有效的锻炼方案,把关注重心放在帮助访客制定自我管理,不能草率地告诉他们应当如何计划。因为计划总是赶不上变化,所以访客的自我管理技巧的提升和对工具箱的应用,要比计划本身更加重要,更重要的是,如果一项计划没有精力的付出及获得大家的通力合作,那么访客也难以在运动进程中做到持之以恒,其制定的计划也相当于一张白纸[16]。先前的部分已经说明了目标制定、自我监督和自我规划这些技巧对于自我管理的重要性,其他还有一些需要纳入考虑的方面是行为的自动化、社会与环境支持以及减少行为间的冲突。

　　下一部分我们将按步骤循序渐进地指导您如何给予访客帮助。参考实用工具箱3.2,你可以模拟选择最合适的策略和工具来指导你的访客。本章结尾将呈现一些实例场景。

第8节　循序渐进

　　让我们根据以下步骤,来一步步实现先前部分提及的方法:

　　1. 与你的访客进行一次简单的交流谈话,建立联系。(见第5章)

　　2. 了解你的访客,了解什么对他们最为重要,了解他们过去的运动和身体健康情况。(见第2章)

　　3. 了解访客现在的意向水平。他们

- 低意向水平? 高意向水平?

- 在转化到行动上有困难?

- 无法做到长期坚持?

查看案例场景3.1, 3.2和3.3,涵盖了不同意向水平的访客。

　　4. 基于步骤2的作答,优先选择一项可以让访客切实开展的身体活动策略,下面是你可能会选择的工作表:

- 行为偏好工作清单(见实用工具箱3.1)

- 决策权衡工作清单(见实用工具箱3.2)

- 目标设置工作清单(见实用工具箱3.3)

- 行动规划工作清单(见实用工具箱3.4)

- 运动合约工作清单(见实用工具箱3.5)

- 自我监督工作清单(见实用工具箱3.6)

表 3.2 将指导你为访客选择合适的工作清单。在案例场景 3.1, 3.2 和 3.3 中,访客都可以利用表 3.2 找到了合适自己的工作清单。对于一个对活动有抵触心理、低活动意向的访客(案例场景 3.1),比较合适的工具有行为偏好工作清单,决策权衡工作清单,行动规划工作清单(重点放在步骤 1: 执行计划)。另外对于低活动意向的访客,可以引导他们关注运动后的情感性体验(如愉悦感、心情的改善)或是建立奖励机制(对成功的行为进行奖赏)。其他案例的解决办法请参考表 3.2。

表 3.2　工作表决策图

访客的类型	选择行动步骤	有效的工作清单	更多的有效策略	使用这些工具的访客
低意向 / 抵触的	侧重建立运动意向,较少关注目标建立和行动计划	行为偏好工作清单(实用工具箱 3.1);决策权衡工作清单(实用工具箱 3.2);目标设置工作清单(实用工具箱 3.3);规划工作清单(实用工具箱 3.4);专注步骤一: 行动的计划	专注于有效的经历,回顾锻炼的收益 行为修正(突变式管理,强化) 自我监督	案例场景 3.1
高意向,但难以将意向转化为行动	侧重目标的建立,运动计划和应对计划	目标设置工作清单(实用工具箱 3.3);规划工作清单(实用工具箱 3.4);专注所有步骤	用 IDEA 方法来解决问题 培养自主性 建立社会和周边环境的支持 自我监督	案例场景 3.2
中等意向,但运动难以持久	侧重关注计划,尤其是应对计划;较少关注意向的建立	规划工作清单(实用工具箱 3.4);更多地关注步骤 2a 和 2b; 行为偏好计划列表(实用工具箱 3.1)	专注于有效的经历,回顾锻炼的收益 行为修正(突变式管理,强化) 对跨行为冲突的考虑 自我监督	案例场景 3.3

5. 在选择工作清单的过程中和你的访客通力协作。注意每张清单所提及的步骤和指示。

6. 基于你们所选的工作清单,签订运动合同,以此来保证运动的顺利进展(见实用工具箱 3.5 的运动合同样例)。

7. 运用自我监督工作清单监测身体锻炼的进展(见实用工具箱 3.6)。

8. 定期对锻炼进程进行评估,随时修改项目以及在必要时签订新的运动合约。

案例场景 3.1

不愿运动,有抗拒心理

Paul 是一位 50 岁的超重男士,他之前从未对身体活动与锻炼感兴趣。他没有规律性地参加过锻炼,身材却一直保持的很苗条。但是最近几年,他开始发福,落入了一种"久坐不动"的生活方式。当他不工作的时候,他和他妻子吃大量的不健康食物,看电视或者上网。直到他妻子深刻意识到他俩不健康的生活方式会带来的问题,便督促 Paul 去寻求健康的生活方式。基于这样的目标,他妻子为他们买了健身房的会员卡和私教课程,并以此作为圣诞节的礼物。他妻子决定开始健康的生活方式,活得更长久,但是 Paul 拒绝改变,他显得非常焦虑,难以在健身房找到自己的节奏去运动,他抱怨道自己平时工作已经很累了,不愿意再忍受每天在健身房的挥汗如雨和肌肉酸痛。

案例场景 3.2

渴求运动,但不知道如何开始

Andrea 今年二十五岁,是一位有两个孩子的母亲,她的孩子分别是 3 岁和 5 岁。她在政府的行政机构工作,她的丈夫是餐厅经理,每天也要工作很久,并且工作时间不固定。她年轻的时候也经常运动,那时候素质教育是强制性的,她父母会给她报课后的体育兴趣班。不过她发现有了孩子后,加上每天的工作,就使她很难再把精力放到身体活动和锻炼上。尽管她非常渴望运动且保持健康,这样也可以更好地陪伴孩子们,但她很难把自己的想法付之于行动。没有了学校和家长的督促和安排,也没有了在工作和为人父母上的那种责任驱使,Andrea 很迷茫,不知道从哪里重新起步。她最近在当地的健身房办了一个会员卡,她抱着想要积极运动的想法找到你,希望你可以在如何进行一种健康的生活方式的方面指导她。

案例场景 3.3

有运动的意向,但摇摆不定

Cameron,35 岁,最近刚毕业于法学院,目前在一家大型律师事务所工作,他有着很强的事业心,想要一举成名。他每天都工作很长时间,要忍受高强度的压力,以至于他精神状态一直不好,每晚难以入睡。他有时也会安排时间去运动,但是不能坚持,经常因为工作的缘由而取消计划。尽管他成长的家庭环境很重视健康和身体活动,他在上小学和中学的时候也加入过很多运动队,但在更多的时候他总是放弃了原应进行的运动计划。他十九岁上大学那年,是他第一次尝试规律运动而失败。当他在学校的时候,这样的氛围能够让他有很大的动力去锻炼、去健身房,他还在第一个学期加入了排球队,但在之后一切都瓦解了。他无法平衡学校的课程负担和社交生活。他在第一学期退出了愉快的排球队。他正在寻求一位锻炼伙伴,他希望你帮助他打破这种困境并长期保持一种健康的生活方式。

（高玮毅译,祝大鹏校,漆昌柱审）

参 考 文 献

1. Aarts H, Dijksterhuis A. Habits as knowledge structures: Automaticity in goal-directed behaviour. *Journal of Personality and Social Psychology*. 2000;78:53–63.

2. Aarts H, Paulussen T, Schaalma H. Physical exercise habit: On the conceptualization and formation of habitual health behaviours. *Health Education Research*. 1997;12:363–74.

3. Achtziger A, Gollwitzer RM. Motivation and volition in the course of action. In: Heckhausen J, Heckhausen H, editors. *Motivation and Action*. 2nd ed. New York: Cambridge University Press; 2008. p. 272–95.

4. Ajzen I. The theory of planned behavior. *Organizational Behavior and Human Decision Processes*; 1991;50:179–211.

5. Ibid.

6. Araujo-Soares V, McIntyre T, Sniehotta FF. Predicting changes in physical activity among adolescents: The role of self-efficacy, intention, action planning and coping planning. *Health Education Research*. 2009;24:128–39.

7. Armitage CJ, Sprigg CA. The roles of behavioral and implementation intentions in changing physical activity in young children with low socioeconomic status. *Journal of Sport & Exercise Psychology*. 2010;32(3):359–76.

8. Bandura A. Self-efficacy: Toward a unifying theory of behavioral change. *Psychological Review*. 1977;84:191–215.

9. Bandura A. Social cognitive theory of self-regulation. *Organizational Behavior and Human Decision Processes*. 1991;50(2):248–87.

10. Bandura A. *Self-efficacy, the Exercise of Control*. Editor. New York: Freeman; 1997.

11. Bandura A. Health promotion from the perspective of social cognitive theory. *Psychology and Health*. 1998;13:623–49.

12. Bandura A. Health promotion by social cognitive means. *Health Education and Behavior*. 2004;31:143–64.

13. Bandura A, Simon KM. The role of proximal intentions in self-regulation of refractory behavior. *Cognitive-Therapy-and-Research*. 1977;1(3):177–93.

14. Bargh JA. The four horsemen of automaticity: Awareness, intention, efficiency, and control in social cognition. In: Wyler RS, Srull TK, editors. *Handbook of Social Cognition*. Hillsdale (NJ): Erlbaum; 1994. p. 1–40.

15. Bargh JA, Gollwitzer PM, Oettingen G. Motivation. In: Fiske ST, Gilbert DT, Lindzey G, editors. *Handbook of Social Psychology, Vol 1*. (5th ed). Hoboken (NJ): John Wiley & Sons Inc; 2010. p. 268–316.

16. Bassett S, Petrie KJ. The effect of treatment goals on patient compliance with physiotherapy programs. *Physiotherapy*. 1999;85:130–7.

17. Bauman AE, Sallis JF, Dzewaltowski DA, Owen N. Toward a better understanding of the influences on physical activity – The role of determinants, correlates, causal variables, mediators, moderators, and confounders. *American Journal of Preventive Medicine*. 2002;23(2):5–14.

18. Baumeister RF, Schmeichel BJ, Vohs KD. Self-regulation and the executive function: The self as controlling agent. In: Kruglanski AW, Higgins ET, editors. *Social Psychology: Handbook of Basic Principles*. 2nd ed. New York: Guilford Press; 2007. p. 516–39.

19. Biddle SJH, Fuchs R. Exercise psychology: A view from Europe. *Psychology of Sport and Exercise*. 2009;10(4):410–9.

20. Biddle SJH, Mutrie N. Psychological well-being. Does physical activity make us feel good? editors. *Psychology of Physical Activity: Determinants, Well-Being and Interventions*. New York: Routledge; 2001. p. 163–98.

21. Biddle SJH, Mutrie N. Stage-based and other models of physical activity, editors. *Psychology of Physical Activity: Determinants, Well-Being and Interventions*. New York: Routledge; 2001. p. 118–36.

22. Brawley LR, Martin KA, Gyurcsik NC. Problems in assessing perceived barriers to exercise: Confusing obstacles with attributions and excuses. In: Duda JL, editor. *Advances in Sport and Exercise Psychology Measurement*. Morgantown, WV: Fitness Information; 1998. p. 337–50.

23. Brown SG, Rhodes RE. Relationships among dog ownership and leisure time walking amid Western

Canadian adults. *American Journal of Preventive Medicine.* 2006;30:131–6.

24. Buckworth J. Exercise determinants and interventions./ Les determinants de l'activite physique et les interventions visant a elever le niveau d'activite physique de la population generale. *International Journal of Sport Psychology.* 2000;31(2):305–20.

25. Buckworth J, Dishman RK. Interventions to change physical activity behavior, editors. In: Buckworth, J, editor, *Exercise Psychology.* Champaign, IL: Human Kinetics, c2002, p. 229–253.

26. Canadian Fitness and Lifestyle Research Institute. 2002 Physical Activity Monitor. 2002 [cited August]. Available from: http://www.cflri.ca/cflri/pa/surveys/2002survey/2002survey.html.

27. Canadian Fitness and Lifestyle Research Institute. Increasing physical activity: Trends for planning effective communication. 2004 [cited February 24]. Available from: http://www.cflri.ca/eng/statistics/surveys/capacity2004.php.

28. Carraro N, Gaudreau P. The role of implementation planning in increasing physical activity identification. *American Journal of Health Behavior.* 2010;34(3):298–308.

29. Casiro N, Rhodes RE, Naylor PJ, McKay HA. Correlates of intergenerational and personal physical activity of parents. *The American Journal of Health Behavior.* 2011;35:81–91.

30. Cerin E, Taylor LM, Leslie E, Owen N. Small-scale randomized controlled trials need more powerful methods of mediational analysis than the Baron-Kenny method. *Journal of Clinical Epidemiology.* 2006;59:457–64.

31. Conn VS, Isaramalai S, Banks-Wallace JA, Ulbrich S, Cochran J. Evidence-based interventions to increase physical activity among older adults. *Activities, Adaptation & Aging.* 2002;27(2):39–52.

32. Conn VS, Valentine JC, Cooper HM. Interventions to increase physical activity among aging adults: A meta-analysis. *Annals of Behavioral Medicine: A Publication of the Society of Behavioral Medicine.* 2002; 24(3):190–200.

33. Conner M, Rhodes RE. Instrumental and affective interventions to change exercise behaviour. In: *Instrumental and affective interventions to change exercise behaviour.* Editor (Ed.)^(Eds.) City: British Psychological Society, 2007.

34. Conner M, Rhodes RE, Morris B, McEachan R, Lawton R. Changing exercise through targeting affective or cognitive attitudes. *Psychology and Health.* 2011;26:133–49.

35. Courneya KS, Plotnikoff RC, Hotz SB, Birkett N. Social support and the theory of planned behavior in the exercise domain. *American Journal of Health Behavior.* 2000;24:300–8.

36. Cutt H, Giles-Corti B, Knuiman M, Timperio A, Bull F. Understanding dog owners' increased levels of physical activity: Results from RESIDE. *American Journal of Public Health.* 2008;98:66–9.

37. de Bruijn GJ. Exercise habit strength, planning and the theory of planned behaviour: An action control approach. *Psychology of Sport and Exercise.* 2011;12:106–14.

38. Deci EL, Ryan RM. *Intrinsic motivation and self-determination in human behavior.* Editors. New York: Plenum Press; 1985.

39. DeMattia L, Lemont L, Meurer L. Do interventions to limit sedentary behaviours change behaviour and reduce childhood obesity? A critical review of the literature. *Obesity Reviews.* 2006;8:69–81.

40. Dishman RK, Buckworth J. Increasing physical activity: A quantitative synthesis. In: Smith D, Bar-Eli M, editors. *Essential Readings in Sport and Exercise Psychology.* Champaign (IL): Human Kinetics; 2007. p. 348–55.

41. Downs DS, Hausenblas HA. The theories of reasoned action and planned behavior applied to exercise: A meta-analytic update. *Journal of Physical Activity & Health.* 2005;2(1):76–97.

42. Duncan M, Spence JC, Mummery WK. Perceived environment and physical activity: A meta-analysis of selected environmental characteristics. 2005. Available from: http://www.ijbnpa.org/content/2/1/11.

43. Ekkekakis P, Lind E. Exercise does not feel the same when you are overweight: The impact of self-selected and imposed intensity on affect and exertion. *International Journal of Obesity.* 2006; 30:652–60.

44. Fahrenwald NL, Atwood JR, Johnson DR. Mediator analysis of moms on the move. *Western Journal of Nursing Research.* 2005;27:271–91.

45. Finkel EJ, Fitzsimons GM. The effects of social relationships on self-regulation. In: Vohs KD, Baumeister RF, editors. *Handbook of Self-regulation: Research, Theory, and Applications.* 2nd ed. New York: Guilford Press; 2011. p. 390–406.

46. Fishbein M, Triandis HC, Kanfer FH, Becker M, Middlestadt SE, Eichler A. Factors influencing behavior and behavior change. In: Baum A, Revenson TA, editors. *Handbook of Health Psychology.* Mahwah (NJ): Lawrence Erlbaum Associates; 2001. p. 3–17.

47. Fortier MS, Sweet SN, O'Sullivan TL, Williams GC. A self-determination process model of physical activity adoption in the context of a randomized controlled trial. *Psychology of Sport and Exercise.* 2007;8:741–57.

48. French DP, Sutton S, Hennings SJ, et al. The importance of affective beliefs and attitudes in the theory of planned behavior: Predicting intention to increase physical activity. *Journal of Applied Social Psychology.* 2005;35:1824–48.

49. Gardner B, de Bruijn GJ, Lally P. A systematic review and meta-analysis of applications of the Self-Report Habit Index to nutrition and physical activity behaviors. *Annals of Behavioral Medicine.* In press.

50. Gebhardt WA, Maes S. Competing personal goals and exercise behaviour. *Perceptual and Motor Skills.* 1998;86:755–9.

51. Gebhardt WA, Van Der Doef MP, Maes S. Conflicting activities for exercise. *Perceptual and Motor Skills.* 1999;89:1159–60.

52. Godin G, Shephard RJ, Colantonio A. The cognitive profile of those who intend to exercise but do not. *Public Health Reports.* 1986;101:521–6.

53. Gollwitzer PM. Implementation intentions: Strong effects of simple plans. *American Psychologist*. 1999; 54:493–503.

54. Gollwitzer PM, Sheeran P. Implementation intentions and goal achievement: A meta-analysis of effects and processes. *Advances in Experimental Social Psychology*. 2006;38:69–119.

55. Greaves CJ, Sheppard KE, Abraham C, et al. Systematic review of reviews of intervention components associated with increased effectiveness in dietary and physical activity interventions. *BMC Public Health*. 2011;11:119.

56. Gustafson S, Rhodes RE. Parental correlates of child and early adolescent physical activity: A review. *Sports Medicine*. 2006;36:79–97.

57. Hagger M, Chatzisarantis NLD, Biddle SJH. A meta-analytic review of the theories of reasoned action and planned behavior in physical activity: Predictive validity and the contribution of additional variables. *Journal of Sport and Exercise Psychology*. 2002;24:1–12.

58. Hall PA, Fong GT. Temporal self-regulation theory: A model for individual health behavior. *Health Psychology Review*. 2007;1:6–52.

59. Ham SA, Epping J. Dog walking and physical activity in the United States. *Preventing Chronic Disease*. 2006;3:1–7.

60. Hausenblas HA, Carron AV, Mack DE. Application of the theories of reasoned action and planned behavior to exercise behavior: A meta-analysis. *Journal of Sport and Exercise Psychology*. 1997;19:36–51.

61. Higgins ET. Beyond pleasure and pain. *American Psychologist*. 1997;52(12):1280–300.

62. Hoyt MF, Janis IL. Increasing adherence to a stressful decision via a motivational balance-sheet procedure: A field experiment. *Journal of Personality and Social Psychology*. 1975;31(5):833–9.

63. Hu L, Motl RW, McAuley E, Konopack JF. Effects of self-efficacy on physical activity enjoyment in college-aged women. *International Journal of Behavioral Medicine*. 2007;14:92–6.

64. Humpel N, Owen N, Leslie E. Environmental factors associated with adults' participation in physical activity: A review. *American Journal of Preventive Medicine*. 2002;22:88–199.

65. Jones LW, Sinclair RC, Rhodes RE, Courneya KS. Promoting exercise behaviour: An integration of persuasion theories and the theory of planned behaviour. *British Journal of Health Psychology*. 2004; 9:505–21.

66. King AC. Interventions to promote physical activity by older adults. *Journals of Gerontology Series A – Biological Sciences and Medical Sciences*. 2001;56: 36–46.

67. Kirk A, Barnett J, Mutrie N. Physical activity consultation for people with type 2 diabetes: Evidence and guidelines. *Diabetes Medicine*. 2007;24:809–16.

68. Kliman A, Rhodes RE. Do government brochures affect physical activity cognition? A pilot study of Canada's Physical Activity Guide to Healthy Active Living. *Psychology, Health and Medicine*. 2008;13:415–22.

69. Kyllo LB, Landers DM. Goal setting in sport and exercise: A research synthesis to resolve the controversy. / Fixation d' objectifs en sports et exercices physiques, une synthese pour resoudre la controverse. *Journal of Sport & Exercise Psychology*. 1995;17(2):117–37.

70. Lally P, van Jaarsveld CHM, Potts HWW, Wardle J. How are habits formed: Modelling habit formation in the real world. *European Journal of Social Psychology*. 2009;40:998–1009.

71. Latham GP, Locke EA. Self-regulation through goal-setting. *Organizational Behavior and Human Decision Processes*. 1991;50(2):212–47.

72. Latimer AE, Brawley LR, Bassett RL. A systematic review of three approaches for constructing physical activity messages: What messages work and what improvements are needed? *International Journal of Behavioral Nutrition and Physical Activity*. 2010.

73. Lewis BA, Marcus B, Pate RR, Dunn AL. Psychosocial mediators of physical activity behavior among adults and children. *American Journal of Preventive Medicine*. 2002;23(2S):26–35.

74. Locke EA. Towards a theory of task motivation and individual performance. *Organizational Behavior and Human Performance*. 1968;3:157–80.

75. Locke EA, Latham GP. The application of goal setting to sports. *Journal of Sport Psychology*. 1985;7(3): 205–22.

76. Locke EA, Latham GP. *A theory of goal setting performance*. Editors. Englewood Cliffs (NJ): Prentice Hall; 1990.

77. Locke EA, Latham GP. Building a practically useful theory of goal setting and task motivation: A 35-year odyssey. *American Psychologist*. 2002;57(9):705–17.

78. Locke EA, Shaw KN, Saari LM, Latham GP. Goal setting and task performance: 1969–1980. *Psychological Bulletin*. 1981;90(1):125–52.

79. Lowe R, Eves F, Carroll D. The influence of affective and instrumental beliefs on exercise intentions and behavior: A longitudinal analysis. *Journal of Applied Social Psychology*. 2002;32:1241–52.

80. Lox CL, Ginis KAM, Petruzzello SJ. *The psychology of exercise: Integrating theory and practice*. 2nd ed. Editors. Scottsdale, (AZ): Holcomb Hathaway, Publishers; 2006.

81. Luszczynska A, Schwarzer R, Lippke S, Mazurkiewicz M. Self-efficacy as a moderator of the planning-behaviour relationship in interventions designed to promote physical activity. *Psychology & Health*. 2011;26(2):151–66.

82. Maddux JE. Habit, health, and happiness. *Journal of Sport and Exercise Psychology*. 1997;19:331–46.

83. Maio GR, Haddock G. Attitude change. In: Kruglanski AW, Higgins ET, editors. *Social Psychology: Handbook of Basic Principles*. 2nd ed. New York: Guilford Press; 2007. p. 565–86.

84. Marcus BH, Ciccolo JT, Whitehead D, King TK, Bock BC. Adherence to physical activity recommendations and interventions. In: Shumaker SA, Ockene JK, Riekert KA, editors. *The Handbook of Health Behavior Change*. 3rd ed. New York: Springer Publishing Co; 2009. p. 235–51.

85. Marcus BH, Forsyth L. *Motivating people to be physically active*. 2nd ed. Editors. Champaign (IL):

Human Kinetics; 2009.

86. Marcus BH, Rakowski W, Rossi JS. Assessing motivational readiness and decision making for exercise. *Health Psychology*. 1992;11(4):257–61.

87. McAuley E, Talbot HM, Martinez S. Manipulating self-efficacy in the exercise environment in women: Influences on affective responses. *Health Psychology*. 1999;18:288–94.

88. Michie S, Abraham C, Whittington C, McAteer J, Gupta S. Effective techniques in healthy eating and physical activity interventions: A meta-regression. *Health Psychology*. 2009;28:690–701.

89. Nigg CR, Courneya KS. Maintaining attendance at a fitness center: An application. *Behavioral Medicine*. 1997;23(3):130.

90. Noar SM, Zimmerman RS. Health behavior theory and cumulative knowledge regarding health behaviors: Are we moving in the right direction? *Health Education Research*. 2005;20:275–90.

91. Nothwehr F, Yang J. Goal setting frequency and the use of behavioral strategies related to diet and physical activity. *Health Education Research*. 2007;22(4):532–8.

92. Parrott MW, Tennant LK, Olejnik S, Poudevigne MS. Theory of planned behavior: Implications for an email-based physical activity intervention. *Psychology of Sport and Exercise*. 2008;9:511–26.

93. Plante TG, Gores C, Brecht C, Carrow J, Imbs A, Willemsen E. Does exercise environment enhance the psychological benefits of exercise for women? *International Journal of Stress Management*. 2007;14: 88–98.

94. Presseau J, Sniehotta FF, Francis JJ, Gebhardt WF. With a little help from my goals: Integrating intergoal facilitation with the theory of planned behaviour to predict physical activity. *British Journal of Health Psychology*. 2010;15:905–19.

95. Prins RG, van Empelen P, teVelde SJ, et al. Availability of sports facilities as moderator of the intention–sports participation relationship among adolescents. *Health Education Research*. 2010;25:489–97.

96. Prochaska JO, DiClemente CC. Transtheoretical therapy: Toward a more integrative model of change. *Psychotherapy: Theory, Research & Practice*. 1982;19:276–88.

97. Rhodes RE. Action control theory of exercise behaviour. In review.

98. Rhodes RE. Action control theory of exercise behaviour. *International Journal of Behavioural Nutrition and Physical Activity*. In review.

99. Rhodes RE, Blanchard CM. What do confidence items measure in the physical activity domain? *Journal of Applied Social Psychology*. 2007;37: 753–68.

100. Rhodes RE, Blanchard CM. Do sedentary motives adversely affect physical activity? Adding cross-behavioural cognitions to the theory of planned behaviour. *Psychology and Health*. 2008;23: 789–805.

101. Rhodes RE, Blanchard CM. Time displacement and confidence to participate in leisure-time physical activity. *International Journal of Behavioral Medicine*. In press.

102. Rhodes RE, Blanchard CM, Bellows K. Exploring cues to sedentary behavior as processes of physical activity action control. *Psychology of Sport and Exercise*. 2008;9:211–24.

103. Rhodes RE, Blanchard CM, Matheson DH. A multi-component model of the theory of planned behavior. *British Journal of Health Psychology*. 2006; 11:119–37.

104. Rhodes RE, Blanchard CM, Matheson DH, Coble J. Disentangling motivation, intention, and planning in the physical activity domain. *Psychology of Sport and Exercise*. 2006;7:15–27.

105. Rhodes RE, Brown SG, McIntyre CA. Integrating the perceived neighbourhood environment and the theory of planned behaviour when predicting walking in Canadian adult sample. *American Journal of Health Promotion*. 2006;21:110–8.

106. Rhodes RE, Conner M. Comparison of behavioral belief structures in the physical activity domain. *Journal of Applied Social Psychology*. 2010;40(8):2105–20.

107. Rhodes RE, Courneya KS. Differentiating motivation and control in the theory of planned behavior. *Psychology, Health and Medicine*. 2004;9:205–15.

108. Rhodes RE, Courneya KS, Blanchard CM, Plotnikoff RC. Prediction of leisure-time walking: An integration of social cognitive, perceived environmental, and personality factors. *International Journal of Behavioral Nutrition and Physical Activity*. 2007;4:51.

109. Rhodes RE, Courneya KS, Jones LW. Translating exercise intentions into behavior: Personality and social cognitive correlates. *Journal of Health Psychology*. 2003;8:447–58.

110. Rhodes RE, de Bruijn GJ, Matheson DH. Habit in the physical activity domain: Integration with intention temporal stability and action control. *Journal of Sport and Exercise Psychology*. 2010;32(1):84–98.

111. Rhodes RE, Dickau L. Moderators of the intention-behaviour relationship for physical activity: A systematic review. *Journal of Sport and Exercise Psychology*. 2010;32:S213–S4.

112. Rhodes RE, Dickau L. Meta-analysis of experimental evidence for the intention-behavior relationship in the physical activity domain. In preparation.

113. Rhodes RE, Fiala B, Conner M. Affective judgments and physical activity: A review and meta-analysis. *Annals of Behavioral Medicine*. 2009;38:180–204.

114. Rhodes RE, Fiala B, Conner M. A review and meta-analysis of affective judgments and physical activity in adult populations. *Annals of Behavioral Medicine*. 2009;38(3):180–204.

115. Rhodes RE, Jones LW, Courneya KS. Extending the theory of planned behavior in the exercise domain: A comparison of social support and subjective norm. *Research Quarterly for Exercise & Sport*. 2002;73:193–9.

116. Rhodes RE, Nasuti G. Trends and changes in research on the psychology of physical activity across 20 years: A quantitative analysis of 10 journals. *Preventive Medicine*. 2011;53:17–23.

117. Rhodes RE, Pfaeffli LA. Mediators of physical activity behaviour change among adult non-clinical populations: A review update. *International Journal of Behavioral*

Nutrition and Physical Activity. 2010;77(37), 1–11.

118. Rhodes RE, Warburton DER, Bredin SS. Predicting the effect of interactive video bikes on exercise adherence: An efficacy trial. *Psychology, Health & Medicine.* 2009;14:631–41.

119. Rhodes RE, Warburton DER, Coble J. Effect of interactive video bikes on exercise adherence and social cognitive expectancies in young men: A pilot study. *Annals of Behavioral Medicine.* 2008;35:S62.

120. Riediger M, Freund AM. Interference and facilitation among personal goals: Differential associations with subjective well-being and persistent goal pursuit. *Personality and Social Psychology Bulletin.* 2004; 30: 1511–23.

121. Scholz U, Schüz B, Ziegelmann JP, Lippke S, Schwarzer R. Beyond behavioural intentions: Planning mediates between intentions and physical activity. *British Journal of Health Psychology.* 2008;13(3):479–94.

122. Sheeran P. Intention-behaviour relations: A conceptual and empirical review. In: Hewstone M, Stroebe W, editors. *European Review of Social Psychology.* Chichester, UK: John Wiley & Sons; 2002. p. 1–36.

123. Shilts MK, Horowitz M, Townsend MS. Goal setting as a strategy for dietary and physical activity behavior change: A review of the literature. *American Journal of Health Promotion.* 2004;19(2):81–93.

124. Sirriyeh R, Lawton R, Ward J. Physical activity and adolescents: An exploratory randomized controlled trial investigating the influence of affective and instrumental text messages. *British Journal of Health Psychology.* 2010;15(4):825–40.

125. Smith JA, Hauenstein NMA, Buchanan LB. Goal setting and exercise performance. *Human Performance.* 1996;9(2):141–54.

126. Sniehotta FF. Towards a theory of intentional behaviour change: Plans, planning, and self-regulation. *British Journal of Health Psychology.* 2009;14:261–73.

127. Sniehotta FF, Schwarzer R, Scholz U, Schüz B. Action planning and coping planning for long-term lifestyle change: Theory and assessment. *European Journal of Social Psychology.* 2005;35(4):565–76.

128. Spence JC, McGannon KR, Poon P. The effect of exercise on global self-esteem: A quantitative review. *Journal of Sport and Exercise Psychology.* 2005;27:311–34.

129. Stokols D. Translating social ecological theory into guidelines for community health promotion. *American Journal of Health Promotion.* 1996;10: 282–98.

130. Symons Downs D, Hausenblas HA. Elicitation studies and the theory of planned behavior: A systematic review of exercise beliefs. *Psychology of Sport and Exercise.* 2005;6:1–31.

131. Symons Downs D, Hausenblas HA. Exercise behavior and the theories of reasoned action and planned behavior: A meta-analytic update. *Journal of Physical Activity and Health.* 2005;2:76–97.

132. Triandis HC. *Interpersonal Behavior.* Editor. Monterey (CA): Brooks/Cole; 1977.

133. Trost SG, Owen N, Bauman A, Sallis JF, Brown W. Correlates of adults' participation in physical activity: Review and update. *Medicine and Science in Sports and Exercise.* 2002;34:1996–2001.

134. Trost SG, Owen N, Bauman AE, Sallis JF, Brown W. Correlates of adults' participation in physical activity: Review and update. *Medicine and Science in Sports and Exercise.* 2002;34(12):1996–2001.

135. Umstattd MR, Wilcox S, Saunders R, Watkins K, Dowda M. Self-regulation and physical activity: The relationship in older adults. *American Journal of Health Behavior.* 2008;32(2):115–24.

136. Van der Horst K, Paw MJCA, Twisk JWR, Van Mechelen W. A brief review on correlates of physical activity and sedentariness in youth. *Medicine and Science in Sports and Exercise.* 2007;39(8): 1241–50.

137. Verplanken B. Beyond frequency: Habit as a mental construct. *British Journal of Social Psychology.* 2006; 45:639–56.

138. Verplanken B, Aarts H. Habit, attitude, and planned behaviour: Is habit an empty construct or an interesting case of goal-directed automaticity? In: Stroebe W, Hewstone M, editors. *European Review of Social Psychology.* New York: John Wiley & Sons; 1999. p. 101–34.

139. Verplanken B, Melkevik O. Predicting habit: The case of physical exercise. *Psychology of Sport and Exercise.* 2008;9:15–26.

140. Vuchinich RE, Tucker JA. Behavioral theories of choice as a framework for studying drinking behavior. *Journal of Abnormal Psychology.* 1983;92:408–16.

141. Webb TL, Sheeran P. Does changing behavioral intentions engender behavior change? A meta-analysis of the experimental evidence. *Psychological Bulletin.* 2006;132:249–68.

142. Wiedemann AU, Schüz B, Sniehotta F, Scholz U, Schwarzer R. Disentangling the relation between intentions, planning, and behaviour: A moderated mediation analysis. *Psychology & Health.* 2009; 24(1):67–79.

143. Williams SL, French DP. What are the most effective intervention techniques for changing physical activity self-efficacy and physical activity behavior – and are they the same? *Health Education Research.* 2011;26(2):308–22.

144. Ziegelmann JP, Lippke S, Schwarzer R. Adoption and maintenance of physical activity: Planning interventions in young, middle-aged, and older adults. *Psychology & Health.* 2006;21(2):145–63.

第 4 章

动机激励：你准备好了吗？

Sara S. Johnson , Brian Cook

概要

如何促使人们采取并坚持定期体育锻炼无疑是一个行为改变上的重大挑战。美国的成年人中,仅有30%左右的人能达到最新美国运动医学会(以下简称 "ACSM")指南[2]中规定的体育锻炼标准,而近40%的人则是没有参与任何身体活动[6]。那么,要改变行为,问题就在于如何激励人们体育锻炼。

在某种程度上,这个问题的答案取决于个体最初的状态。通常,激励个体实际开始体育锻炼的动机与激励他们开始考虑体育锻炼的动机是不一样的,它也不同于后期定期体育锻炼时激励他们坚持的动机。因此,ACSM 认为[2],从健康行为改变理论出发,整合目标设置、社会支持及预防退步等行为决策,为访客提供个性化定制的体育锻炼干预措施往往会效果更好。

第 1 节　研究证据　行为改变的迁移模型(TTM)

行为改变的迁移模型(TTM),又称改变阶段模型,它是体育锻炼干预措施最常参照的健康行为改变理论之一[20,23]。回顾与个体改变准备程度相匹配的干预措施后[13,22],不难发现个性化定制讯息对行为改变是一种极其有效的方法。此外,多项研究也表明[5,9,12,14-19,32],基于 TTM 的体育锻炼干预措施[27],其中包括那些由健康管理师所提出的体育锻炼干预措施,能够让更多的人采取并坚持定期体育锻炼。这些干预措施的效果给健康专家上了很重要的一课:评估每位访客对参与定期体育锻炼的准备程度,并根据他/她所处的变化阶段来定制干预措施,这是至关重要的。意识到每位访客在早期阶段都会有不同的需求,并将进入下一阶段视为一种进步,能有效提高对访客的影响力。考虑到 TTM 在引导访客采取并坚持定期体育锻炼时所起到的作用,本章将概述 TTM 理论,并举例说明它在引导访客采取并坚持定期体育锻炼时的实际应用。

迁移模型(TTM)的 5 阶段

TTM 将"改变"定义为"一个渐进、连续的过程",可根据准备程度将它划分为 5 个阶段(见图4.1)。

前意向阶段

处于前意向阶段的个体在短期内并没有进行定期体育锻炼的意向("短期内"通常

图 4.1 行为变化五阶段模型

被定义为未来 6 个月）。处于这一阶段的个体通常对体育锻炼可能会带来的收益意识不到或意识不足，并高估了改变的代价。他们通常会表现出一个或多个"3D 特征"：防御心强（Defensiveness）、态度消极（Denial）、意志消沉（Demoralization）。健康专家通常反映这类人不积极，难以与之互动或建立联系。然而，将没有准备好开始体育锻炼与缺少体育锻炼的欲望进行区分是非常重要的。前意向阶段的个体可能想要开始或希望自己将要开始定期体育锻炼，但他们不准备开始的原因可能是知觉障碍、自我效能感低（即没有信心，不认为自己可以定期体育锻炼），或是不知道如何开始。

意向阶段

处于意向阶段的个体有在未来 6 个月内开始定期体育锻炼的意向。他们对体育锻炼会带来的众多收益了解得更多，并且也清楚体育锻炼的缺点或弊端。因此，他们可能对体育锻炼持有矛盾的态度。有时，这种矛盾过于深刻会导致个体停滞在意向阶段，这种情况被称为"长期意向阶段"。出现这种情况的个体往往缺乏采取定期体育锻炼所需的信心和信念。

准备阶段

处于准备阶段的个体有在未来 30 天内开始定期体育锻炼的意向，他们通常会采取一些步骤来接近目标，比如不定期体育锻炼、或每天利用不到 30 分钟的时间进行体育锻炼，会针对如何进入下一阶段制定计划。他们最适合采用刺激个体采取定期体育锻炼行为的传统讯息和计划（比如"说做就做"），并且对自己更有信心，更加肯定自己可以定期体育锻炼。

行动阶段

处于行动阶段的个体在过去的 6 个月内已经开始了定期体育锻炼，并积极利用行为决策来培养体育锻炼习惯。当他们遇到困难时（比如天气恶劣，受伤或与计划发生冲突），如果没有提前计划好，可能会退回到前一阶段。

坚持阶段

处于坚持阶段的个体已经保持定期体育锻炼一段时间(通常是 6 个月以上),并且对自己保持这项行为改变的能力更有信心。近期有研究显示,自信水平或自我效能感是预测个体是否会在坚持阶段停止体育锻炼的最佳指标[11]。

掌握个体发展过程的动态

我们在下文中将会说明,个体所处的变化阶段对干预策略的选择和讯息的传递有着重要的影响。同样,阶段范式对于重新定义 "成功" 在与访客合作、引导其采取或保持体育锻炼时的含义具有重要意义。迈向变化的下一阶段是访客的合理目标,也是后期取得成功的关键因素。实际上,引导访客向前迈进一个阶段后(比如,从前意向阶段到意向阶段),在未来 6 个月中他们采取有效行动的可能性增加了近一倍;前进两个阶段,采取行动的可能性增加了两倍[29]。那么,该如何引导访客实现目标呢? 关键就在于让访客采取与自身变化阶段相匹配的行为改变策略。

本文提到的策略均来源于 TTM 中行为改变的内容架构,比如决策权衡、自我效能以及变化的 10 个过程等。

优点与缺点(利与弊)

决策权衡是指个体在变化会带来的优点(比如收益)与缺点(比如困难、障碍或代价)中做出权衡[31]。全面回顾 48 种健康行为所带来的所有利弊后[10],发现各阶段的利弊都有固定的模式。前意向阶段的弊大于利,而行动阶段的利却大于弊。各阶段利弊之间的关系对干预策略的选择有重要意义。对健康专家和其他保健护理员来说,关键就在于:

1. 增加收益能起到的效果是减少弊端的两倍。
2. 在早期阶段,扩大个体的收益是至关重要的。
3. 在意向阶段就要开始处理后期将会遇到的障碍。

自我效能感

自我效能感指个体对自己是否有能力去做或完成某一特定行为所持有的信念[3]。在基于 TTM 的体育锻炼干预中,自我效能感可以看作是做出或坚持改变的自信心,自信心一般在前意向阶段水平较低,并随阶段递进而递增[8]。鉴于自我效能感的重要性,我们需要通过引导访客确立和完成小目标来提前建立自我效能感,这些小目标的完成能够让访客有信心面对日益严峻的挑战。比如,某人目前没有参与任何体育锻炼,但是有意向在未来

6 个月内开始体育锻炼，那么先为他 / 她制定一个合理可行的目标，让他 / 她逐步开始体育锻炼（比如，1 周 3 次，每次 10 分钟），达成目标后再逐渐增加频率和强度，这样对他会很有帮助。

变化的过程

变化过程[25, 26]（见表 4.1）代表了个体在变化阶段中所使用的隐性和显性行为改变策略[26]。研究表明，个体在早期阶段通常会注重变化的经验过程（即认知、情感、评价），而在后期阶段会更多地依赖于行为过程（即社会支持、承诺、行为管理技巧）[28]。进一步的研究表明，体育锻炼变化各阶段的变化过程有显著差异[4, 18, 21, 30, 33]，每个过程中所用到的策略又有所不同。比如，如果想要增强意识，可以阅读一些与体育锻炼的重要性有关的图书或报道；可以与保健护理员或指导师交谈，根据个人健康史和身体限制（如有），寻求最适合的体育锻炼方式；可以与朋友交谈，了解他们喜欢的体育锻炼类型；可以查阅当地健身房或健身设施的网站，了解他们提供的服务类型；或者对个人在一周内所做的身体活动进行记录（书面记录或记录在应用程序中均可）。表 4.1 中，第一列列出了每项变化过程的书面名称和（相对）非正式名称。图 4.2 说明了各变化阶段中与之密切相关的变化过程。

表 4.1　变化过程

变化过程	描述	策略举例
经验过程		
意识唤起（开始了解）	了解一些支持体育锻炼的新证据、观念和建议	阅读体育锻炼与健康的书籍和杂志，或浏览相关网页。
情感唤起（关注感觉）	体验由不进行体育锻炼时健康状况所带来的消极情绪（恐惧、焦虑），或由定期体育锻炼带来的积极情绪（比如受到鼓舞）	思考身边有严重健康问题的人，他们本可通过定期体育锻炼来预防疾病。他们缺少身体活动所导致的健康问题会困扰你吗？
环境再评价（注意你对他人的影响）	意识到不进行体育锻炼对他人以及社会所带来的负面影响，以及参与体育锻炼可能会带来的正面影响	思考不参与体育锻炼会给孩子、家人、朋友和同事带来的影响。
自我再评价（创造一个新的自我形象）	意识到定期体育锻炼是个体个性的重要组成部分	自我审视：作为一个没有定期体育锻炼的人，对自己有什么看法？如果定期体育锻炼，会有什么不同的感受？
社会性解放（注意社会趋势）	认识到社会规范在向支持体育锻炼方向转变	举例说明支持体育锻炼的社会变化（比如徒步路径）。

续表

变化过程	描述	策略举例
行为过程		
自我解放 （作出承诺）	相信自己能够定期体育锻炼，并下定决心要做出改变	确定开始定期体育锻炼的日期，并将计划告诉朋友、家人和同事。
支持关系 （获得支持）	寻求并利用社会支持去开始或继续体育锻炼	加入成人运动小组，或邀请朋友饭后散步。
反条件作用 （利用替代物）	用可选的健康行为或思维替代不健康行为或思维	用骑自行车上班取代开车。
强化管理 （利用奖励）	从内在和外在增加体育锻炼后的奖励，并减少久坐后的奖励	达到体育锻炼目标后，奖励自己一套新运动服。
刺激控制 （控制自己所处的环境）	减少会导致你久坐的提示或暗示，增加会让你进行体育锻炼的暗示	将跑步鞋和运动服放在门口，提醒自己利用午休时间跑步。

阶段	前意向阶段	意向阶段	准备阶段	行动阶段	坚持阶段
变化过程	意识唤起 情感唤起 环境再评价 社会性解放　　自我再评价　　自我解放 支持关系 强化管理 反条件作用 刺激控制				

图 4.2　变化阶段的过程

 ## 循序渐进

传统行为导向干预的基本假设在于每个人都准备做出改变，而阶段范式的基本假设则完全不同，它假设大多数人都没有做好改变的准备。这种假设上的差异让活动指导师能够使访客在正确的时间采用最有效的策略，去做好采取或坚持日常体育锻炼的准备。因此，在恰当的时间利用特定的过程可以促进访客向下一个变化阶段转变。

第一步，评估变化的准备程度：根据访客需求定制对应的干预程序或讯息可以增加他 / 她采取或坚持定期体育锻炼的可能性。首先，根据指南评估每位访客对体育锻炼的准备程度（比如，根据 ACSM 指南，每周适度运动 5 次以上、每次至少 30 分钟，每周剧烈运动 3 次以上、每次至少 20 分钟，或其他组合方式[2]）。了解他 / 她对终极目标——体育锻炼水平达到公共卫生建议标准的准备程度，这一点是非常重要的。如果访客在身体上有所限制、无法完成该水平的体育锻炼，根据其医护人员的建议，制定一些相对安全的体育锻炼项目，评估访客对这些项目的准备程度。分开评估访客各主要肌群对耐力训练的准备程度，与对每周 2~3 次大肌肉群运动或每周 2~3 次以上柔韧性运动的准备程度[1]。

第二步，针对个体对改变的准备程度选择干预策略：完成对访客准备程度的评估后，利用下文提到的建议来引导他们进入下一阶段。比如，如果访客正处于意向阶段，利用下文"意向阶段"部分描述的干预策略。我们还提供了各阶段可供参考的示例活动[25]。这些活动是为访客准备的资料，因此以访客为视角进行编写。如果需要更多关于如何成功应用 TTM 理论的指导，可以加入由支持行为改变组织为 TTM 理论应用所建立的网络学习小组（详情请参阅 www.prochange.com/e-learning ），或查阅《掌握变化：利用迁移模型指导访客的教练指南》[24]。

前意向阶段

前意向阶段的目标是让该阶段的访客将进入意向阶段视为成功。该阶段的访客没有做好采取行动的准备，因此刺激他们采取行动可能会导致中途退出或士气低落。提供信息是促使行为改变过程开始的好方法。记住，虽然他们没有做好开始定期体育锻炼的准备，但他们可能会愿意设定一个小目标（比如，每周花几分钟时间锻炼一次），如果他们没有做好设定这种目标的准备，需要寻找一个他们认为合理的目标。

前一项阶段的示例活动，见实用工具箱 4.1。

前意向阶段：关键的干预策略

增加收益

- 引导访客列举体育锻炼能给自己带来的收益：他们将如何从定期体育锻炼中受益？这些收益中他们能切身体会到的有哪些？
- 为访客提出的收益提供更多证据，并提出一些其他的收益，尤其是一些特有的收益
- 至少为访客列出 75 条收益
- 引导访客筛选出与其个人利益相关度最高的前十条收益

提高体育锻炼意识——加深访客对体育锻炼的了解

- 提高访客对久坐行为后果的认识（例如：向医护人员咨询久坐行为如何影响其健康）
- 仔细观察（例如："你反映过停止体育锻炼后感到精力不足…"）
- 鼓励访客通过媒体、医护人员、朋友等渠道了解更多关于体育锻炼的讯息（例如：要求他们注意与体育锻炼有关的标题）

社会性解放——关注社会趋势

- 引导访客找出一些因支持体育锻炼而发生的社会性变化；举例补充他们所提到的变化
- 引导访客关注其他令体育锻炼更便捷的社会转变，包括：

- 散步小径
- 商业区或工作场所健康项目提供的免费或廉价锻炼计划或锻炼课程
- 筹款项目（比如：白血病学会的训练团队）：以为公益事业筹集资金为目标引导访客进行体育锻炼
- 居家体育锻炼方法日益增多（比如：舞动、热舞革命、Wii 运动和 Wii Fit 这类电子游戏，以及 Netflix 出品的健身光盘）
- 移动无线技术通过将健身程序和追踪器（例如：Nike+ 或 mapmyrun.com 这类健身相关应用程序）下载到手机或 MP3 播放器，让体育锻炼和追踪身体活动变得更容易。

环境再评价——关注你对他人造成的影响
- 引导访客思考不参与体育锻炼会给孩子、配偶、朋友和家庭带来何种影响
- 了解访客是否给他人带来了自我满意的示范
- 了解访客身边是否有人需要应对久坐行为造成的潜在后果（比如慢性病、身体受限、早逝）

 实用工具箱 4.1

前意向阶段的示例活动：增加收益

　　处于前意向阶段的你通常没有将注意力集中在定期体育锻炼的正当理由，当发现更多的正当理由或更加了解体育锻炼的收益时，那么你就更容易采取下一步行动——即做好准备开始体育锻炼。

　　以下是定期体育锻炼会给你带来的 75 种收益。

　　哪些收益对你来说是最重要的？当你做决定的时候一定要考虑到这些收益。

体育锻炼能从很多方面改善健康状况：
- 能更好地控制体重
- 能降低早逝的概率
- 能提高生活质量
- 能减轻体重，尤其是当你减少热量摄取的时候
- 能改善心、肺、肌肉的健康状态

体育锻炼能降低罹患以下疾病的概率：
- 冠心病
- 糖尿病
- 高血压
- 骨质疏松症（脆骨）
- 卒中

❑ 抑郁

❑ 痴呆

❑ 憩室炎

❑ 胆结石

❑ 结肠癌

❑ 乳腺癌

❑ 子宫内膜癌

❑ 肺癌

❑ 髋部骨折

体育锻炼有助于提升整体幸福水平：

❑ 体育锻炼能让你精力充沛

❑ 定期体育锻炼有助于应对压力

❑ 定期体育锻炼能使你放松

❑ 定期体育锻炼能改善你的睡眠质量

❑ 定期体育锻炼能控制你的食欲

❑ 定期体育锻炼能让你更强壮

❑ 体育锻炼能改善你的情绪

❑ 体育锻炼能增强你的耐力

❑ 体育锻炼能减轻痛苦

❑ 体育锻炼能降低体脂

体育锻炼对心脏有好处：

❑ 有助于提高"好"胆固醇水平（高密度脂蛋白 HDL）

❑ 有助于降低"坏"胆固醇水平（低密度脂蛋白 LDL）

❑ 提高心脏病二次发作时的存活概率

❑ 降低血管栓塞的概率

❑ 降低静息心率

❑ 减少心律失常

❑ 改善循环功能

体育锻炼有助于改善自我形象：

❑ 增强自信心

❑ 提高自尊水平

❑ 状态更佳

❑ 矫正姿态

❑ 提高效率

❑ 增添生活乐趣

❑ 提高幸福感

❑ 提升自我价值

体育锻炼有助于改善整体健康状况：

❑ 免疫系统能更好地运作

❑ 身体能消耗胰岛素

❑ 加快新陈代谢

❑ 肌肉能消耗更多能量

❑ 强健关节

❑ 强健骨骼

❑ 降低患勃起功能障碍的概率

❑ 改善排便

❑ 强健肌肉

日常生活也会发生变化：

❑ 紧张和焦虑感减少

❑ 体力更好

❑ 警惕性提高，做事更专注

❑ 记忆力提高

❑ 更灵活

❑ 身体更协调

❑ 紧张性头痛有所缓解

❑ 降低跌倒的频率

❑ 缓解或预防腰痛

❑ 肌肉紧张有所缓解

❑ 更耐热，也更耐寒

❑ 增加性欲，提高性能力

❑ 患病概率有所降低，因此减少缺勤

❑ 能以新方式挑战自己

❑ 能更好地控制脾气

❑ 能暂时地逃离某些事情

❑ 平衡感更佳

❑ 工作状态更佳

❑ 衣服更合身

> **其他人也能从中受益！**
> ❑ 亲人不用再担心你的健康状态
> ❑ 你能带头做出健康的选择
> ❑ 你能给孩子，家人，朋友树立健康的榜样

意向阶段

　　意向阶段的目标是让该阶段的访客将进入准备阶段视为成功。该阶段的访客正准备采取行动，因此在他们做好准备之前仓促令其开始定期体育锻炼很可能没有任何效果。对意向阶段的访客来说，真正的问题在于他们可能会由于自身的矛盾而陷入"长期意向阶段"中。他们察觉了定期体育锻炼的意义，但仍强烈地意识到它的障碍或缺点。鼓励他们采取小目标能促使他们继续前进，小目标获得成功可以增加其自信心，帮助他们更清楚地意识到体育锻炼所带来的收益。

　　意向阶段的示例活动，见实用工具箱 4.2。

意向阶段：关键的干预策略

利大于弊

- 了解哪些收益对访客是最重要的
- 承认改变会付出代价，但避免争论改变是否"值得"
- 引导访客通过以下方式删减所列出的体育锻炼弊端：
  - 将弊端与逐渐增多的收益进行比较
  - 思考弊端相对于收益的重要性
  - 挑战自我，克服弊端

意识唤起 - 开始了

- 引导访客记录自身体育锻炼情况或佩戴计步器，观察运动量和运动时间（如有）
- 鼓励访客提出问题，并搜索更多讯息（例如，根据自身喜好与日程搜索可选的体育锻炼场所，或与朋友讨论他们如何安排时间进行体育锻炼）
- 了解访客近期阅读的相关新闻或报道（例如，国家公共电台关于增强老年人记忆力的报道等），鼓励他们查阅更多相关报道

自我再评价—创造新的自我形象

- 引导访客思考与自我形象相关的问题："作为一个没有定期体育锻炼的人，我如何看待自己？"
- 引导访客描述理想形象

- 引导访客思考如果定期体育锻炼,自我形象将会得到哪些改善
- 为访客提供形容词列表(比如,精力旺盛、呆滞、身材匀称、身材走样等)

情感唤起——关注感觉

- 了解访客身边是否有通过定期体育锻炼改善自身健康状况并提升幸福感的案例(朋友、家人、名人均可)
- 如果访客身边没有这类案例,分享你的经验,注意说明开始体育锻炼对一个所处阶段与该访客相同的人所带来的影响。
- 引导访客思考如果他们因为某种不健康的生活方式而被诊断出慢性病,比如糖尿病或心脏病,他们会有什么感觉? 他们会后悔没有体育锻炼吗? 他们会担心过早死亡吗? 那么我们该如何对定期体育锻炼采取小目标方法来帮助他们处理这些情绪?
- 鼓励访客采取小目标(建立自我效能)
  - 给访客提供一些朝向目标的小目标供他们选择(例如,每天步行 10 分钟,每周参加一次体育锻炼课堂,用走楼梯的方式取代乘电梯,与自己的医护人员预约时间谈一谈体育锻炼问题)
  - 引导访客从你所建议的小目标或者他们自己经历过的小目标中进行选择。再次与访客一起检查他们的完成情况

 实用工具箱 4.2

意向阶段的示例活动:克服障碍

你可能还在疑虑定期体育锻炼是否值得尝试。改变旧习惯是一个巨大的挑战,尤其是当你第一次做出改变的时候。以下三种策略可以帮助你解决可能遇到的问题或障碍,在下表中写下三个你将遇到的最大障碍,你会用哪种策略来克服各个障碍?

1. 列出定期体育锻炼会带来的收益或好处。(如果还没列出,可以参考实用工具箱 4.1 中所提到的"前意向阶段示例活动:增加收益")当你在列表中列举出更多收益时,缺点或障碍可能就显得不再重要。

2. 与不定期体育锻炼导致的严重后果相比,弊端仅仅只是一些小困扰。例如:

- 与患糖尿病或心脏病的风险相比,一节体育锻炼课程或一双新运动鞋的代价更大吗? 与通过体育锻炼所延长的寿命相比,你在体育锻炼上所耗费的时间更多吗?
- 如果不进行体育锻炼,你的体力和耐力都会随年龄增长而下降,与之相比,你在刚开始体育锻炼时所体验到的不适感更严重吗?

3. 用切实可行的方案或挑战来应对缺点或障碍。例如:

- 如果你没有完整的 30 分钟时间进行体育锻炼,可以分 3 次、每次 10 分钟锻炼。
- 你可以在跑步机上看喜欢的节目,这样时间会过得更快。
- 如果你在他人面前进行体育锻炼会感到尴尬,可以居家锻炼、参加体育锻炼初级课程、或避开高峰期去健身房,这样可以有效减少尴尬。
- 如果你无法支付健身房会员费,可以免费出去徒步、报名参加社区中心费用较低的课程,或关注健身房会员费的打折情况。

列出你的三大障碍:	列出三个可行的解决方案:

准备阶段

　　准备阶段的目标是让该阶段的访客将开始定期体育锻炼视为成功。引导他们选定日期,制定具体计划,并组建支持团队;鼓励他们预想可能遇到的困难情境(比如,旅行、繁忙的工作时间、恶劣的天气),并制定应急方案,以免偏离原计划。制定计划可以让访客对自己能够实现目标更有信心,鼓励和支持对他们来说也是至关重要的。

　　准备阶段的示例活动,见实用工具箱 4.3。

准备阶段:关键的干预策略

自我解放—作出承诺
- 通过以下方式,让访客坚定地做出开始定期体育锻炼的承诺:
  - 设定具体的开始时间,不要再等待时机
  - 与他人分享承诺(将承诺告知他人,发布在社交媒体或其他社交网站上等)
  - 创建具体的"行动计划",并收集计划所需的所有讯息
  - 写下自己的承诺、开始的日期和行动的计划

支持关系—获得支持
- 引导访客寻找会支持他们为改变做出努力的人
  - 想要做出类似改变的朋友
  - 亲人、家人、朋友、邻居、同事
  - 社交媒体好友

- 你，或在健身房、医护人员办公室等场所工作的其他员工
  - 引导访客尽可能地将所需鼓励与支持的类型和数量具体化
- 通过以下方式帮助访客：
  - 扮演支持者的角色
  - 寻找别的支持来源
  - 如果他 / 她逐渐依赖于你，减少你对他 / 她的支持作用（比如减少见面）。

自我再评价——不断创造新的自我形象

- 引导访客思考开始做出改变后，他 / 她对自己会有什么新的看法和感受。
- 将体育锻炼可视化（例如，让访客设想 3 到 6 个月或 1 年后的自己）
  - 他们会如何看待自己
  - 他们的健康状况会如何变化
  - 他们的外表会如何变化
- 下面是对可视化的一些补充指导[6]：
  - 找一个安静的地方，远离干扰，放松心情，深呼吸。
  - 填色—首先构想出一个蓝色的大圆（蓝色是令人放松的颜色），想象它们缩小成小圆然后逐渐消失。
  - 用体育锻炼画面填充场景，尽可能地具体详细。
  - 逐步添加细节，尤其是访客所描述的关于自己的细节。
  - 引导访客想象自己处于体育锻炼场景中的形象。仔细思考定期体育锻炼会如何改变他们的自我形象。引导访客生动描述想象中的体育锻炼任务和动作技巧。
  - 最后，引导访客深呼吸，慢慢睁开眼睛，适应真实的外部环境。

反条件作用—利用替代物

- 鼓励访客用有益健康的想法来取代无益健康的想法。你可以与他们分享以下例子：
  - 如果感到疲劳，告诉自己体育锻炼后你能获得多少精力
  - "当你觉得有压力时，体育锻炼可以让你远离烦恼。"
  - "当你认为自己太忙时，提醒自己，体育锻炼是保证身体健康的重要因素。"

 实用工具箱 4.3

准备阶段的示例活动：作出承诺

　　在开始任何体育锻炼计划之前，一定要与医生商量，确保他 / 她对你的体育锻炼计划没有任何顾虑或建议，当医生认可你的计划时，就可以勇往直前了。

　　1. 设定目标

　　从下列选项中选取你的具体目标。

☐ 150 分钟中等强度的体育锻炼（每周至少做 5 次，每次至少 30 分钟）

☐ 75 分钟高强度的体育锻炼（每周至少做 3 次，每次至少 20 分钟）

☐ 将中等强度与高强度的体育锻炼结合，结合后的运动量可以达到上述目标（假定高强度体育锻炼 1 分钟相当于中等强度体育锻炼 2 分钟）

☐ 将涉及所有主要肌肉群的耐力训练重复 8 到 12 次，每周做 2 到 3 次

☐ 训练平衡性、协调性和敏捷性，每周 2 到 3 次

☐ 进行涉及各主要肌肉群的柔韧性训练（每次训练 60 秒），每周至少 2 次

2. 寻找合适的体育锻炼方式

如果你找到了能达成自己体育锻炼目标，并确实喜欢的体育锻炼方式，那么养成体育锻炼习惯就会更加容易。

美国最流行的体育锻炼方式是徒步，但你可能会更喜欢骑健身脚踏车、游泳、跳尊巴舞、上健身课、做瑜伽、打篮球或举重。

关键在于首先要考虑清楚你想从体育锻炼中获得什么，然后再为自己寻找合适的体育锻炼方式。

我选择的体育锻炼方式是：＿＿＿＿＿＿＿＿＿＿＿＿＿＿＿＿＿＿＿

3. 设定开始日期

你将从什么时候开始定期体育锻炼？

研究表明，设定开始日期将有助于：

● 在下个月中挑一天开始

● 选出一个可以调节的日子

● 选出一个不会太紧张的日子

● 在备忘录（在你的计划或电话等）上注明日期

我将于＿＿＿＿＿＿＿＿开始定期体育锻炼。

4. 与他人分享承诺

与他人分享承诺要比独自做出的承诺更坚定，每当你向别人承诺你要开始定期体育锻炼时，就更加坚定了自己的决心。

通过以下方式来加强你进行体育锻炼的决心：

● 决定你将与谁分享承诺，并

● 告知他们你的计划内容。

你将与谁分享你的计划？

我会告诉：

＿＿＿＿＿＿＿＿＿＿＿＿＿＿　　　＿＿＿＿＿＿＿＿＿＿＿＿＿＿

＿＿＿＿＿＿＿＿＿＿＿＿＿＿　　　＿＿＿＿＿＿＿＿＿＿＿＿＿＿

你会怎样告知他人？可以参考以下方法：

● 在社交媒体上更新状态："我将开始一项体育锻炼计划!"

● 告知你的朋友、家人和同事："我想与大家分享我的体育锻炼计划；分享会帮我坚持下去；我打算从_____开始。来体育馆／游泳池／路上／散步小径找我！"

● 发送以"我承诺要开始实行体育锻炼计划"为开头的电子邮件、短信或即时信息。

● 在冰箱上贴便签："体育锻炼计划开始于_____！"

● 下载手机应用程序：像 Runkeeper 这类应用程序，不仅可以为你监测体育锻炼情况，还可以将你的体育锻炼情况及结果上传到社交媒体上。

不要再继续等待了！让更多人知道你将开始定期体育锻炼！

5. 制定行动计划

如果提前做好计划，你成功的可能性就会更大。制定计划的时候，越详细越好，要考虑好你将如何应对可能发生的任何障碍。例如，制定一个遇到坏天气时的体育锻炼备用计划。

我的行动计划
开始日期：
体育锻炼的具体时间：

我的体育锻炼计划					
	锻炼时间	活动	地点	时长／距离	备用计划
周一					
周二					
周三					
周四					
周五					
周六					
周日					

为确保我会进行体育锻炼，我需要：(报名参加体育锻炼课程、提前准备好运动服等）

在开始之前,我需要:(购买新运动鞋,制定体育锻炼计划等)

_____

我还需要做什么?

_____

行动阶段

行动阶段的目标是让该阶段的访客坚持定期进行体育锻炼,鼓励他们提前做好计划,以免中途退出,提醒他们未能计划就意味着计划失败。制定具体计划来处理任何潜在的困难情况(比如假期、工作压力、健身房关闭等情况)能让访客保持自信心水平,这在行动阶段非常重要。同时,如果访客的计划出现失误,要注意安抚访客情绪,强调出现失误是常见的,重要的是评估问题出在哪里,制定出应对未来情况的方案,并尽快回归原计划。

行动阶段的示例活动,见实用工具箱 4.4。

行动阶段:关键的干预策略

反条件作用——利用替代物

- 引导访客用积极行为代替消极行为[例如:"与其等到一天结束时去体育锻炼(这时很可能不想去了),不如在一天开始时去体育锻炼"]。
- 引导访客通过可行的积极想法来挑战消极想法(例如:"我会将体育锻炼视为一份给自己的礼物,而不是一项令人厌烦的任务")。
- 与访客共同解决问题,找出适合他们的行为方案。

刺激控制——控制自己所处的环境

- 引导访客辨别并回避会增加他们久坐可能性的人、地点和事物(例如:需要坐一整晚的演出、忙碌的日子、从不体育锻炼的朋友、旅行等),并制定相应应对方案。
- 鼓励访客利用各种提示来提醒自己进行体育锻炼,比如写便签、在日程表中安排体育锻炼时间,或报名参加体育锻炼课程,这样他们就有了体育锻炼的具体时间。
- 引导访客找到方法来调整自己所处的环境,让体育锻炼变得更方便(例如:与同事在午休时间进行体育锻炼,把运动包和运动鞋留在车内方便下班后去体育锻炼等)。

支持关系——获得支持

- 鼓励访客寻求别人的支持,尤其是从那些定期体育锻炼的人身上。
- 引导访客尽可能详细地说明他们所需支持和鼓励的类型和数量。
- 告知访客,支持可以来自专业人员,也可以来自个人(如教练、医护人员等)。
- 提醒访客,他们可能需要随着时间变化来调整支持团队。

强化管理——利用奖励

- 引导访客关注定期体育锻炼带来的内在收益（精力更好、血压降低、自信水平提高、自尊水平提高、效率更高等）

- 鼓励访客用积极的自我肯定来支持自己。

- 了解访客是否想要用有形的奖励来鼓励自己达到了各种短期、长期目标或里程碑（例如：在完成 3 个月的定期体育锻炼后，奖励自己新的运动鞋或运动服）。

自我解放——作出承诺

- 鼓励访客再次坚定定期体育锻炼的承诺，并告诉他们你相信他 / 她有能力完成。

 实用工具箱 4.4

行动阶段的示例活动：利用替代物

用新习惯和思维方式取代旧习惯和思维方式是坚持定期体育锻炼的秘诀之一。以下事例将向你展示他人如何作出有益健康的选择。

姓名	旧思维方式	有益健康的新选择
Paul	"以前当我去健身房时，看到器械有人使用就会感到不满。所以我往往会改变主意，没有体育锻炼就离开。"	"现在，我都是早上在健身房人不多时去体育锻炼。如果早上我没有去，就会外出慢跑，做深蹲、仰卧起坐、俯卧撑、压腿，或在家中进行负重训练，以此完成每日锻炼。"
Jack	"以前我总觉得很难抽出时间体育锻炼，因为我把所有其他事情都放在优先位置。"	"为确保我能进行体育锻炼，我在日程中作出时间安排。这个方法很有效，现在我把体育锻炼当作约会。少数几次不想去的时候，我告诉自己可以只去几分钟，如果我想停止就可以停。但我从来没有停止过，一旦开始运动，感觉就会变好。"
Daniel	"以前当我感到有压力的时候，就不会去体育锻炼。"	"现在，我提醒自己，体育锻炼是控制压力的最好方法之一。体育锻炼后，我总是感觉好多了，并且体育锻炼使我更有效率。"
Lyla	"以前我常常在晚上沉迷于电视。"	"现在，我告诉自己，可以把观看一期节目所花的一个半小时时间用来散步。去年有报道称观看太多电视实际上会令人发胖（观看半小时电视仅能消耗 36 卡路里，而快走半小时能消耗 148 卡路里。）"
Terry	"我容易厌倦。"	为了保持自己的运动兴趣，我增加了锻炼项目的多样性，每周我花两天走路，两天游泳，两天去健身房进行器械训练，交叉训练给我尝试新事物的信心，我觉得自己变强壮了。

现在，思考自己需要进行改变的旧想法或行为，找出至少一种替换方案。

旧的想法或行为	新的想法或行为

坚持阶段

坚持阶段的目标是让该阶段的访客养成定期体育锻炼的终身习惯。协助访客提前做好规划，避免在特殊情况（主要压力源）下发生变故。如果访客发生了小变故，鼓励他们回归正轨，以防止小变故转变为大退步。

坚持阶段的示例活动，见实用工具箱 4.5。

坚持阶段：关键的干预策略

刺激控制——继续控制

- 引导访客辨别出要坚持体育锻炼所必须避免的所有人、地方或情况。
- 鼓励访客继续利用提示来提醒自己进行体育锻炼。
- 了解访客是否将环境改造得足以确保他们会坚持体育锻炼。

反条件作用——继续利用替代物

- 鼓励访客保持他 / 她的积极想法（经验法则：每种消极想法都要找出三种对应的积极想法）。
- 引导访客提前做好应对困难局面的计划，增强他们的信心。
- 提醒访客多数退步都发生在应对困难局面时，虽然不能避免困难局面，但可以避免退步。
- 提醒访客体育锻炼是缓解压力和改善情绪最好的方式之一，其他应对困难局面的方法包括寻求支持和放松心情。

强化管理——利用奖励

- 鼓励访客在完成各种目标或克服可能遇到的变故后奖励自己。

获得支持

- 鼓励访客根据需要去寻求支持。
- 提醒访客在现阶段可以向别人提供支持，这样可以增加他们的收益。

循环

- 许多访客在进入永久坚持期之前会经历退步。
- 鼓励访客将阻碍／退步视为学习和提前做好准备的机会。
  - 鼓励他们将挫折看作是暂时的
  - 引导访客分析变故，为再次发生同样情况制定出不同的行为方案
  - 鼓励访客坚持他们正努力达成的形象，并鼓励他们将自己塑造成享受这一过程的人
  - 如果访客出现变故、没有定期体育锻炼，引导访客重新评估自己所处的阶段

 实用工具箱 4.5

坚持阶段的示例活动：提前计划、保持高度自信

坚持定期体育锻炼后，你会对自己能否继续坚持体育锻炼更有信心。

然而，在未来几年里，你可能面临新的情况，它将挑战你对自己坚持体育锻炼的信心。阅读以下故事，了解他人如何处理困难情境，然后回答下列问题。

困难情境：Stacey

Stacey 在过去的一年多时间里一直把散步当作保持健康和维持体重的一种方式，然而冬季她在冰上滑倒，并扭伤了脚踝。

当她脚踝痊愈时，已经是春季，虽然地面不再结冰，但她还是不想出去散步。她知道自己需要体育锻炼，尤其是在发现春天的衣服不再合身后，更确定自己需要体育锻炼。

隔段时间，她终于在某天穿上运动鞋去散步了，"这种感觉真的很美好！我不知道为什么我等了这么久。我的身体需要这些！"

从那以后，她恢复了定期散步，并感觉很好。到了临近冬季时，她甚至存钱购买跑步机，今年冬季，她不会再滑倒在冰面上！

设想如果不能进行定期体育锻炼，你会用什么活动来代替呢？

困难情境：Brian

Brian 为了得到晋升，一直努力工作。他很擅长自己的工作，并且将休息时间投入到工作中以应对晋升的竞争。

他感到压力很大，总觉得自己需要用整日工作来表明晋升的决心，因此他必须停止跑步，这是多年来他第一次停止体育锻炼。停止跑步很快就对他产生了影响，

到了停止跑步第二周，他很难集中注意力，睡眠质量差，压力大，情绪低落。在他"全天工作，不休息"的第十天，他利用午休时间去跑步。"那次当我跑步回来，我的精力更旺盛了、注意力非常集中，因此下午和晚上的工作效率都很高。一旦你定期做某件事情，就很容易把它变成习惯。但是停止一段时间后，我意识到，出去跑步有助于我保持头脑清醒和心态平和，我必须坚持下去，才能集中精力工作。"

从那以后，不管天气状况如何，Brian 一定会利用每天午休时间去跑步。他学到了关于自我调节的一课——一直工作或者一直娱乐往往都会让人效率变低。在上级察觉他能以一种健康的方式全身心投入到工作中后，他得到了晋升！

Brian 发现，他没有定期体育锻炼就不能正常工作。如果你没有定期体育锻炼，你会发生什么变化？

体育锻炼对你达成目标有何帮助？

是否还有其他意想不到的情况会使你停止体育锻炼（例如：长期旅行、像上班路程变远这种日常生活的变动、像父母生病这种家庭需求的变动）？

你将如何处理这些意想不到的情况？

避免厌倦

坚持定期体育锻炼是一项艰巨的任务，它需要不断激励自己去执行某种行为，因此，很多人在采取或坚持定期体育锻炼时，通常会专注于做一个或少量几个不同类型的身体活动。鉴于这一原因以及其他的一些潜在原因，人们可能会对固定的体育锻炼模式感到厌倦。为了避免厌倦，应鼓励访客做到以下几个方面：

- 将更多种类的身体活动纳入固定体育锻炼模式中
- 通过改变固定体育锻炼模式来保持日常体育锻炼的趣味性
- 更换背景音乐
- 邀请不同的朋友加入他们

以下策略也可以帮助访客避免再次出现久坐行为和产生厌倦体育锻炼的想法。参考以下建议，与访客共同解决隐藏问题，制定避免厌倦的方案。鼓励访客积极参与讨论，指导他们制定出不同种类的日常体育锻炼计划。

监测体育锻炼情况以避免厌倦的示例活动，见实用工具箱 4.6。

避免厌倦的策略

- 引导访客将厌倦视为机会而不是障碍。这是一个好时机，让你终于可以去尝试不同的运动、去参加活动课程，或者去尝试一种新的体育锻炼模式。

- 了解访客希望从体育锻炼中取得何种收益，并确定哪些类型的活动能提供这种收益或结果。例如：如果他们想要增加力量，可以去练习举重，尝试激水漂流，或者跳尊巴舞；如果想要培养创造力，可以尝试滑板、滑雪、自由舞蹈、山地自行车、城市街舞、或轮滑；如果想要增加耐力，可以尝试登山、长跑、游泳；如果想促进身心融合，可以尝试练习瑜伽、太极、普拉提，或武术。

- 鼓励访客在搜寻有用讯息的同时，探索其他类型的体育锻炼。

- 引导访客关注尝试其他形式身体活动和体验不同身体活动所带来的美妙感觉，内化体育锻炼的动机。

- 引导访客多角度获取支持。比如：加入新的健身房、活动小组、休闲体育队或社区娱乐团体等。鼓励他们与不同的朋友、家人和／或同事一起进行体育锻炼。
  - 多数访客都是向体育锻炼专业人士寻求帮助。鼓励访客成为自己的教练，引导他们去寻找自己在日常体育锻炼中感到厌倦的究竟是什么（比如：缺少乐趣、对表现／结果不满），寻找实现预期效果的解决方法。

- 引导访客实事求是地评估自己的目标和期望，指导他们快速实现合理的短期、中期和长期目标。

- 引导访客追踪自己的进展，仔细观察他们体育锻炼的各方面，识别造成厌倦的原因。确保以下方面的监测：
  - 访客正进行哪种类型的体育锻炼，以及对这类体育锻炼的兴趣水平
  - 对运动强度的自我感知
  - 对每项训练的满意程度
  - 如果短期、中期、长期目标得以实现，制定这些目标是否合理？是否需要进行调整

实用工具箱 4.6

监 测 样 表

日期：＿＿＿＿＿＿＿＿＿＿＿＿ 体育锻炼地点：＿＿＿＿＿＿＿＿＿＿＿＿

活动类型	强度／所耗精力	体育锻炼时长

今天的训练是否可以让我达到<u>短期目标</u>?　是　　否

今天的训练是否可以让我达到<u>中期目标</u>?　是　　否

今天的训练是否可以让我达到<u>长期目标</u>?　是　　否

今天训练<u>前</u>,我的感受如何?

今天训练<u>时</u>,我的感受如何?

今天训练<u>后</u>,我的感受如何?

(如有)我能改变训练中的哪些部分来使我保持积极性和热情,并使我完成所有目标?

其他说明或评价:

预防退步

防止变故破坏访客为锻炼身体付出的所有努力,第一步要认识到变故和阻碍是可能发生的。就体育锻炼而言,避免久坐就是避免退步复发,因此预防退步的策略必须致力于应对久坐不动的想法。

预防退步的策略

- 鼓励访客承认自己会有不想训练的情况,并制定相应的解决方案。例如:
  - 如果他们喜欢跑步,但不喜欢在恶劣的天气外出跑步,他们可以去健身房跑步或自备跑步机。
  - 如果他们没有心情进行体育锻炼、需要社会支持,则需要给朋友打电话。
  - 关注体育锻炼带来的情绪改善,避免在情绪低落时逃避体育锻炼。

- 引导访客发现自己曾经在体育锻炼和健康方面获得的成就、成功和新知识；引导他们认识到必须克服自己现在所遇到的障碍，并且用这些丰富的经验使自己坚持定期体育锻炼。

- 鼓励访客为获得的所有成就而奖励自己。每当访客在行为上达到里程碑时（比如一周体育锻炼了 4 次，或者达成新目标时），都会奖励自己，但要提醒他们在获得其他成就时也要奖励自己，哪怕只是奖励自己一个积极的自我称赞（干得漂亮！我就知道我可以做到！）。举个例子，在完成了像预定体育锻炼房、订阅体育锻炼杂志、预约健身教练或安排自己参加集体健身班等这类小目标时，也要给自己奖励。

- 引导访客找出他们可能会去寻求帮助和支持的其他人和 / 或团体。给他们提供一系列含有体育锻炼课程的网站、休闲体育社团、地方公路竞赛和身体活动小组。

- 引导访客改变生活中会导致久坐行为的暗示。例如，他们能否在通常会导致他们久坐不动的地方（即起居室、卧室、家庭办公区等）留些体育锻炼器材（例如：轻量级杠铃 / 哑铃、弹性带）。

- 引导访客用有益健康的生活方式取代无益健康的生活方式。例如：帮助他们做下列方面的事情：
  - 在工作中召开散步会议。
  - 看电视时不再坐在沙发上，而是边看电视边骑踏步机。
  - 不再与朋友边喝咖啡边聊天，而是边散步边聊天。

- 引导访客订阅关于体育锻炼的杂志，将自己喜爱的关于身体活动的网站收藏起来，与他人交流关于如何坚持体育锻炼的具体问题，这样可以帮助访客不断更新体育锻炼策略、机会和收益；

- 引导访客监测并记录自我日常体育锻炼的发展、目标以及退步。日常监测是确定何时何地可能出现退步的关键。

本章前文中行动阶段提供了预防退步的其他技巧。

第 2 节　访 客 资 源

为了向访客提供指向行为变化过程的其他帮助，你可以提供以下免费资源方便他们获取行为改变技巧。

访客可用的关于行为改变的资源

- 网站：
- 疾病控制中心：http://www.cdc.gov/physicalactivity/index.html
- 美国国立卫生研究院：http://health.nih.gov/topic/ExercisePhysicalFitness；中老年人还可以浏览 http://health.nih.gov/topic/ExerciseforSeniors。

- 计算机定制干预措施
- 利用 www.prochange.com/myhealth 中生活方式管理软件来制作计算机循证定制干预措施。参与者可以全程参与干预措施的定制，这将为他们正处的行为变化过程提供个性化反馈，并对他们如何推动改变的进程而提出建议。程序演示详见 www.prochange.com/exercisedemo。该软件还包含有个人活动中心，里面有一些为了让最佳变化策略发挥作用而设计的互动活动。缴纳少量费用即可获取 1 年访问权限。参与者可以将计算机定制干预报告打印出来，与你或其他健康专家共享。

案例场景 4.1

Marianne 是一位 56 岁的女性，患有高血压和高血脂，身体质量指数为 27。健康计划的健康管理师从她的健康风险评估中发现她目前并未进行任何体育锻炼，因此将她纳入访客发展名单中。

当健康管理师第一次与 Marianne 通话时，她称自己在未来 6 个月内没有开始定期体育锻炼的意向。她解释称自己"工作繁忙，没有时间体育锻炼"，并称自己"非常健康，不需要体育锻炼"。她认为自己近五年中体重有所增加是因为更年期的到来。

Marianne 可能处于变化的哪一阶段？你建议采取何种干预措施？

_____

_____

_____

干预措施建议：

介绍体育锻炼会给她带来的收益。

降低她的自我防御：Marianne 将体重增加归因于更年期，说明她并未意识到久坐行为会导致体重增加。她所患的这些慢性疾病都可能会增加她罹患心血管疾病的风险，但她可能会否认这些疾病是由于久坐行为和超重状态造成的。向她介绍我们常用的防御措施，帮助她意识到她的自我防御，并降低这种自我防御。

询问 Marianne 的医护人员是否向她说明体育锻炼可以控制高血压和高血脂，如果没有的话，鼓励她向医护人员咨询——如果她体育锻炼的话，是否可以不再服用现需的药物？体育锻炼是否能够降低患糖尿病等疾病的风险？

Marianne 是否会关注有关体育锻炼的新闻报道和新闻标题? 再次通话之前,她能否找一篇有关体育锻炼的新闻并阅读?

Marianne 是否有孩子或其他年轻的家庭成员(比如侄子、侄女)? 她是否想要为下一代而延长寿命,或者说是否想要见证下一代的重要时刻(比如婚礼、生小孩)? 引导她思考如果开始体育锻炼,她能够为下一代树立什么榜样?

还有什么干预措施可能对 Marianne 有效?

Marianne 在未来 6 个月中没有定期体育锻炼的意向,所以她正处于前意向阶段。对前意向阶段访客有效的干预措施需要鼓励访客从身边定期体育锻炼的人身上得到启示。引导她思考以下几个问题:身边是否有因定期体育锻炼而改善健康状况的人? 那些人是怎么做的? 那些人的变化能否刺激她开始体育锻炼?

案例场景 4.2

Bill 是一位 33 岁的男性,没有明显疾病史,IBM 指数为 22。他在高中和大学时期经常打篮球,但他现在处于管理岗位,家里有一位刚出生的小孩,因此没有时间坚持打球。他称自己"考虑"在 6 个月内再次开始体育锻炼,但没有制定具体计划,并且他还报告称,当他完成工作并进行体育锻炼后再回家,到家的时间更晚了,看到妻子的负担似乎有所加重,他感到"很内疚"。

Bill 可能处于变化的哪一阶段? 你建议采取何种干预措施?

_____

_____

_____

干预措施建议:

压力大、时间紧、因陪伴妻儿时间少而内疚,这些是阻碍 Bill 进行体育锻炼的主要原因。应对这些障碍,需要引导他寻找一些实际可行的方法(比如:他能否在午休时间利用公司运动器材进行体育锻炼? 他能否骑车上下班? 这样的话,既能锻炼身体,又不用担心交通拥堵。他能否让妻子休息,将孩子放在婴儿车中带出去散步或慢跑?),或者将这些障碍与体育锻炼的收益进行比较(比如:体育锻炼能缓解工作压力、提高工作效率,并且体育锻炼能延长寿命,让他陪伴孩子更久)。

引导他向同事或朋友咨询如何安排时间进行体育锻炼? 是否有别的解决方法能够将体育锻炼纳入他的日程中(比如:找一个营业时间比较早的健身房,让他可以在上班之前去体育锻炼,晚上可以待在家里)?

让 Bill 列出他觉得有价值的或者对他来说很重要的东西，他的久坐行为能够让他得到这些东西吗？他希望在他的孩子心里留下这种久坐的形象吗？

他身边有没有尽力安排时间进行体育锻炼并因此受益的人可以支持他？有没有因无法体育锻炼及饮食不规律而使健康受到影响的同事？

他能否做出一些小改变，逐渐重新开始体育锻炼？

还有什么干预措施可能对 Bill 有效？

Bill 正处于意向阶段。对意向阶段访客有效的干预措施需要访客去思考不参与体育锻炼对其身边人所带来的影响。如果他定期体育锻炼，能否为孩子和身边人起到更好的榜样作用？

案例场景 4.3

　　Michelle 是一位刚毕业的 25 岁学生，她的身体质量指数为 25。虽然她身体健康，但她希望能减轻少量体重。她会通过在公寓健身房的踏步机上运动，或是去附近散步来达到每天进行 30 分钟体育锻炼的目标。最近，受体重下降速度过慢的影响，她坚持体育锻炼的意志有所减弱，她觉得自己目前应将时间利用在工作和承担社会责任上，因此难以坚持体育锻炼。她的问题在于高估了自己体育锻炼的强度与所消耗的能量，她表示自己将会在未来一周左右的时间内回归日常体育锻炼，但需要一些建议。

Michelle 可能处于变化的哪一阶段？你建议采取何种干预措施？

_____

_____

_____

干预措施建议：

鼓励 Michelle 再次下定决心开始定期体育锻炼，并引导她将关注点从体育锻炼可能会带来的减轻体重上转移到体育锻炼带来的所有好处上，引导她思考体育锻炼是否能让她感到更有活力，并且更加自信和健康。

鼓励 Michelle 在家人、同事和朋友面前表明重新开始体育锻炼的决心。

引导 Michelle 就如何体育锻炼以及何时开始制定详细的计划，设想可能会出现的问题，比如：当她工作到很晚或者天气不好时，该怎么办？

引导 Michelle 了解自己的运动强度，并介绍燃烧卡路里所需的时间和运动强度，如果想要达到她的理想效果，是否需要加大体育锻炼强度？

引导 Michelle 减少可能会妨碍她体育锻炼的消极想法，寻找一些可行的方法来进行体育锻炼。（比如：如果她的工作很忙，可以步行或骑车上班来增加运动量吗？或者可以坐公交的时候提前下车步行吗？如果她觉得自己在体育锻炼时脱离了社交圈，那么可以邀请朋友一起去远足或骑车吗？如果她厌倦了在踏步机上运动，并且没有达到预期，可以在日常体育锻炼中增加一些项目吗？）

还有什么干预措施可能对 Michelle 有效？

Michelle 正处于准备阶段。她曾处于行动阶段，并准备回归到行动阶段。为帮助 Michelle 达成她的目标，你可以建议她将社交网络发展为支持网络；建议她向身边重要的人寻求鼓励，并讨论该如何具体进行；了解她是否想在 Nike+ 这类应用软件中正式或非正式地向朋友们发起挑战。如果你觉得她不愿意这样做，LoseIt 这种封闭的社交网络可能会更适合她。

关键信息

第 1 章已经介绍过其他的行为理论和模型。本章详细介绍了 TTM 这种有效的干预理论如何帮助访客采取和坚持定期体育锻炼。评估每位访客对定期体育锻炼的准备程度，并以此调整你对他 / 她在变化阶段中的干预措施，这是非常重要的。如果你能够意识到个体在早期阶段的需求各有不同，并且能够将迈向下一阶段视为有所进展的话，那么就可以有效增加体育锻炼干预造成的影响。引导访客在采取行动前做好充分的准备可以降低他们退回早期阶段的概率，并且可以在他们退回早期阶段时引导他们更快地回到现有阶段。本章提供的建议和案例能够让你将访客群体不再局限于已经准备好采取行动的少数人，而是将访客群体扩大到处于不同阶段的个体，并为他们提供适当的策略[1,7]。

（吴恙译，王莜璐校，漆昌柱审）

参 考 文 献

1. American College of Sports Medicine. *ACSM's Guidelines for Exercise Testing and Prescription.* 9th ed. Baltimore (MD): Lippincott Williams and Wilkins; 2014.
2. American College of Sports Medicine. Quantity and quality of exercise for developing and maintaining cardiorespiratory, musculoskeletal, and neuromotor fitness in apparently healthy adults: Guidance for prescribing exercise. *Med Sci Sports Exerc.* 2011;1334–59.
3. Bandura A. Self-efficacy. In: Ramachaudran VS, editor. *Encyclopedia of Human Behavior.* New York: Academic Press; 1994. p. 71–81.
4. Blaney C, Robbins M, Paiva A, et al. Validation of the TTM processes of change measure for exercise in an adult African American sample. In: *Proceedings of the 31st Annual Conference of the Society of Behavioral Medicine,* 2010, Seattle WA.
5. Butterworth SW. Influencing patient adherence to treatment guidelines. J Manage Care Pharm. 2008;14(6 suppl b):21.
6. Centers for Disease Control and Prevention. *Health Behaviors of Adults: United States 2005–2007. Vital Health Stat Series 10,* Number 24, 2010.
7. Cox RH. *Sports Psychology.* 7th ed. New York: McGraw-Hill; 2012.
8. DiClemente CC, Prochaska JO, Fairhurst SK, Velicer WF, Velasquez MM, Rossi JS. The process of smoking cessation: an analysis of precontemplation, contemplation, and preparation stages of change. *J Consult Clin Psychol.* 1991 Apr;59(2):295–304.
9. Dunn AL, Marcus BH, Kampert JB, Garcia ME, Kohl III HW, Blair SN. Comparison of lifestyle and structured interventions to increase physical activity and cardiorespiratory fitness. *JAMA.* 1999;281(4):327–34.
10. Hall KL, Rossi JS. Meta-analytic examination of the strong and weak principles across 48 health behaviors. *Prev Med.* 2008;46(3):266–74.
11. Johnson S, Paiva A, Castle PH. Cluster analysis within the Maintenance stage: Profiles predicting relapse from

regular exercise. In: *Proceedings of the 31st Annual Conference of the Society of Behavioral Medicine*, 2010, Seattle WA.

12. Johnson SS, Paiva AL, Cummins CO, et al. Transtheoretical Model–based multiple behavior intervention for weight management: Effectiveness on a population basis. *Prev Med*. 2008 Mar;46(3):238–46.

13. Krebs P, Prochaska JO, Rossi JS. A meta-analysis of computer-tailored interventions for health behavior change. *Prev Med*. 2010 Sep;51(3–4):214–21.

14. Marcus BH, Emmons KM, Simkin-Silverman LR, et al. Evaluation of motivationally tailored vs. standard self-help physical activity interventions at the workplace. *Am J Health Promot*. 1998;12(4):246–53.

15. Marcus BH, Lewis BA, Williams DM, et al. A comparison of Internet and print-based physical activity interventions. *Arch Intern Med*. 2007;167(9):944.

16. Marcus BH, Lewis BA, Williams DM, et al. Step into motion: A randomized trial examining the relative efficacy of Internet vs. print-based physical activity interventions. *Contem Clin Trials*. 2007;28(6): 737–47.

17. Marcus BH, Napolitano MA, King AC, et al. Telephone versus print delivery of an individualized motivationally tailored physical activity intervention: Project STRIDE. *Health Psych*. 2007;26(4):401.

18. Marcus BH, Rossi JS, Selby VC, Niaura RS, Abrams DB. The stages and processes of exercise adoption and maintenance in a worksite sample. *Health Psych*. 1992;11(6):386.

19. Mauriello LM, Ciavatta MMH, Paiva AL, et al. Results of a multi-media multiple behavior obesity prevention program for adolescents. *Prev Med*. 2010;51(6):451–6.

20. Neville LM, O'Hara B, Milat A. Computer-tailored physical activity behavior change interventions targeting adults: A systematic review. *Int J Behav Nutr and Phys Act*. 2009;6(1):30.

21. Nigg CR, Courneya KS. Transtheoretical Model: Examining adolescent exercise behavior. *J Adolesc Health*. 1998;22(3):214–24.

22. Noar SM, Benac CN, Harris MS. Does tailoring matter? Meta-analytic review of tailored print health behavior change interventions. *Psychol Bull*. 2007 Jul;133(4):673–93.

23. Norman GJ, Zabinski MF, Adams MA, Rosenberg DE, Yaroch AL, Atienza AA. A review of eHealth interventions for physical activity and dietary behavior change. *Am J Prev Med*. 2007;33(4):336–45.

24. Pro-Change Behavior Systems, Inc. *Mastering Change: A Coach's Guide to Using the Transtheoretical Model with Clients*. Kingston (RI): Pro-Change Behavior Systems, Inc.; 2004.

25. Pro-Change Behavior Systems, Inc. *Roadways to Healthy Living: A Guide for Exercising Regularly*. Kingston (RI): Pro-Change Behavior Systems, Inc.; 2009.

26. Prochaska JO, DiClemente CC, Norcross JC. In search of how people change: Applications to addictive behaviors. *Am Psychol*. 1992 Sep;47(9):1102–14.

27. Prochaska JO, Evers KE, Castle PH, et al. Enhancing multiple domains of well-being by decreasing multiple health risk behaviors: A randomized clinical trial. *Popul Health Manag*. 2012 Oct;15(5):276–86.

28. Prochaska JO, Velicer WF, DiClemente CC, Fava J. Measuring processes of change: Applications to the cessation of smoking. *J Consult Clin Psychol*. 1988 Aug;56(4):520–8.

29. Prochaska JO, Velicer WF, Fava JL, Rossi JS, Tsoh JY. Evaluating a population-based recruitment approach and a stage-based expert system intervention for smoking cessation. *Addict Behav*. 2001 Jul;26(4):583–602.

30. Tseng YH, Jaw SP, Lin TL, Ho CC. Exercise motivation and processes of change in community-dwelling older persons. *J Nurs Res*. 2003;11(4):269.

31. Velicer WF, DiClemente CC, Prochaska JO, Brandenburg N. Decisional balance measure for assessing and predicting smoking status. *J Pers Soc Psychol*. 1985 May;48(5):1279–89.

32. Williams DM, Papandonatos GD, Jennings EG, et al. Does tailoring on additional theoretical constructs enhance the efficacy of a print-based physical activity promotion intervention? *Health Psych*. 2011;30(4):432.

33. Woods C, Mutrie N, Scott M. Physical activity intervention: A Transtheoretical Model–based intervention designed to help sedentary young adults become active. *Health Ed Res*. 2002;17(4):451–60.

第5章 指导身体活动行为改变的交流技能：如何说？

Heather Patrick , Ken Resnicow , Pedro J. Teixeira , Geoffrey C. Williams

概
要

专业人员面对的最大挑战之一就是身体活动咨询必须同时考虑个人动机因素（如：一个人是否想锻炼取决于他是否感觉到身体活动有障碍）和我们所处的社会文化背景。一些专业人员倾向于试图通过向来访者展示他们的错误方式来激励他们，他们采用的方式包括使用恐惧信息、劝勉或制订现成的锻炼计划，但这些方法通常很难奏效。事实上，就像现在发达国家大多数人都知道吸烟有害健康，人们也知道运动会使自己更加健康。然而，大多数人做得还不够，心动不如行动。

专业人员在激励和调动来访者进行身体活动上的作用是无可替代的。为你的来访者提供合适的动机支持包括理解他们不喜欢身体活动的原因，这些原因可能包括害怕、不适或者其他的抵触和矛盾心理的来源，以及不理解身体活动对其健康和更广阔生命价值的意义。以来访者为中心的咨询方法提供多种技术，专业人员能够通过维持来访者的最佳动机水平，从而带来长期而持久的健康行为的改变，这包括使他们成长和健康的自然趋势与其他人生目标和价值观保持一致。通过这种形式，来访者可以制定一套最适合自己特定需求、价值、优势、障碍和生活阶段的有规律的身体活动计划。由于来访者在解决障碍、探索身体活动的意义以及制定其身体活动计划中发挥着积极的作用，因此更能保持规律的身体活动方式。

在本章中，我们采用动机激励（MI）[32]和自我决定理论（SDT）[36,38]的观点去论证：专业人员使用以来访者为中心的咨询方法可以促进身体活动。我们选用这两个特定的理论主要有两个原因，第一，动机激励和自我决定理论在对那些可能对改变持有矛盾心理以及已经准备好改变的人中已经显示出有效性[32,38]；第二，越来越多的证据表明这些方法不仅能引发行为改变，而且能维持其行为。尽管动机激励和自我决定理论采用不同的方法呈现（动机激励是一种咨询方式，而自我决定理论是一种心理理论），但是二者在很多方面存在概念性互补[20,51]，并且它们都已经被用来介入引导健康行为的长期改变，包括戒烟、减少酒精摄入、增加水果和蔬菜的摄入、合理控制体重以及定期进行身体活动[19,38]。更多关于动机激励和自我决定理论之间在更高层次上区别的详细讨论已经在别处提供[29,50,51]。为了便于呈现，我们将讨论机激励和自我决定理论在各种环境和背景中所发挥的独特而互补的作用。因此，在任何给定情况下，我们不能绝对地说任何一个理论一定比另一个"好"。我们首先对动机激励和自我决定理论进行简要概述，以阐明其关于人类动机的基本假设，然后描述动机激励和自我决定理论使用的具体策略以及在临床实践中成功实施这些技术所需的培训。介绍了两个以来访者为中心的体活动咨询框架（5A 框架模型和动机激励的"探索，指导，选择"），并提供了有关这些方法的证据概述。尽可能包含示例和简短的对话，以帮助读者了解如何将这些技术付诸实践。

第 1 节　动机激励与自我决定理论综述

动机激励

动机激励是一套通用的临床技术,旨在解决来访者对改变的矛盾心理,克服对改变的抵触情绪并建立自主动机。动机激励从来访者的角度出发,使行为改变这一目标与其更广泛的目标与价值观相结合,而不是使用更多的指令性或强制性的方法。虽然它最初来自成瘾治疗,但现在已被用于矫正与慢性疾病预防和管理相关的一系列健康行为,包括健康饮食、身体活动和体重管理[19]。动机激励是一种"生存之道",它使用到本章后面介绍的策略,如反馈式倾听、共享决策以及促进改变的交流。

有效的动机激励被描述为"安慰受难者"和"折磨舒适者"之间的战略平衡[30],也就是说,动机激励技术需要在移情表达与建立足够差异(即个人当前行为与行为目标以及其他人价值观之间)之间取得平衡,以刺激改变的发生。事实证明,动机激励对于那些对改变持矛盾态度的人来说特别有效[3, 15, 24, 28, 31],一部分原因可能是由于动机激励具有非歧视性和鼓舞人心的特征。专业人员营造一个非对抗性和支持性的环境,让来访者可以轻松地表达自己对当前行为的喜好和不满意。从动机激励的角度来看,在改变之前探究矛盾心理往往很重要。

大多数专业人员会根据自己的知识和经验提供专业建议。他们这样做的一部分原因可能是为了节省时间,即以家长式的"我知道什么是最好的"方式起到激励来访者的作用。然而,过度死板的做法往往会适得其反,从而给来访者带来的阻力超过驱动力。使用动机激励方法,来访者要自己做很多心理工作,因此,专业人员在这一过程中会作为指导者去协助来访者确定其当前行为和目标行为的利弊,了解会阻止他们达到目标行为的因素(无论是在现实中还是在感知上),并形成一个探索和解决矛盾心理的行动计划。在动机激励理论中,专业人员通常不会直接尝试去否认或面对不合理或不适应的信念,相反,他们可能会巧妙地帮助来访者发现其思想和行为中的矛盾,并让他们去感受在当前行为与理想情况之间产生的差异。动机激励的专业人员很少尝试劝阻、哄骗或说服的方法,相反,鼓励来访者做出充分知情且深思熟虑的选择,即使是决定不做任何改变。专业人员会谨慎地避免强迫来访者,以免产生更进一步的抵触心理。

自我决定理论

动机激励是一套临床技术,因此在临床领域中具有广泛的实用性,相比之下,自我决定理论则是从基础社会科学发展成为一个用来理解人类动机的理论框架[5, 36]。最近自我决定理论的很多研究都集中在将其概念运用到临床之中,包括在身体活动领域[13, 39]。尽管自我决定理论和动机激励之间存在一些差异，但也存在很多概念上的重叠。关于动机激励和自我决定理论之间的互补性和区别性的详细讨论超出了本章的范围。然而，最近几个出版物已经很明确地在关注这个问题[20,26,29,47,50,51]。Williams 等人根据自我决定理论的原理开发并测试了在身体活动、戒烟、减肥和药物使用这些方面进行健康行为改变的需要——支持疗法[41,54,55]。自我决定理论使用了很多与动机激励一致的方法。此外，研究人员和专业人员都已经开始将自我决定理论作为事实上的理论观点，通过该视角去理解动机激励技术发挥如何以及为何起作用。

动机连续体

自我决定理论认为动机有两个核心部分：心理能量和能量导向的目标。自我决定理论阐明了从缺乏动机（如缺乏心理能量、没有理由参与某种行为、寻求特定的健康目标）到外在动机（从事某些可分离结果的行为）到内在动机（从事基于自己的享受或兴趣而不是任何其他可分离的结果的行为）的动机连续体。图 5.1 显示了动机连续体以及每种调节类型的示例，这将会在下文中详细描述。许多健康行为具有外在动机，也就是说，他们为了某种可分离的结果而参与某种行为（如消除或减少症状、改善生活质量或长寿、尽量减少来自配偶或临床医生善意的唠叨）。其他活动，如身体活动或健康烹饪也可能成为内在动力，也就是说，它们本身就可能很有趣，并且通过它们带来的乐趣使个体充满活力。

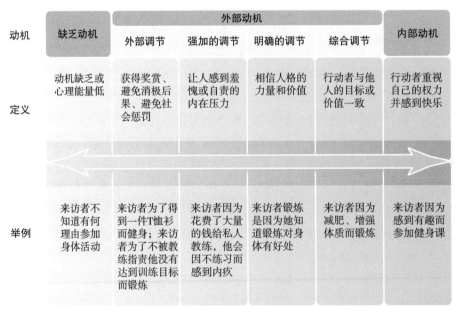

图 5.1   动机连续体

在动机连续体内，外部动机的几个等级在自我激励的程度上或多或少有所不同（如这些动机与自我的融合程度如何，以及它们与内在动机的相似程度如何）[5,35]。外部动机的内部化程度最低形式是外部监管，其特征是采取行为以获得某种奖励，如金钱激励或避免一些消极后果，包括社会制约，如不赞成或失望。内部监管与外部监管相似，因为行为也是出于压力或胁迫感来实现的。在这种情况下，人们对自己施加压力，力求让自己做到，从而在没有按照规定履行行为或没有达到某人的标准时，避免感到羞愧和内疚。

许多来访者可能会用这些"受控"的动机形式来促使自己进行身体活动。虽然这些形式的激励可能会持续一段时间，但与更自主或内在动机类型相比，这通常是短暂的，并且经常与心理健康状况较差相关。重要的是，尽管提供外在奖励来帮助人们开始规律锻炼的方法似乎是成效很明显，但广泛的基础社会科学研究（尤其是自我决定理论）的证据表明，这种策略可能会干扰内化过程[6,36,37]。例如，关于戒烟[4]和体重控制[26]的研究表明：外在金钱奖励所带来的改变一般是不会维持很长时间的。因此，任何通过使用奖励、社会惩罚或试图利用来访者自己的内疚感和耻辱感来达成的短期收益，都不如长期动机所带来的结果那么好。支持来访者发展更自主的、内在的动机形式是关键，因为内部动机已经显示出更大的行为持续性[40]。

认同调节是一种相对自主的外部动机形式，它的特征是相信目标行为对个体很重要且有意义，因此，它所激发的行为在一段时间内得以保持。例如，某人可能追求一个特定的身体活动目标——训练并完成马拉松赛，因为该个体认为这是一个重要的目标。最具自主性（即内化）的外部动机形式是综合调节，通过综合调节，个体认为行为是重要和有意义的，并且与其目标和价值观相一致。因此，在综合调节下，一个人可以训练和完成一次马拉松比赛，因为这个活动对于该个体而言很重要，并且也与其变得健康和积极这种更广阔的目标和价值观相一致。

重要的是，自我决定理论认为动机是动态的，也就是说，尽管人们在参与某种行为时可能有更多外部因素，但随着时间的推移，他们可能会发展出更多自主性或内在性原因。专业人员在促进（或阻碍）这一过程中具有不可取代的地位。此外，需要重点注意的是，不同类型的动机可以并且确实与任何行为共存，包括身体活动。例如，即使某人主要出于自主原因进行锻炼，但是一些内在动机还是可以存在的。从自我决定理论的角度来看，占主导地位的动机类型是影响锻炼能否坚持和感受是否良好的重要因素。

基本心理需求

基本心理需求的支持和阻碍是可以改变动机和自我调节的主要机制[6]。自我决定理论提出三个基本的心理需求：胜任力需要、归属需要和自主性需要。这些需求与动机激励的原则和技术是一致的。

- 胜任力需要

胜任力需要是指感到有能力实现预期结果的需要，这与在其他健康行为理论[1]中使用的自我效能（如信心）的概念有关（在第 1 章和第 3 章中也有提到）。探讨身体活动在心理上和实践中的障碍以及目标设定和行动规划可以满足来访者对于能力的需求。确认来访者所准备达到的身体活动水平（即完成最佳挑战，不是太难或是太易）也将满足他／她对于能力的需求。

- 归属需要

归属需要是指感到与他人相关联并被他人理解的需要。专业人员可以通过同理心，倾听来访者的担忧，并采用提问的方式对来访者阐述的内容寻求解释，从而满足这一需求。也可以通过更积极地进行身体活动来满足归属需要的需求。对于某些人来说，这可能意味着与他人一起锻炼或者研究如何进行身体活动可以改善他们的社会关系。

- 自主性需要

自主性是作为一个行为的发起者感受意志的需要。通过指导来访者的自我探索和目标设定，专业人员可以满足这一需求，从而激发来访者更理想、更持久的动机和自我调节形式。由于专业人员遵循以来访者为中心的原则，所以来访者对自主性的需求也会得到他们的支持；专业人员为来访者如何去改变行为提供选择或选项菜单，而不是强行使用自己的方案，尤其是在来访者表达自己很矛盾或提出反对行为改变的理由时。例如，当与来访者谈论可以促进健康和心血管平衡的运动类型时，一些来访者可能会很自然地想起由老师或健身教练让他们跑圈（通常是惩罚）的经验。作为一名专业人员，你可以提供给来访者可能希望尝试的活动列表，这些活动将达到相同的健康效益，但更加愉快（如杠铃操或尊巴这样的运动课程、跳舞、和朋友一起打篮球）。

如本文后面所述，专业人员可以通过使用诸如反馈式倾听之类的技术来防止强制推行自己的方案。对于专业人员来说，重要的是不要固执于特定的结果或进程。这样做会干扰来访者对行为改变方向的知情选择权，以及来访者和专业人员共同制订计划的所有权。

动机激励和自我决定理论技术和策略

我们现在提供一个关于动机激励和自我决定理论技术和策略的总体概述，这些技术和策略可在帮助来访者围绕身体活动行为改变时使用。尽管我们将讨论各种各样技术，但是并不需要对每个来访者或在每个谈话中都使用所有的技术。实际上，在特定谈话中与来访者互动的时间长短、认识来访者的时间长短以及来访者对身体活动行为改变的态度（关乎信心和重要性）都将决定在特定谈话中最适合的技术。将这些策略视为临床实践项目，你可以根据你的时间和来访者的特定需求进行选择。因为动机激励最初是一组临床技术，所以我们将使用动机激励术语，但也将与自我决定理论关于行为改变的需求——支持疗法进行类比。动机激励和自我决定理论的方法都以来访者为中心。在这里，我们描述了一些与以来访者为中心的咨询原则相一致的具体技术。

反馈式倾听

反馈式倾听是以来访者为中心的标志性技术，它可以被概念化为对来访者的假设测试或检验。在实践中，这可能采取以下形式："如果我听得没错，我想您是在说……" 或者采用更直接地陈述，如"因此，您在……上遇到了麻烦"。反馈式倾听的目的是与你所听到的来访者进行沟通，并试图了解他们的来历，确认或验证他们的感受和经历，并进一步协助他们进行自我发现。在某种程度上，这是创建一个非判断性环境的一种方式，来访者可以从中探索自己当前行为和预定行为改变的优点和缺点。从使用反馈性倾听的自我决定理论的角度来看，这有助于满足来访者对归属需要的需求（如传达了对来访者来自哪里的兴趣）和对自主性的需求（如对来访者持保留意见）。即使你"猜错"了来访者想要说的话，这也可能是有益的，因为它有助于来访者阐明自己的想法，并且专业人员以征询的开放态度可以进一步促进两者间的关系。

反馈的复杂性在于其范围涉及从专业人员表明自己已经了解来访者故事的基本事实到探索来访者这番言论背后的意义或感受。目前已经确认并定义了至少七种类型的反馈，并在接下来的内容中进行了描述：

（1）内容反馈

（2）感觉／意义反馈

（3）夸大消极因素的反馈

（4）双面反馈

（5）忽略事项反馈

（6）行动反馈（包括行动建议、行动消除和认知建议）

（7）以退为进反馈

- 内容反馈

内容反馈可能是最简单的反馈形式，它包括对来访者故事的基本事实的反馈。虽然简单，但内容反馈对于收集背景信息和建立融洽关系很重要。它可能是这样的陈述形式："您以前尝试过定期锻炼，但不能坚持下去"。

- 感觉／意义反馈

感觉／意义反馈往往采取直接陈述的方式，比如来访者似乎感觉到了什么、为什么产生特定形式的感觉，或这种感觉如何跟人们生活中某些很重要方面联系起来的。基于前面引用的内容反馈，感觉／意义反馈可能会进一步说道："因为您之前不能坚持下去，所以您怕您再次失败。"

- 夸大消极因素的反馈

夸大消极因素的反馈包括夸大行为改变的弊端和／或维持现状的好处。矛盾的是，通过反对改变，专业人员可以消除来访者的抵触情绪。"所以，对于您来说，从来不锻炼比尝试进行定期锻炼但是失败了更有意义"或者"您认为尝试定期锻炼没有任何益处"。当来访者进入"是，但是……"的抵触心理时，这种技术可能特别有用。

- 双面反馈

双面反馈特别重要，因为它们向来访者传达了专业人员听到了他们支持和反对行为改变的原因。它们还为专业人员提供了一个与来访者交流的机会，向来访者传达他们接受来访者的矛盾心理且不会强迫来访者改变，从而满足来访者对自主性的需求。举个例子可能是："一方面,你会看到参与更多身体活动的益处,但另一方面,你担心定期锻炼会打扰你晚上与家人共处的时光。"

- 忽略事项反馈

通过忽略事项反馈,专业人员可以对来访者未说的内容发表评论。例如：如果一个幸福的已婚妇女说没有人可以陪她一起锻炼,那么专业人员可以反馈道,"所以听起来好像你的丈夫不能陪你去。"这可以进一步建立融洽关系并告知来访者,专业人员不会尝试用来访者已经考虑、尝试及否定的策略来激励他们（从而激发自主动机）。

- 行动反馈

行动反馈包括解决来访者障碍的潜在方案或提供行动过程的某些要素。如果可能,行动反馈可以提供一个有效选项的菜单,来访者可以进行选择,以满足来访者对自主性的需求。由于他们专注于可操作的项目,因此行动反馈也可能有助于满足来访者的能力需求。作为反馈,这些陈述包含来访者已经产生或已经考虑的想法,因此,它们不涉及提供过多意见。行动反馈有三种亚型：行为建议、行为排除和认知建议[8]。行为建议可以采取以下几种形式,包括：

（1）反转障碍（如 "从较短的 10 分钟开始,逐渐建立长达连续 30 分钟的适度活动可能会减少不堪重负的感觉,并且对您现在来说是个更现实的目标"）

（2）非特定性或总体策略（如 "所以,找一种可以在您的房子周围或在工作日可以锻炼的方法可能有所帮助"）

（3）基于以前与来访者讨论的具体策略（如 "也许在您附近规划一条步行路线会使您更规律地进行锻炼"）

行为排除包括向来访者反映,鉴于他们所述,可能会有一些选择对他们不起作用。之前所描述的忽略事项反馈是将行为排除包含在行动计划中的一种方法。

最后,认知建议是表达行动反馈的另一种方式。这些建议更多地关注来访者如何考虑身体活动而不是其行为本身,并且通常类似于认知行为疗法的认知成分。（例如,"所以,这听起来像是当您错过一个运动课程,您会觉得您已经失败了；当您开始认为您失败了,您会放弃您所有的努力——这实际上是在干扰您的目标达成；也许不去思考定期做全有或全无锻炼（无论您是否达到目标）,会有助于使您更加积极参与身体活动并达到锻炼目标。"）

- 以退为进反馈

以退为进是一种特殊的反馈形式。与来访者面对面进行对质可能会适得其反,导致其产生戒备心理、关系破裂以及行为改变方面的不良后果[23]。因此,动机激励主张的不是与来访者争论,而是建议专业人员 "以退为进"。通过以退为进,专业人员会与来访者保持一致,即使来访者在缺乏正确事实的情况下也基本同意他们。反映以退为进的反馈特征的一个例子可能是："您生活忙碌并且工作很多,所以,回到家后坐在沙发上看电视是您一天结束后放松身心的方式。"这种方法与前文提到的夸大消极因素的反馈相反。

以退为进地反馈接受来访者不改变的原因,还有助于营造一种社交环境,在这种环境下来访者可以自由地表达自己的抵触情绪,而不会感到改变的压力或担心被他人评判的压力。

以退为进的反馈避免阻碍来访者的自主性和归属需要，不强迫他们以任何特定的方式进行改变，并且给他们提供一个能够按自己的节奏去尝试改变的机会，从而明确自己进行身体活动的原因（自主性）。以退为进的反馈还可以避免让来访者感到你认为他们是弱者，或者因为他们没有做你想要他们做的事情而不喜欢他们（即无条件的积极关注或亲密关系），进一步表明你不会迫使他们改变，而是与他们所做出的努力产生共鸣。

引发改变谈话

引发改变谈话是以来访者为中心的咨询服务的另一重要组成部分。动机激励和自我决定理论都从同样的基本假设开始——人类天生追求成长、健康和幸福。实际上，这意味着专业人员不需要特地去告诉人们要保持健康，因为来访者自然想要做到这一点，除了在极少情况下（如临床抑郁症或完全无动机）。因此，专业人员所扮演的角色是与来访者一起明确并表述其个人动机来源，因为来访者更有可能接受并实施自己所说的目标和计划。专业人员鼓励来访者表述自己改变的理由和计划的过程称为引发改变谈话。

* 衡量重要性和信心

重要性和信心"尺度"是引发改变谈话的一种方式，并且动机激励和自我决定理论干预都使用了这种方法。在身体活动的背景下，这个策略适用以下两个问题：

（1）"从 0 到 10 级，10 级代表程度最高，对于您来说更多地进行身体活动的重要性是几级？"

（2）"从 0 到 10 级，10 级代表程度最高（并且假设您想改变这种行为），您对自己能够更多地进行身体活动的信心是几级？"

然后专业人员从两个方向的试探来跟进每个问题。例如，如果来访者回答"7 级"，那么专业人员将首先试探问道，"从 0 到 10 级，您将进行更多身体活动对你来说的重要性评为 7 级。为什么您不选择一个更低的级数，比如 4 级或 5 级？"紧接着问道："或许您可以选择一个更高的级数，如 8 级或 9 级？"这些试探引发了改变的谈话，为来访者提供了一个机会来探索他 / 她行为改变的原因，以及可能存在的障碍和潜在的解决方案。评估重要性是挖掘来访者动机及更广泛的价值体系的一种方法。

自我决定理论在应用过程中稍微修改了这个问题，询问来访者他们希望进行行为改变（如更多地进行身体活动）的程度。评估信息可以了解来访者的感知胜任力，也可以提供识别潜在障碍的机会。

* 发展差异

引发改变谈话和激发动机的另一种技术是在来访者当前行为与其他人生目标和价值观之间发展差异。来访者可以从价值观列表中选择（如良好的配偶 / 伴侣、有吸引力、体格健美、充满活力[30]），或者他们可以自行产生三至五个个人目标或价值观。目标或价值观的自我创造可以通过以下方式进行："现在我想更多地了解一些关于您生活的其他方面以及对您而言很重要的事情。如果要考虑对您最重要的事情或者您想要完成的一些事情（在短期内，如接下来的 5 年，或是在你一生之中），这些事情将会是什么？"

接着专业人员与来访者探讨更多地进行身体活动或者开始一个更有规律的运动规划将如何支持或干扰这些目标的追求和实现。例如，来访者可能认为"与家人共度时光"对他们来说很重要。来访者可能会注意到，更多地进行身体活动可能意味着减少与家人在一起的时间，所以吸引力降低。然而，来访者还可能会注意到，通过更多地进行身体活动，他们正在追求更健康的生活方式，这可能有助于延长寿命和提高生活质量，从长远来看，这将为他们陪伴家人提供更多的时间。因此，来访者可以自己探索这个领域，使行为改变与更广泛的人生目标和价值观相一致，而不是专业人员告诉来访者他 / 她应该做什么以及为什么重要。来访者的自我探索满足其对自主性的需求，并通过使身体活动目标与其他目标和价值观相一致的方式促进身体活动的动机内化。

第 2 节　成功使用 MI 和 SDT 技术的培训

目前有大量与动机激励培训技术相关的文献，在健康促进领域里培训人们如何应用自我决定理论和动机激励技术时，也普遍采用动机激励技术。因此，下面我们主要介绍动机激励技术，而自我决定理论应用方法也大同小异。

入门培训

最初，许多专业人员通常会在仅基于教学的课程（如"案例研讨"）中接触到简单的动机激励技术。正式的入门培训可能始于学习纸质材料和培训视频，还可能包括参加一个长达 1 至 3 天的入门培训课程，内容涵盖动机激励的基本原理以及在实践中使用动机激励技术的基础知识。

入门研讨会通常包括教学指导、演示和传授实践经验的结合。这些会议的目的是使培训者对动机激励的精髓和方法有一个大致的了解，并提供尝试该方法的实践经验。了解动机激励的基础知识并有机会在实践中使用动机激励技术的专业人员可能会希望自己技艺更加娴熟。

中级 / 高级培训

中级 / 高级临床培训通常包括由培训师编写的一系列音频或视频资料，他们会提供关于如何进一步提高动机激励技能的反馈。中级 / 高级培训通常是为期 2 至 3 天的工作坊，主要侧重于提供技能演示、临床实践及其相关的录音或录像。最近出现了一些研究，以评估在线和一些其他自主进行动机激励培训的方法的效果。这些方法有望在未来得到发展，对于大规模应用动机激励技术至关重要。想了解关于动机激励培训手册和更多的资料，请访问 http://www.motivationalinterview.org。

第 3 节　来访者中心理论在身体活动行为改变中的应用

经典 5A 方法：这一方法最初是由美国国家癌症研究所开发的 4A 技术，旨在解决初级保健中的戒烟问题，此后，该技术扩展为 5A。美国预防服务工作组所使用的 5A 模式（询问、建议、同意、协助、安排）已被用于概括健康行业的专业人员实施对各种行为（例如系安全带、酗酒等）的基本干预措施[12]。

 循序渐进

- 询问：询问包括向来访者询问他们的健康行为和风险，还有影响其改变决定的因素以及适用于这种改变的目标和方法。
- 建议：建议包括给来访者提供明确具体的行为改变的建议，包括不进行改变所存在的健康风险和进行改变所带来的益处这样一些信息。在 5A's 模式中，当建议与人们寻求帮助的原因直接相关时是最有效的。例如，如果来访者因为担心心血管疾病的风险而去找专业人员，那么专业人员可能会推荐几种已被证明可以降低心血管疾病风险的锻炼（如中等强度或高强度的身体活动）。
- 同意：同意或评估改变意愿是指专业人员和来访者共同努力以确定来访者是否愿意改变的协作过程，要根据来访者的兴趣和改变目标行为的意愿来确定行为变化的目标和策略。"同意"是在 4A 基础上的扩展，这种模式直接满足了来访者对自主性的需求，因为它自然而然地使专业人员与来访者在计划的制定上以及探索和确认来访者的矛盾心理上保持一致。
- 协助：协助是专业人员通过让来访者获得必要的技能、信心以及社会或环境支持来帮助来访者达成双方商定好的行为改变目标的过程。协助直接满足来访者对胜任力的需求。
- 安排：安排包括专业人员与来访者共同制订后续计划，以提供持续的支持，并根据需要调整应对计划。随着时间的推移，多次来访和无条件支持对于激发长期改变，如建立健康的身体活动模式是有用的。然而，这也存在风险，来访者会认为这些咨访（其终将会结束）是加强动机的外部因素（"我必须向我的私人教练 / 医生等展示我可以做到多好"），这可能会破坏支持新行为的更多内部（和持久）动因的发展。

动机激励、自我决定理论与 5A 三者间关系

需要注意的是，由于动机激励和自我决定理论主要是以专业人员与来访者互动的方式进行，而不是采用具体的临床手段进行，所以尽管动机激励、自我决定理论与 5A 激励是各自独立发展的，但是可以使用 5A 这样一种简洁的方法使动机激励和自我决定理论在某种程度上达成一致。例如，可以将动机激励和自我决定理论视为比第一个 A 询问更为全面的方法。另外，可以通过"同意（改变意愿）"这一步来激发来访者的自主性并且引导来访者去探索和确认自己的矛盾心理，只有当来访者表达了改变的愿望时，才能更进一步去"协助"。

5A、动机激励和自我决定理论三者在"建议"这一步上可能缺乏互补性。在身体活动咨询的背景下，咨询意见可以提供对于目前实现某些健康目标（例如：对健康有益、降低心血管疾病的风险、减肥等）所需的身体活动水平和类型的建议信息。它也可能以提供锻炼指导或计划的形式出现。动机激励和自我决定理论认为，为了激发来访者的最佳动机，制定一套相互协作并且以来访者为中心而不是家长式或规定式的锻炼计划是非常重要的。如前所述，动机激励建议不要直接提供咨询意见，并认为尝试直接说服来访者可能会事与愿违，因为这种有说服力的尝试自然就成了决策的主导。相反，自我决定理论主张满足来访者自主性的关键之一是通过明确地指导来访者或患者在其维持或改善健康和福祉的众多选择中进行抉择来实现的。

例如，来访者对于达到一定的健身／健康效果的最有效的运动量或运动类型不确定时，专业人员可以提供明确的建议。但是，即使是在自我决定理论中，建议也并非旨在控制来访者，而是提供有效训练方案的信息。此外，尤其是在医学和健康方面，明确的建议可能是专业人员和来访者之间互动的预期组成部分。因此，专业人员拒绝提供此类指导可能会挫败来访者的所有心理需求，并可能让来访者感觉自己被抛弃。然而，自我决定理论提醒说要非强制性地给予建议，以便在向来访者提供信息的同时仍然支持来访者自己做出决定（例如："研究表明，将定期锻炼纳入您的生活对于实现您已确定的减肥目标很重要，但选择权最终在您手中，我将支持您做出的任何决定。"）。

事实上，最近很多动机激励模型已经允许专业人员在来访者明确征询意见时提出建议，如在后面讨论的三阶段模型（探索、指导、选择）以及前面描述的行动反馈中。从动机激励和自我决定理论的角度来看，根据来访者所表达的需求和目标，提供直接的建议可能发生在 5A 模型中的任何时候。例如，在"询问"这一步中，来访者可能表示他们不确定需要进行什么类型的锻炼以达到减肥的目标。在这种情况下，专业人员可以提供有关当前建议的信息或为来访者提供选择方案，供来访者考虑他／她想进行的锻炼类型。同样，在"同意"这一步中，来访者和专业人员在共同制定锻炼计划时，来访者可能会就如何实现特定的锻炼目标征询建议。从动机激励和自我决定理论的角度来看，无论何时会出现直接提供建议的机会，专业人员都要与来访者进行核对，以确保专业人员能够响应来访者的需求，并与来访者的目

标而非专业人员自己的进程保持一致。

　　动机激励和自我决定理论都使用"引出 - 提供 - 引出"的框架来提供直接建议[29]，也就是说，专业人员从来访者那里引出他们对行为改变的看法和态度的相关信息，其中可能包括文化差异等，然后根据来访者的想法或要求提供信息和建议。之后，专业人员再次询问来访者他们如何看待所提供的信息以及信息在当前的行为背景下对他们的影响。案例 5.1 提供了一个情景对话，说明如何以与本章中强调的动机理论一致的方式使用 5A 这一方法。尽管我们将以线性方式讨论这些技术，但值得注意的是，并非所有来访者都按照指定的顺序进行这些阶段。

案例场景 5.1

在动机激励和自我决定理论背景下的 5A 机激模型

　　你的来访者是一名有两个孩子的 45 岁已婚妇女，她是一名电脑程序员。她在大学期间曾是一名运动员，在年轻的时候也很热爱运动，但在过去十年中一直没有运动。她已经长胖了不少（BMI=28），并正在努力与自己的这种负面形象作斗争，她也担心变得肥胖。她来找你是想要获得一个让自己活动起来并且能够减肥的计划，在接下来的对话中，P 代表专业人员，C 代表来访者。

- 询问

P：嗨，琼斯太太，您今天过得怎么样？

C：还行，我又准备开始锻炼了，我现在讨厌我的身体，也担心我的体重，我想回到从前那种活跃的状态。

P：所以听起来您一直想要进行更多的身体活动，我想更多地了解一点您的日常生活。

C：好吧，我需要一直在电脑前做我的工作，而同事们又总是在办公室里吃那些美味的零食，比如甜甜圈、松饼和糖果，所以我可以趁着吃这些零食的时间休息休息，总之，一天中的大部分时间我都是坐着的。

P：您喜欢什么时候去锻炼？

C：好吧，理论上，我可以在早晨锻炼。

P：但是听起来那样做好像对您来说不太可行？

C：确实，早晨忙于照顾孩子们。

P：所以，如果早晨锻炼对您来说不现实的话，那什么时间合适呢？或者说您愿意尝试什么？

C：我想我可能是一个更适合晚上锻炼的人，我原来工作一整天的时候就是这样做。而且由于健身房位于公司和家之间，所以晚上可能更有效果。

P：好的，您看我理解得是否正确。您对现在的体重不满意，也担心变得肥胖，您以前很活跃，但现在不是，最主要的原因就是您很忙，并且您也尝试过早晨去锻炼，但这并不适合您的日程安排。我说得对吗？

C：完全正确，我不得不承认我真的想减肥，我真的不喜欢我现在的样子，我很怀念我原来定期锻炼时的良好感觉。

评论：在对话结束时的总结对于增强动机很重要，因为它让来访者知道你已经很认真听了她的讲述，并且使得她更有可能听取你的建议，而不感觉到被控制。承认她对体重和身体形象的担忧也是理解锻炼的核心动机的关键，这一点可能会在后面讨论。

- 建议

P：现在我对您有了更深入的了解，那我们来讨论一下关于身体活动的一些建议，可以吗？

C：好的，我想我有一个大概的想法，但我想知道我需要做些什么，尤其是对于减肥。

P：不要将锻炼视作您需要做的事情，更多地将其作为找到一种适合您的生活方式的方法，这样可能会更有帮助。您可能已经听说过，您每周需要进行 150 分钟的中等强度的身体活动，或者在大多数日子里进行 30 分钟的中等强度活动。这些活动包括：快走、骑自行车或者水中有氧运动，但减肥可能需要更多的活动，您觉得怎么样？

C：哇！150 分钟似乎太长了，我必须进行更多的身体活动才能减肥吗？那这样肯定会有工作打断我的。

- 同意 / 评估（改变的意愿）

P：150 分钟听起来好像很久，并且做更多的事情可能会令人生畏，您可以尝试将其视为可实现的目标，从一个较小的目标开始，比如每天进行 10 分钟~15 分钟的身体活动，这样听起来如何？

C：这样的确听起来没有那么让人惶恐，但是我不想设定的目标太小，以至于我永远都无法达到减肥的目的。

P：在"可行的目标"和没有足够的挑战的目标之间找到平衡很难，让我们来讨论一些细节，再看看您的感受。

- 协助

P：您可以从您喜欢做的活动开始，并由此建立一套适合自己的活动计划。

C：我真的很喜欢举重，并且我原来也喜欢跑步，但是以我目前的体重做这些，真的很难受，或许我可以用健身脚踏车？

P：听起来对自己喜欢的活动有一些想法，很好！您每周可以去健身房或在家里锻炼几次？

C：我很想说每天，但是我想那是不现实的，可能会去 2 次健身房吧。

P：这是一个很好的开始，您想周几去呢？

C：我不想指定哪一天去，也许工作日去一次，周末去一次？

P：这听起来很合理，您能在家里锻炼吗？

C：我的孩子们喜欢骑自行车，也许我每周可以和他们一起出去一两个晚上。

P：这听起来是一个很好的开始！总而言之，我从您的讲述中听到的是，您愿意从一些较小的目标开始，但您最终的目的是减肥。现在您的计划是：（1）在工作日和周末各选一天去健身房去练习举重和骑健身车；（2）每周与您的孩子一起晚上出去骑自行车 1~2 次。您觉得如何？

C：我会试试看。

● 管理

P：我想跟进服务您，以了解事态如何发生，并且为您提供一个机会来探讨这个计划对您的效果（或者有些地方可能需要进行一些更改），我们可以在 2 周后再见一次面吗？

C：当然，要是我在这期间到这里来能不能见到你？

P：绝对可以，您在此期间遇到任何问题，想要联系我，只需向我发送一封电子邮件，我们可以约定一个时间在电话里或在健身房聊天，或者，如果我没有接待另外一位来访者，并且我们都在这里，那您可以直接进来跟我交流。

C：很好，这听起来像是一个可以对我有作用的计划。

P：听起来不错，请记住，有很多方法都可以让您进行更多的身体活动。有时，我们需要尝试才能找到最适合您并且对您最有效果的组合和安排。我们可以在下次见面时更多地谈谈您的减肥目标以及如何实现这些目标。

三阶段模型：探索、指导、选择

在动机激励的基础上，由 Resnicow 和 Rollnick[30] 所阐述的三阶段模型（探索、指导和选择）则代表了与来访者合作以改变行为的另一种咨询框架。像 5A 模型一样，这种方法可以在短时间内使用。

 循序渐进

正如上述的 5A 模型一样，虽然我们将以线性方式讨论这些过程，但需要注意的是，并非所有来访者或临床谈话都按照指定的顺序进行这些阶段。事实上，有些来访者不会带有太多的矛盾心理去进行互动，因此不需要花太多时间去"探索"。另外，在整个行为改变过程中，动机的质量（即来源）和数量可能会有所波动。当来访者体验到挫败、矛盾心理和其他消极情绪时，"探索"和"引导"可能会需要再一次被用到。

● 探索

类似于 5A 模型中的"询问"阶段，探索阶段的主要目的是获得行为历史记录，包括先前对行为改变的尝试。动机激励和自我决定理论对此进行了更进一步介绍，并将这一阶段视为专业人员"安慰苦难者"、建立联系以及更好地了解来访者经历的机会。探索阶段使用的关键技能和技巧包括反馈式倾听、共同决策（特别是在进程设置方面）和开放式问题。因为关系建立是这一阶段的重要组成部分，所以专业人员向来访者表达了自己的同理心，并向来访者表明专业人员将维护他们的自主性，不会迫使来访者执行计划。虽然在谈话中出现行动想法时，专业人员希望口头确认计划，以方便在稍后的谈话中重新讨论它们，但是探索阶段几乎不包括行动计划。

- 指导

一旦专业人员倾听并了解了来访者的故事，且建立了一定的联系后，谈话便可以进行到指导阶段。这个阶段的特点是"跳出舒适状态"，因为它包括将谈话推向建立动机这一方向，从而增加改变的可能性。在这一阶段使用的主要技术是引发行为改变的谈话，包括确定来访者当前行为（例如不锻炼）与来访者更广泛的目标和价值观（例如变得更加健康、花更多时间陪家人）之间的差异，并使用 0~10 级的重要 / 信心量表进行测量。指导阶段以专业人员的总结讨论作为结束，强调来访者作出改变的潜在原因，并与来访者一起商榷其关于追求改变的方式。如果来访者表示了要作出改变，即便这个改变再小，紧接着在谈话中也可以进行更实际的讨论，讨论如何实现其所述的改变。

- 选择

这是讨论的行动阶段，涵盖了 5A 讨论模型的最后 4 个阶段所包含的大部分领域。主要目的包括帮助来访者确定目标、制定行动计划、预测障碍以及商定进度检查计划。在选择阶段使用的技能和技巧包括行动反馈、制定改变的选项菜单和设定目标（包括小目标或短期目标）。重要的是要记住，行动反馈与其他反馈一样，是专业人员对于来访者所说所做的"最佳估计"。因此，来访者可能会反驳建议或进入"是的 - 但是"心态。这可能是由于潜在的阻力或矛盾心理尚未得到解决，或者由于来访者以往有过尝试行为改变的失败经历。

尽管来访者反驳了建议，但是这提供了关于什么对于来访者是有效或无效以及什么是来访者所追求或回避的重要信息。在反馈中提供多种选择是一种可能有助于最大限度地减少来访者的直接拒绝并且维护来访者自主性的技术。例如，"尝试在午餐时间散步或邀请您的孩子一起在家附近散步，可能会让您既能够陪伴家人又达到运动的效果。"由于在维护来访者自主性的前提下提供选择，因此来访者的心理阻力降低。案例 5.2 提供了一个情景对话，以说明"探索、指导、选择"这一方法。

案例场景 5.2

探索、指导、选择

你的来访者是一名 58 岁的已婚男子，他是位长途卡车司机，他最近心脏病发作，而进行更多的身体活动是他心脏康复的一部分。虽然他在整个高中期间都积极参与运动，但成年后却没有坚持下去，不过，他最近的心脏病发作似乎引起了他的注意。在接下来的对话中，P 代表专业人员，C 代表来访者。

• 探索

P：我了解到您的医生建议您增加运动量，对此您感觉如何？

C：好吧，我的心脏病发作确实引起了我的注意，并且在之前也知道我应该比现在更加活跃，但是我的工作需要我坐很长时间，我小时候曾经很喜欢运动，但是那似乎永远都只能停留在过去了。

P：所以听起来您被您的心脏病给震惊到了，您开始关心您在工作中需要坐多长时间，您也有点不确定在您人生的这个阶段进行更多的身体活动将会发生什么，也许您也不会像过去那样成为一名体育明星。

C：是的，我只是上个楼梯都气喘吁吁，所以我无法想象我要是做……我的医生怎么叫它来着？中等强度到高强度的活动？一天 30 分钟！

P：运动可能看起来没那么有趣，尤其是达到 30 分钟更是让人心生畏惧。

C：是的，但我知道我需要这样做，我不想再有心脏病发作，甚至是心脏搭桥手术。

• 指导

P：那么在 0~10 级量表中，10 级代表最高级，对于您来说进行更多的身体活动的重要性是几级？

C：哦，这真的很重要，我可能会说 6 或 7。

P：所以您会将进行更多身体活动的重要性评价为 7，您为什么不选择更小的数字，如 4 或 5？

C：好吧，就像我说的，我绝对不想让心脏病再发作一次，并且我知道多锻炼对健康有帮助。

P：那您为什么不选择更大的数字，如 8 或 9？

C：哦，我不知道，我的意思是说，我认为活动起来很重要，但是我不知道将它融入我的日常生活有多现实，毕竟我已经很久没有运动了，所以我不能随时去健身房，并且我的工作不会改变，所以我还是要一直坐着。

P：一方面，您会看到进行更多身体活动的益处，但另一方面，您觉得您工作的久坐性质可能会抵消这些益处。

C：是的，我只是不知道我该怎么做，但我想要和孩子们保持健康和活跃并且看着他们成长。

P：这感觉像是一个巨大的变化，但您的生活中有很重要的部分（如变得健康以及能够看到您的孩子长大），而这些部分都将从您积极进行身体活动中受益。

• 选择

P：根据您目前所说的话来看，定期进行身体活动有两个障碍：（1）您担心运动能否适应您忙碌的工作生活；（2）因为您的工作仍然要求您久坐，所以您觉得也许会削弱您从定期锻炼中可能获得的益处。

C：是的，我认为了解自己的努力是否很重要，如果我每天都坐 10 个小时，那么我只进行 30 分钟的中高强度的身体活动真的会有作用吗?

　　P：所以您想知道即使您在一天中的大部分时间都坐着，锻炼是否仍然值得。我想与您分享一下我们对此的了解，实际上它确实有效。从以往的研究可知，在中等强度水平下活动（此时你的心率会升高一点，但你不会上气不接下气）每天 30 分钟对于改善健康状况大有裨益，当然，如果您能进行更多活动，那自然是更好。对此，您是怎么看的呢?

　　C：好的，但我还是不知道我该怎么做，毕竟我不能去健身房。

　　P：您正在寻找一种不用去健身房以适应您的工作的运动方式。

　　C：我想当我停下来装货时可以稍微散步一下。

　　P：那会是什么样子?

　　C：我不知道，这只有 10 分钟左右，没有 30 分钟，这能算吗?

　　P：当然算，您准备怎么散步呢?

　　C：我可以穿上我的运动鞋和舒适的衣服……

　　P：所以，当您停下来装货时，您可以每天至少进行三次 10 分钟的散步，让我们在一个月左右之后再面谈一次，看看这个计划对您是否有效。您可能会觉得这个计划的效果您很满意，也有可能我们还需要做一些调整。无论哪种方式，我们都是想要探讨出哪些计划是对您有用以及哪些计划对您无效，从而更接近您的身体活动和健康目标。

第 4 节　来访者中心理论应用案例

　　动机激励和自我决定理论在健康行为改变方面都有坚实的证据基础。动机激励和自我决定理论的早期研究侧重于药物滥用、戒烟和参与运动和体育教育方面[18,42,49]。在这里，我们将概述动机激励和自我决定理论在休闲运动中的证据。此外，虽然对于 5A 模型也有相当多的案例支持，尤其是在对烟草和酒精的滥用和依赖的基本治疗（2~4 次访谈，每次 3~10 分钟）方面，但是对此的详细描述超出了本章的范围[10,53]。

动机激励与身体活动

　　近年来，已经出版了关于动机激励应用于慢性疾病预防和管理的几项系统评价和 Meta 分析。在 Dunn 及其同事对动机激励干预措施的一篇综述中，发现动机激励在促进锻炼（和饮食）改变方面比对其他健康行为的改变更有效[8]。在 30 项随机对照临床试验的 Meta 分析中，检验了动机激励适应的有效性（例如动机激励干预措施也包括非动机激励成分，如基于规范的反馈）。Burke、Arkowitz 和 Dunn[2] 报告说，动机激励的适应性与其他积极治疗一样有效，并且比没有治疗和安慰剂对照组更有效地改善锻炼的开始和维持状况（随访时间从 4 周到 1 年不等）以及其他一些健康行为。Rubak、Sandbaek、Lauritzen 和 Christensen[34] 在 72 项有关饮食、运动、糖尿病和药物滥用的随机对照试验的 Meta 分析中发现，总体而言，动机激励评分在 75% 的研究中胜过传统咨询。Resnicow、Davis 和 Rollnick[27] 总结了使用动机激励改变饮食、身体活动、糖尿病和其他行为（如吸烟）的研究，发现动机激励对儿童和青少年具有可行性和实用性的一些证据，他们还总结了包括一些使用动机激励来促进饮食或身体活动改变的成人研究[27]。Van Dorsten[48] 报告称，在针对减肥和 / 或运动的 10 项研究中，动机激励显著改善了饮食、锻炼行为、治疗依从性和减肥等问题。

在另一篇综述中，发现有 24 篇已发表的实证研究使用了动机激励作为饮食和 / 或锻炼行为的干预措施。这些研究证明，无论是单独来说还是结合其他干预措施，动机激励对于饮食和运锻炼行为的改变都是有效的；在运动方面，接受了动机激励干预的来访者报告了更高的运动自我效能感，身体活动行为也有所增加。动机激励还被证明可促进健康饮食（例如减少热量摄取，增加水果和蔬菜摄入）并促进减肥的效果（例如降低 BMI）[21]。最后，Lundahl 及其同事[19] 发表了一项包括 119 项研究结果的 Meta 分析，其中包括药物使用、赌博、参与治疗以及讨论与健康相关的行为（如饮食和锻炼）。在研究中，动机激励与控制组相比尽管小（平均 $g=0.28$），但也呈现统计性显著的效果量。当根据具体治疗方法进行判断时，动机激励没有呈现统计性显著的结果，进一步分析发现，反馈（例如通过动机增强疗法）、传递时间、可操作性和传递模式（小组与个体）都对结果具有调节作用。值得注意的是，正如之前的综述和 Meta 分析所述，动机激励对身体活动和锻炼比对使用药物治疗更有效。Lundahl 及其同事[19] 的 Meta 分析则显示几种方式都促进身体活动和锻炼。综上所述，这些综述和其中的研究为动机激励在身体活动行为改变中的临床应用提供了有力的证据，同时仍需更多的研究来进一步阐释动机激励对儿童身体活动促进和肥胖预防的临床效用。

自我决定理论与身体活动

作为人类动机的一般性理论，自我决定理论既强调了激励行为的动机特征（即动机程度或多或少是内在的），也强调了社会环境中心理需求支持的重要性（即个体对自主性、胜任力和归属需要的内在需求），从而促进了更多内部动机形式的出现。多项基于自我决定理论的身体活动研究证明了内在或自主的动机形式（即内在的、综合的、确定的）和更多锻炼行为参与、锻炼的坚持性、感知胜任力以及心理健康之间的关联，这些研究主要是观察研究[7,17]。另有证据表明，由对自主性、胜任力和归属需要这些心理需求的支持所提供的社会环境有助于动机的内化，进而反过来又影响锻炼行为。

最近，调查人员已经开始对身体活动进行以自我决定理论为基础的干预措施测试。例如，使用需求支持技术（如前所述）的实验结果表明更多的自主动机意味着锻炼意图和行为的增加[9,14]。在初级保健和个人培训等应用环境中实施的干预措施也已经开发并进入测试阶段[9,11,25]。鉴于身体活动行为在各种康复领域中的作用，心血管疾病、糖尿病和超重/肥胖症也已使用自我决定理论技术来促进身体活动。最近，一篇关于自我决定理论和锻炼/身体活动（观察和实验）的 66 项实证研究的系统综述发现，无论是外在的还是内在的自主形式的动机，在某些情况下会长期增加身体活动参与度[46]。在这篇综述中，更高层次的锻炼内部目标（如社会交往、挑战和技能发展）也显然与锻炼参与度有关。该综述得出结论认为较高的运动感知胜任力可以积极预测更多的具有适应性的锻炼行为结果。

例如，在一篇关于社区初级保健实践对患者影响的研究中，将与使用自我决定理论训练有素的运动顾问一起工作的久坐患者和与使用常规方法的运动顾问一起工作的久坐患者进行比较，会发现前者体验到了更多的需求支持。这预示了身体活动的自我调节胜任力的增加，反过来又增加了身体活动的感知能力。身体活动的自我调节和感知胜任力都预示着身体活动行为的增加（如在过去 6 周内参与 20 分钟或更长时间的轻度、中度或高强度的业余时间的活动）[11]。

在为期一年的基于自我决定理论对超重和肥胖妇女减肥的强化行为干预中，与对照组相比，实验组妇女在干预结束时以及干预后 1 至 2 年内中高强度的身体活动量都有显著提升[40,41]，干预措施对增加内部动机（即享受身体活动）和自主调节具有显著促进作用，干预对自主调节的显著影响持续了 2 年以上，在干预结束后一年依然对运动产生着影响[40]。这项研究还进一步表明，运动的自主调节可以对未来超过一年的健康饮食的自主调节进行预测[22]。因此，在某一个健康领域促进自主调节可以增加其他相关领域的自主调节。总而言之，这里总结的研究为使用自我决定理论原理促进身体活动行为改变提供了强有力的证据。

量身定制与文化考量

虽然许多来访者报告了对以来访者为中心这一方法（如动机激励或自我决定理论）的高度满意和有效结果[33,44,52]，但有些个体表示他们偏爱更具指导性的教育风格[45]。在最近的一项研究中[43]，给非裔美国农村妇女观看了动机激励培训视频，该视频展示了动机激励和非动机激励相一致的做法，许多人表示担心动机激励咨询过于以来访者为中心。一位与会者评论说："他（提供者）更多地询问来访者的决定，而不是他（提供者）告诉他。"另一位患者说："他（医护人员）没有给来访者很多信息，他应该认识到他是一名医生。"许多患者暗示需要一种以医生为中心的、指导性更强的方法，也就是由医护人员主导大部分的谈话并主动提供建议是最理想的。如前所述，自我决定理论支持在访客要求时提供建议。因此，专业人员需要根据访客的喜好和文化背景量身定制干预风格。

在与不同的人群打交道时，有几个问题需要记住，因为他们可能对与自己所接触的专业人员有不同的期望。动机激励和自我决定理论作为以来访者为中心的方法，旨在根据来访者所表达的偏好、关注点和目标来定制临床方案。因此，在提供不同程度的指导、建议等情况下，是有可能与动机激励和自我决定理论的技术在临床上保持一致的。此外，从自我决定理论的角度来说，自主性不是独立的代名词。相反，以自主的方式行动是指某人是一个动作的发起者，这可能包含他人不同程度的干预。

这是关于基本心理需求跨文化研究领域的一个关键问题。证据一致证明自主性的需要是具有普遍性的[5]。然而，人们体验自主性的情况可能会有所不同。例如，在更加注重集体主义的文化中，人们在做出重要决定（包括关于健康和健康行为的决定）之前，与家人、朋友或其他社区领导人进行磋商是很常见的。他们可能会寻求他人的建议，并或多或少以自主的方式体会这种建议，也就是说，他们可能会自愿选择从有价值的其他人那里寻求建议，否则他们这样做可能会感到压力或被逼迫。因此，寻求建议或直接提供建议本身不是自主性支持。相反，寻求建议的方式和提供建议的方式才是关键。

关键信息

与对健康行为的改变很矛盾或是固执的来访者合作具有挑战性。在当今社会有太多因素会导致人们缺乏身体活动，因此让人们摆脱这种默认状态（从心理和行为上）为从业人员提供了独一无二的机会。本章为专业人员提供了一些即使在困难情况下也能促进来访者进行身体活动的选择。首先，与动机激励和自我决定理论一致，专业人员可能希望以人类自然地追求成长、健康和幸福这样一种假设为开端，同时承认许多来访者对行为改变可能是持矛盾心理的。从这些假设开始，专业人员更可能对来访者面临的挑战表现出同理心，并尝试了解来访者的意愿。从来访者能够主动进行改变并向他们的努力提供同理心的角度出发，能够使专业人员与来访者合作而非对立，通过支持他们的心理需求使他们对进行改变的矛盾心理和抵触情绪相抗衡。因此，专业人员可以帮助来访者"播种"持久动力的种子，并引导来访者达到健康的身体活动水平。从自我决定理论和动机激励的角度来看，在锻炼/身体活动领域工作的健康专业人员最好不要过度关注于使他们的来访者或患者的行为立即发生改变，即使他们自己感到来自内部或外部的压力。相反，专业人员应当做到以下方面：

明确关注长期行为结果（月、年），并与来访者分享持久改变的重要性和价值（以及达成目标可能采取的措施）；

尽最大努力为激发来访者的内部动机创造最佳的咨询和体验环境（在任何需要的时候），不要觉得咨询者的角色就是"激发"来访者的动机；

对来访者追求健康和活力的自然愿望充满信心，相信他/她最终会找到最好的解决方案来克服自己当前的障碍并建立更积极的生活方式。

（桂茹洁译，王莜璐校，漆昌柱审）

参 考 文 献

1. Bandura A. *Self efficacy: The exercise of control*. New York: Freeman; 1997.

2. Burke BL, Arkowitz H, Dunn C. The efficacy of motivational interviewing and its adaptations. In: Miller WR, Rollnick S, editors. *Motivational Interviewing: Preparing People for Change*. New York: Guilford Press; 2002. p. 217-50.

3. Butler C, Rollnick S, Cohen D, Bachman M, Russell I, Stott N. Motivational consulting versus brief advice for smokers in general practice: A randomized trial. *British J Gen Pract*. 1999;49:611–6.

4. Cahill K, Perera R. Competitions and incentives for smoking cessation. *Cochrane Database of Systematic Reviews*, 4. Art. No.: CD004307; 2011.

5. Chirkov VI, Ryan RM, Kim Y, Kaplan U. Differentiating autonomy from individualism and independence: A self-determination theory perspective on internalization of cultural orientations and well-being. *J Pers Soc Psychol*. 2003;84:97–110.

6. Deci EL, Ryan RM. The "what" and "why" of goal pursuits: Human needs and the self-determination of behavior. *Psychol Inq*. 2000;11:227–68.

7. Duncan LR, Hall CR, Wilson PM, O J. Exercise motivation: A cross-sectional analysis examining its relationships with frequency, intensity, and duration of exercise. *Int J Behav Nutr Phys Act*. 2010;7:1–9.

8. Dunn C, DeRoo L, Rivara FP. The use of brief interventions adapted from MI across behavioral domains: A systematic review. *Add*. 2001;96:1725–43.

9. Edmunds JK, Ntoumanis N, Duda JL. Perceived autonomy support and psychological need satisfaction in exercise. In: Hagger MA, Chatzisarantis NLD, editors. *Intrinsic Motivation and Self-Determination in Exercise and Sport*. Champaign (IL): Human Kinetics; 2007. p. 35–51.

10. Fiore MC, Jaen CR, Baker TB et al. Treating tobacco use and dependence: 2008 update. http://www.surgeongeneral.gov/tobacco/treating_tobacco_use08.pdf; 2008.

11. Fortier MS, Sweet SN, O'Sullivan TL, Williams GC. A self-determination process model of physical activity adoption in the context of a randomized controlled trial. *Psychol Sport Exer*. 2007;8:741–57.

12. *Guide to Clinical Preventive Services, 2012*. AHRQ Publication No. 12-05154, October 2012. Agency for Healthcare Research and Quality, Rockville (MD).

13. Hagger MS, Chatzisarantis NL. *Intrinsic Motivation and Self-Determination in Exercise and Sport*. Champaigne (IL): Human Kinetics; 2007.

14. Hagger MS, Chatzisarantis NLD, Barkoukis V, Wang CKJ, Baranowski T. Perceived autonomy support in physical education and leisure-time physical activity: A cross-cultural evaluation of the trans-contextual model. *J Educ Psychol*. 2005;97:376–90.

15. Heather N, Rollnick S, Bell A, Richmond R. Effects of brief counselling among male heavy drinkers identified on general hospital wards. *Drug Alc Rev*. 1996;15(1):29–38.

16. John LK, Lowenstein G, Troxel AB, Norton L, Fassbender JE, Volpe KG. Financial incentives for extended weight loss: A randomized-controlled trial. *J Gen Inter Med*.; 2011.

17. Kwan BM, Caldwell Hooper AE, Mangan RE, Bryan AD. A longitudinal diary study of the effects of causality orientations on exercise-related affect. *Self Ident*. 2011;10:363–74.

18. Lonsdale C, Sabiston CM, Raedeke TD, Ha ASC, Sum RKW. Self-determined motivation and students' physical activity during structured physical education lessons and free choice periods. *Prev Med*. 2009;48:69–73.

19. Lundahl BW, Kunz C, Brownell C, Tollefson D, Burke BL. A meta-analysis of motivational interviewing: Twenty-five years of empirical studies. *Res Soc Work Prac*. 2010;20:137–60.

20. Markland D, Ryan RM, Tobin VJ, Rollnick S. Motivational interviewing and self-determination theory. *J Soc Clin Psychol*. 2005;24:811–31.

21. Martins RK, McNeil DW. Review of motivational interviewing in promoting health behaviors. *Clin Psychol Rev*. 2009;29:283–93.

22. Mata J, Silva MN, Vieira PN, et al. Motivational "spill-over" during weight control: Increased self-determination and exercise intrinsic motivation predict eating self-regulation. *Health Psychol*. 2009;28:709–16.

23. Miller W. Motivational interviewing with problem drinkers. *Behav Psychotherapy*. 1983;11(2):147–72.

24. Miller W, Rollnick S. *Motivational interviewing: Preparing people to change addictive behavior*. New York: Guilford Press; 1991.

25. Patrick H, Canevello A. Methodological overview of a self-determination theory-based computerized intervention to promote leisure-time physical activity. *Psychol Sport Exer*. 2011;12:13–9.

26. Patrick H, Williams GC. Self-determination theory: Its application to health behavior and complementarity with motivational interviewing. *Int J Behav Nutr Phys Act*. 2012;9:18.

27. Resnicow K, Davis R, Rollnick S. Motivational interviewing for pediatric obesity: Conceptual issues and evidence review. *J Amer Diet Assoc*. 2006;206:2024–33.

28. Resnicow K, Jackson A, Wang T, De AK, McCarty F, Dudley WN, et al. A motivational interviewing intervention to increase fruit and vegetable intake through black churches: Results of the Eat for Life trial. *Am J Pub Health*. 2001;91(10):1686–93.

29. Resnicow K, McMaster F. Motivational interviewing: Moving from why to how with autonomy support. *Int J Behav Nutr Phys Act*. 2012; 9:1–15.

30. Resnicow K, Rollnick S. Motivational interviewing

in health promotion and behavioral medicine. In: Cox WM, Klinger E, editors. *Handbook of Motivational Counseling: Goal-Based Approaches to Assessment and Intervention with Addiction and Other Problems.* 2nd ed. New York: John Wiley & Sons; 2011.

31. Rollnick S, Miller W. What is motivational interviewing? *Behav Cog Psychotherapy.* 1995;23(4):325–34.
32. Rollnick S, Miller W, Butler C. *Motivational Interviewing in Health Care: Helping Patients Change Behavior.* Rev. ed. New York: Guilford; 2008.
33. Roter DL, Hall JA. Physician gender and patient-centered communication: A critical review of empirical research. *Annual Rev Public Health.* 2004;25:497–519.
34. Rubak S, Sandbaek A, Lauritzen T, Christensen B. Motivational interviewing: A systematic review and meta-analysis. *British J Gen Prac.* 2005;55:305-12.
35. Ryan RM, Connell JP. Perceived locus of causality and internalization: Examining reasons for acting in two domains. *J Pers Soc Psychol.* 1989;57:749–61.
36. Ryan RM, Deci EL. Self-determination theory and the facilitation of intrinsic motivation, social development, and well-being. *Am Psychol.* 2000;55:68–78.
37. Ryan RM, Deci EL. When rewards compete with nature: The undermining of intrinsic motivation and self-regulation. In: Sansone C, Harackiewicz JM, editors. *Intrinsic and Extrinsic Motivation: The Search for Optimal Motivation and Performance.* New York: Academic Press; 2000. p. 13–54.
38. Ryan RM, Patrick H, Deci EL, Williams GC. Facilitating health behaviour change and its maintenance: Interventions based on self-determination theory. *Eur Health Psychol.* 2008;10:2–5.
39. Ryan RM, Williams GC, Patrick H, Deci EL. Self-determination theory and physical activity: The dynamics of motivation in development and wellness. *Hellenic J Psychol.* 2009;6:107–24.
40. Silva MN, Markland DA, Carraca EV, Vieira PN, Coutinho SR, Minderico CS et al. Exercise autonomous motivation predicts 3-yr weight loss in women. *Med Sci Sports Exer.* 2011;43:728–37.
41. Silva MN, Vieira PN, Coutinho SR, et al. Using self-determination theory to promote physical activity and weight control: A randomized controlled trial in women. *J Behav Med.* 2010;33:110–22.
42. Smith A, Ntoumanis N, Duda JL. An investigation of coach behaviors, goal motives, and implementation intentions as predictors of well-being in sport. *J App Sport Psychol.* 2010;22:17–33.
43. Stephania TM, Khensani NM, Bettina MB. Perceptions of physical activity and motivational interviewing among rural African-American women with type 2 diabetes. *Women's Health Iss.* 2009;1–7.
44. Stewart MA. Effective physician–patient communication and health outcomes: A review. *CMAJ Can Med Assoc J.* 1995;152(9):1423–33.
45. Swenson SL, Buell S, Zettler P, White M, Ruston DC, Lo B. Patient-centered communication: Do patients really prefer it? *J Gen Intern Med.* 2004;19(11):1069–79.
46. Teixeira PJ, Carraça EV, Markland D, Silva MN, Ryan RM. Exercise, physical activity, and self-determination theory: A systematic review. *Int J Behav Nutr Phys Act.* 2012; 9:78.
47. Teixeira PJ, Palmeira A, Vansteenkiste M. The role of self-determination theory and motivational interviewing in behavioral nutrition, physical activity, and health: An introduction to the IJBNPA special issue. *Int J Behav Nutr Phys Act.* 2012;9:17.
48. Van Dorsten B. The use of motivational interviewing in weight loss. *Curr Diabetes Rep.* 2007;7:386-90.
49. Vansteenkiste M, Mouratidis A, Lens W. Detaching reasons from aims: Fair play and well-being in soccer as a function of pursuing performance-approach goals for autonomous or controlling reasons. *J Sport Exer Psychol.* 2010;32:217–42.
50. Vansteenkiste M, Resnicow K, Williams GC. Self-determination theory and motivational interviewing as examples of development from a meta-theory (top-down) vs. from clinical experience up (bottom-up): Implications for theory development, research and clinical practice and interventions. *Int J Behav Nutr Phys Act.* 2012;9:23.
51. Vansteenkiste M, Sheldon KM. There's nothing more practical than a good theory: Integrating motivational interviewing and self-determination theory. *British J Clin Psychol.* 2006;45:63–82.
52. Wanzer MB, Booth-Butterfield M, Gruber K. Perceptions of health care providers' communication: Relationships between patient-centered communication and satisfaction. *Health Comm.* 2004;16(3):363–83.
53. Whitlock EP, Orleans CT, Pender N, Allan J. Evaluating primary care behavioral counseling interventions: An evidence-based approach. *Am J Prev Med.* 2002;22(4):267–84.
54. Williams GC, Minicucci DS, Kouides RW, et al. Self-determination, smoking, diet and health. *Health Educ Res.* 2002;17:512–21.
55. Williams GC, Niemiec CP, Patrick H, Ryan RM, Deci EL. The importance of supporting autonomy and perceived competence in facilitating long-term tobacco abstinence. *Ann Behav Med.* 2009;37:315–24.

第 6 章　如何传递身体活动信息？

Gregory J. Norman , Julia K. Kolodziejczyk , Eric B. Hekler , Ernesto R. Ramirez

"我知道我应该开始锻炼，但我不知道如何开始！"

<table>
<tr><td>概
要</td><td>电子技术用于身体活动信息的传递
　　在电子媒体和无线通信兴盛的时代,有多种方式可以提供身体活动计划。互联网、电脑和手机等可以利用其自动化技术定制传递身体活动信息,为身体活动者提供身体活动指导、鼓励信息、目标设定和身体活动反馈等。这些都是前所未有的技术。另外,还有一些新的设备可以结合这项技术来搜集个人身体活动的信息,如计步器、心率监视器和 GPS。这些设备内部含有加速器、陀螺仪和内置温度传感器,可以向个人、教练或保健顾问提供活动水平和其他健康指标的监测和反馈的数据。本章将分别介绍电子技术的缺陷以及如何应用和评估身体活动方案的传递渠道。在我们深入研究每一种技术和如何使用设备之前,我们需要首先了解一下有关通信系统的背景。</td></tr>
</table>

第 1 节　用于传递身体活动干预信息的通信模型

Berlo 的 S-M-C-R 通信模型[10]将沟通定义为,信息源通过某种渠道向接收者传递信息的过程。当我们应用 S-M-C-R 模型去传递身体活动干预信息时,这些干预信息源于你和你的身体活动干预系统,其中包括一些决策的规则,以确保发出信息的准确性。信息是干预的内容,可以通过不同的渠道传递,如印刷材料、网站、短信或社交媒体信息。这些信息被感兴趣的用户接收,并改变或保持他们的身体活动水平。Velicer 及其同事[111]在 S-M-C-R 模型中加入了反馈渠道,解释了行为改变干预是如何准确为接收者量身定制干预措施的具体要素。这些信息可以通过针对用户的身体活动动机和身体活动障碍的调查中获得,也可以通过计步器、加速度传感器或者其他的装置中搜集的数据获得,并以此来确定用户的身体活动水平和身体活动模式。

对于本章中呈现的技术,作为信息源通道和反馈通道(S-M-C-R-F),我们强调通过人机干预(HCI)而不是电脑媒体沟通(CMC)来影响身体活动[36]。在 HCI 中,通过计算机算法和基于对身体活动信息进行监控的传感装置的反馈渠道搜集的信息,接收者与手机和网站等计算机信息渠道传递的内容进行交互作用。另外一方面,CMC 技术促进了人与人之间的沟通,如即时信息、网络电话或互联网等。HCI 和 CMC 的区别是细微而重要的,一个重要区别是,CMC 允许一对一的沟通而非"群聊",让你能及时获得大量有效的个人所需信息,是一个高效的沟通方式。HCI 的自动化方法目的在模拟 CMC 和面对面交互过程中的体验。

HCI 拓展了传达身体活动干预信息的可能性。通过教练或健康顾问进行一对一、面对面的交流是获得身体活动干预典型的方式。同样,一对多提供干预信息的交流方式是通过小组会议或班级等形式进行的。现在,HCI 可以模拟许多一对一的交流方式,但是大多数人还是通过网站交流、移动应用程序、电脑剪辑打印材料来完成"定制"程序。因此 HCI 进行一对一的扩增交流,实现了一对多的交流。此外,社交媒体技术比如微信等都允许多对多地交流来促进身体活动。比如,当你在社交媒体页面发布一个身体活动信息,很多人看到你的帖子并且转载,这样你不认识的人也可以看到你的身体活动计划。本章将介绍在不同通信技术下 HCI 操作的多个例子。

了解如何应用 S-M-C-R-F 模型提供身体活动干预信息之后,还有一些重要信息需要接收者注意。一般情况下,在不同身体活动阶段做的"准备"活动时候,你需要同步跟进和指导身体活动的信息[97]。例如,当你了解到一个人刚接触一个全新的身体活动,正处在一个适应阶段的时候,那么给他制订的干预计划就不同于一个已经具备一定身体活动经验,只需要继续保持身体活动的人。同样,对于一个刚开始积极身体活动而现在却不那么积极身体活动的人(可能因为受伤或怀孕),所给予的干预信息重点在于保持身体活动动机。接收者的其他方面对制定干预计划也是很重要的,如年龄、性别和身体活动目标,它可以帮助其制定干预计划。身体活动的目标可能是干预程序中一个关键部分,你将需要确定他是否对某项身体活动感兴趣(如跑步、游泳和团队身体活动等)或通过容易的身体活动来增加用户的活动,比如爬楼梯代替坐电梯,或放弃开车步行到目的地。

下面我们要讨论身体活动干预中所传递信息内容的类型。

Kreuter[61] 认为沟通内容的类型有两类,一是完全一般化的内容,二是完全个性化的内容。完全一般化的内容就是"放之四海而皆准"的内容,不需要根据个体的特点不同而改变;而个性化的干预内容是指根据个体自身的特点而制订的(如身体活动的动机水平、个体"接受"活动的障碍水平)。一般化和个性化干预沟通通常是根据人口统计学信息(如年龄和性别)将目标确定在一些小群体上,目标人群人的特性、人群的规模、预算和 HCI 技术等因素都决定着干预信息的内容。在这一章中,我们将主要关注如何定制个性化干预信息以及如何运用不同的技术来促进定制个性化信息内容。

本章着重研究沟通渠道,信息内容和信息的反馈。我们从计算机生成的印刷材料开始,然后转向电子媒体,如互联网、视频和交互式语音识别(IVR)。接下来,我们介绍了两种新的干预传递技术:短信服务(SMS)和社交平台。最后,我们将信息反馈到设备,如计步器、感应器、心率监视器和 GPS。从本章我们可以了解到,干预信息和信息反馈可以在智能手机上的应用程序和其他技术平台上进行。这一章的介绍主要是针对那些对定制个性化身体活动干预信息或通过一些"现成的"商业产品定制的"个性化"身体活动系统感兴趣的人群。

第 2 节　计算机生成的打印介质

提供运动项目的"黄金标准"是与健康专家或经认证的私人教练面对面接触[79],然而,这些身体活动项目所需的时间和成本往往使许多人无法坚持。以前很长一段时间人们一般都是通过书籍、小册子和报纸自学身体活动技能，印刷材料可以为用户提供一个结构化的自学课程或面对面的补充培训课程。印刷材料可以分发到各种场所，如体育俱乐部、健身房、医疗诊所和网站，他们也可以将资料直接邮寄给患者，俱乐部成员和访客。电子印刷材料也可以通过电子邮件发给个人或从网站上获取。健康护理人员也可以邮寄资料给那些没有时间来诊所看病的病人。根据诊所来访或会谈打印出来的材料信息可以作为访客的参考信息。

自 20 世纪初以来，很多有关身体活动的知识可以在互联网上查到。因此，互联网拥有很多的消费资源群体，但应该着重考虑适合个人身体活动的信息。网络上可以直观地显示电子打印资料，美国心脏协会、美国运动医学会、美国家庭医生协会、美国健身协会（ACE）等组织的信息资料都在网上共享。然而，电子打印媒体最主要的优势是拥有为团体或者个人量身定制材料的潜力。为一个群体定制的信息通常被称为"市场细分"或"目标"，例如，为老年人制定一个身体活动的月计划就要包括能够吸引这部分年龄人群的身体活动类型的具体信息。

另一方面，量身定制的材料旨在模仿个体咨询的优势，如人际交往、互动性和即时反馈，量身定制的信息从一般"个性化"材料开始，如从以一个人的名字命名的计划来引起人们的身体活动兴趣，但实际上从提供普通的信息到高度"个性化"的材料制定，都是通过对反馈信息的评估来获得身体活动知识、态度和身体活动方式。

定制的电子打印材料需要通过收集信息来定制计划并进行身体活动反馈，信息可以通过邮件、书报亭、在线网络来进行收集。如何收集数据和传递信息决定了信息的即时性，如果用户邮寄的信息必须进入计算机系统来生成一个定制的反馈报告，信息传递将会显著的延迟，相比较之下，计算机或者在线评估可以高效地为用户提供私人订制，并且直接将信息传递给他们。

 ## 研究证据

从有关量身定制健康行为研究的多个评论中得出量身定制"有效"的结论[84]。例如，在 8 项专门比较从定制材料到非定制打印材料的回顾性研究中，Skinner 和他的同事[102]发现，打印出来的定制材料比非定制材料更能够提高干预效果（更容易记住，阅读，更专业），同时也发现定制印刷材料比非定制材料能更有效改变健康行为（如饮食、运动、吸烟、乳房 X 线检查筛查等），然而上述 8 项研究中仅有 1 项专注于身体活动。同样，Kroeze[63]从 30 项关于运动和饮食行为改变的研究总结出：电脑定制运动干预对饮食行为改变有很大的作用，然而，有 10 项定制运动干预的研究结果不足以得出电脑定制运动干预对饮食行为改变有显著作用的结论。

几项研究已经表明，定制印刷材料干预有助于促进身体活动。例如 Marcus 和同事[72]证明目标设定定制材料优于美国心脏协会标准通用打印材料。Marcus（73 岁）比较了定制的印刷材料与定制的互联网计划，以及标准的互联网计划，其中包括六个公开的身体活动网站的链接。定制印刷组和网络组收到相同的信息，并且要求各组按照指示完成身体活动日志。所有三组（*n*=249）参与者的运动量都从之前的久坐不活动增加到了每周运动 80 到 90 分钟，并且坚持 12 个月以上。研究表明，三种类型的干预方案都有效，原因可能是因为通过身体活动日志对他们进行了自我监控，自我监控是行为改变的重要策略。

　　类似的一项研究将久坐不动的成年人随机分配到定制打印材料干预组、电话定制干预组及对照组[74]。总共有 14 个参与者，进行超过 12 个月跟踪训练。参与者通过邮寄或电话的方式分别向材料组和电话组的健康顾问提供材料。在 6 个月中，虽然干预组比对照组每周增加了 40 分钟运动时间，但在 12 个月的时候，打印材料干预组比电话定制组和对照组效果更显著。这些发现表明，干预模式可以有效地帮助人们提高运动积极性，但打印材料可能比电话咨询更能有效的帮助人们保持运动，这可能与打印的量身定制身体活动干预材料可以随身携带，有助于保持个体的身体活动动机有关。

　　一些研究调查了量身定制身体活动干预的印刷材料对身体活动和饮食行为的影响。Van Keulen[55] 随机接收了 4 个电脑定制干预，4 个采访电话干预，组合干预（2 个计划和 2 个电话）和 1 个对照组。干预措施是在 12 个月内进行，并将 3 个干预措施改善个体运动和饮食的情况与对照组进行比较。另一项研究随机抽取乳腺癌和前列腺癌的患者，让他们接受为期 10 个月的计划定制或非定制邮寄印刷材料的运动训练，并对提高其个体运动和饮食行为进行跟踪记录[29]，结果显示虽然癌症幸存者在所有的计划中都改善了健康行为，但是定制计划表现出更高的有效性。

　　但是，没有确切的证据表明需要印刷哪些材料才是有效的，或者确切地说究竟什么因素需要量身定做。例如：人口特征、动机水平，感知障碍，其中哪些因素可以使行为发生改变，这是定制干预材料的基础。同时，也不确定什么频率的干预使效果最好的，例如：一般来说单个邮件的打印材料比多个邮件更能有效地促进身体活动[75]。

 ## 循序渐进

　　Kreuter 概述了定制的干预材料的五个步骤。表 6.1 中给出了 Kreuter 所说的步骤，当进行量身定制的印刷干预计划时则需要做更多的考虑。

表 6.1　开发基于打印的定制干预程序的步骤

步骤	主要问题和任务
1 初始步骤	这个计划的目的是什么？这是补充或增强"面对面"的计划还是一个"独立"自助计划？ 谁是这个项目的目标者？这个计划是否包括了身体活动的多个阶段，如采用、维持和反复？ 印刷材料将在什么环境下分发？可能包括个人住所、健身房、工地，或医疗诊所。该设置可能会影响印刷材料的外观、内容和"品牌"。

续表

步骤	主要问题和任务
2 干涉内容	可以将干预的内容做成一个简报、报告,或小册子吗? 内容有没有科学理论和依据? 信念和行为改变的模型和理论是从传播学、心理学和社会学中总结出来的(Neuhauser2003)。哪一个身体活动的决定性因素是你想关注的? 如何找到合适的内容?
3 与专家合作	步骤 1 和 2 决定了和谁合作开发印刷材料。你需要一个平面设计师、电脑程序员、印刷公司、编辑或健康保健专业人员吗?
4 搜集和储存信息	将如何测量身体活动的决定性因素? 有额外的验证措施吗? 如何将收集的信息存储在一个数据库中?
5 建立干预系统	通过不同水平的决定因素来建立合适的信息。开发算法和计算机程序,将反馈信息与量身定制信息相匹配。计算机的算法是根据专家评判准则来建立的(如教练、顾问、医疗保健提供者)。
6 其他注意事项	考虑材料的适用性,建议编写出适合 6 年级以上学历的人阅读的健康材料。如何规定上交材料的时间,是每周,每月,每半年? 时间的规定关系到整个印刷材料的结构和哪些内容需要被录入。

案例场景 6.1

你被一家大型企业雇用为他们的员工提供为期一年的"工作场所健康"倡议。你的工作是制作印刷品,帮助员工提高他们的身体活动水平。

工作点:访客服务中心

员工人数:500

年龄:18 岁~60 岁

性别:65% 是女性

教育:高中毕业生的 25%,65% 大学毕业,10% 研究生毕业

主要身体活动障碍:大部分的员工每天坐在电脑前工作 8 小时,一周 5 个工作日。

因为你对这些用户不提供其他任何咨询,所以材料必须完整、清晰明了,这是一个为期一年的活动且每个员工的锻炼水平不同,所以材料需要确定身体活动目标的各个阶段(即采用、维持和反复)。信息最好通过电子邮件来传送,这个方法既有效又便宜。此外,如果电子邮件通过人力资源或健康服务部门有效传送,员工更愿意阅读材料,这些材料将会出现在简报中,员工可以很容易将材料打印出来或者在电脑上阅读。这些内容基于

社会认知理论。因为员工在一周的大部分时间里是久坐不动的,所以材料的重点将是在考虑工作环境的前提条件下如何有效提高员工的身体活动。大约 40% 的内容将是通用的,但鉴于公司员工的人口统计学差异,其余 60% 的内容应该根据年龄、性别和当前的身体活动状态进行制定。你可以雇用一个行为健康顾问根据行为改变理论帮助设计基础内容,还可以雇佣一个计算机软件工程师依据计算机算法帮助你创建定制内容,你还需要雇佣文字编辑和图形设计师,使产品有一个吸引人的外观。身体活动的决定因素将被测量验证,问卷通过电子邮件分发给员工。信息将被收集在一个安全的数据库,最后,计算机算法将这些问题一一收集,来创建定制的印刷材料。

第3节   电子媒体:互联网和交互式语音应答

　　电子媒体,比如互联网和电话系统对很多人来说成本低廉,有很大潜力。互联网已经遍及全球,例如,美国人口中有 79% 的成年人使用互联网,全球约 30.2%(大约 21 亿)人已经广泛使用互联网,发展中国家迅速增长,例如非洲和中东。计算机/网络对促进健康身体活动干预措施行为的改变有很大的优势,如易于传播、访问、匿名性、交互性和图片界面性。初始设置后,这些网站进一步维护成本也相对较低[8]。交互式语音应答(IVR)系统通过电话和计算机进行交互的(如:当你给一个公司打电话,你最初的交互往往与电脑自动化的声音进行沟通,这就是一个 IVR 系统)。这些技术已经得到普及,因为它们可以自动提供各种维护身体健康的服务,它们不仅为健康促进服务中心所用,还可以促进健康知识的普及,这项技术有自动预约提醒、数据收集和身体活动指导等功能。

互联网技术应用的研究证据

　　一些科学报刊探讨互联网干预的价值[16,28,82,114],总的来说,大多数报刊都认为目前的证据还不足以说明互联网干预是身体活动干预的有效措施。尽管如此,一项探索基于互联网的干预措施有效性的多元分析发现互联网不仅促进身体活动,更能改善行为。在 30[28]项研究中,表现出了"低效果量的显著性影响"。几乎所有这些强调基于早期互联网方案特征的评论,都需要进一步地研究。

　　与对照组相比,干预是具有一定积极作用的[12,49,50,78,103]。很少的有力证据证明因特网的积极干预与其他形式的干预有关,如定制印刷媒体[73]。一项对两个网站进行比较的研究显示,在 26 周的观察时间里,一个经常更新的社区网站与一些非定制积极性干预网站相比能够显著提高身体活动者的参与度[34]。

　　短期干预计划比长期计划似乎更有效[28]。很多网站显示,大多数网络干预的主要问题是,在人们停止使用计划后,网站回访率降低[32]。以互联网为干预基础的人员流失率大于20%,建议要继续探索有效的方法来提高身体活动的持久性。

当设计一个基于网络的干预时,在设计方案时需要考虑两个方面的特点: 1. 可以提高使用这些网站的频率; 2. 可以促进身体活动的因素。每一种类型的特征在之前文献基础上进行讨论,并给出具体的建议。

先前的研究探讨了在招聘策略上人员流失率差异(如临床试验和商用网站)。临床试验的研究表明有多种沟通方法(如电子邮件、文本消息),随着对同伴互动 / 社会支持来提高网络干涉的依赖性[16,18,114],有一些研究已经开始探索一种基于网络的干预方案而并非临床试验[81,112]研究。研究表明,只有 4.8% 的人浏览了开放性网站并注册使用它,在注册用户后,绝大多数人(即大约 92%)在一个月后停止使用该网站,尽管电子邮件提醒,也没有回复。这种流失率是明显高于临床试验的参与者(即: 一个月下降 40%)按要求访问相同的网站。

另一项研究探讨了一家澳大利亚商业减肥网站《减肥达人》的流失率和保持率[81]。本网站对澳大利亚的电视节目进行的宣传,从 12 周开始到 52 周需要付费订阅计划。当看着那些付费订阅的数据在第一个月后使用率降至 50% 以下,合格的参与了 9~12 周项目的参与者是那些签署了一项为期 12 周的订阅者。在参加为期 52 周的订阅者中,前 16 周停止使用的人数逐渐增加,从 21 周开始,使用人数稳定在 60%。

网站的设计需要确保内容在所有页面中都容易获得。一项研究探讨哪些因素(如人口、民族的信仰)决定了在运动和饮食行为改变网站上关注的深度[51],这项研究强调了开发网站需要更多的良好实践。从设计的角度来看,研究人员可以用一个小样本的目标人群做一个小的网站框架,通过人们在这个网站上选择信息的情况(点击次数),来丰富完善网站内容。这样,研究人员收集了大量有价值的指标来理解用户的行为(如点击数量; 每页花费的时间——可以使用 Google 分析等工具来收集信息)。这项研究表明,该网站平均渗透率仅两成(也就是说,对点击主页以外的内容区域点击了两次),这比通常观察到其他成功网站的四到八个点击率要低。虽然电子邮件提醒被证明有助于增加的网页点击深度,但由于参与者进入网页的相对深度较小,其影响效果被认为基本上是不确定的。

上述研究强调,使用这些网站干预的用户主要集中在受过高等教育的超重女性群体[19,80,112]。对干预网站发展的从业者来说,想在其他种群间更有效地发展,特别要关注男性运动促进的研究[87,113]。

在开发基于网络的干预促进行为变化时使用了各种理论,其中最有效的基于网络的干预措施使用了社会认知理论、阶段理论模型(见第 1 章和第 4 章)和计划行为理论[16,115]。此外,虽然结果没有定论,但基于量身定制信息、增益框架信息和提高自我效能的身体活动干预似乎对改善身体活动具有最大的希望[67]。两个定性评价分别确定了有效减肥干预网站的五个关键组成成分。一是建议自我监控、反馈和沟通、社会支持、使用结构化程序、使用量身定制的程序作为关键因素[56]。另一个是定性评价认为干预开发人员应该旨在重新创造个人体验,个性化设计,创建一个动态的体验,提供了一个支持性的学习氛围和建立健全的行为改变理论[9]（见第 3 章）。可以看到,这两个研究共同的相似之处都关注个性化定制、社会支持、良好的沟通技巧和基于结构化的、有理论依据的方案。

 交互式语音应答技术的应用

一些研究显示,人们发明的基于电话的干预措施可以广泛推广,并可以用于提高身体活动行为[30,117]。研究人员还探讨了将交互式语音应答（IVR）系统（也称为自动电话连接计算机系统）作为一个医疗工具[85]。这些系统有很高的潜在价值,因为他们既可以用于简单的任务（如约会提醒）,也可以用于复杂的任务（如提供完全自动化的建议和关于身体活动的反馈以及其他健康行为）。一个 IVR 电话系统的分析显示,自动呼叫能有效地促进护理流程（如：预约）和疾病控制（如改善血糖控制）[69]。

虽然 IVR 系统促进身体活动的研究上还有些局限,但一些结果已经得到了肯定[59]。例如,迄今为止对 IVR 电话系统效用的最严格的研究表明,自动电话系统在促进 12 个月的身体活动方面比注意力控制条件更有效,并且与提供电话咨询的人一样有效[59]。

一些研究已经确定一些特征能够提高 IVR 用户体验。具体来说,这套系统存在以下几个缺陷：（a）出现重复相同的内容；（b）交互式语音应答是呆板的,受计算机的固定流程而不受用户需求驱动；（c）用户感觉系统是不够友好；（d）IVR 系统让用户感到内疚；（e）有限的导语使用户对系统的理解不够,比如包括认为系统是电话销售；（f）干预内容传达不够迅速[3,33,42]。一些研究也发现其中的问题,并且加以改进 IVR 系统。例如,使用 IVR 系统前会有详细说明,如果程序出现问题可以直接打电话与人联系沟通[42,59]。有趣的是,一些参与者表示对这些类似于导师或亲密朋友的自动语音提示有强烈的亲切感[54]。

与其他技术系统一样,有几个公司已经开发了 IVR 系统的基本架构。IVR 系统的开发通常涉及这些公司,致力于开发各种适当的内容,包括制定一些决策和打电话的适当次数。

 循序渐进

表 6.2 总结了在开发电子媒体干预的关键步骤[53]。

表 6.2   开发电子媒体干预技术的步骤

步骤	主要问题和任务
1 识别用户群体	谁将会用这个系统？什么样的行为将会提高？已知的限制是什么？尽可能具体地列举。
2 观察	潜在用户目前在做哪些相关的行为？为什么？哪些做得很好,为什么他们可以做得很好？哪些做得不好,又为什么？

续表

步骤	主要问题和任务
3 识别理论	观察这些组别,哪些行为理论最适合解决这些问题? 哪个理论最具有实证支持? 现在理论需要观察什么?
4a 发展原型	开发潜在的想法,强调差异和竞争性假设。
4b 测试用户	概念阶段:目标是看你的潜在意识是如何理解的,随后展示原型,观察它们是否如你预期中的一样。 用户体验:通过系统识别目标是最简单、最直观的手段。集中观察如何通过系统理解用户的预期。注意整个系统中不需要起作用来获得用户体验(如:后端存储和数据处理)。 功能原型:把各部分放一起,包括后端,看看它是否按计划实施。前面的步骤将有助于减少惨痛的教训。
4c 重复	从用户体验中总结出来的经验,返回步骤 1 或步骤 4a,这取决于它的结果。在重复过程中,目标是从概念原型到用户体验原型到全功能原型。
5 测试系统中的"专家"	当全功能原型已经启动并运行时,有各种行业的人,这些人中可能不是专门的用户测试人员,可能是知识很渊博的人,或者你身边的人(比如同事),用它来帮助识别这个系统中明显的问题。基于反复试验,并从中总结经验。
6 在一个小样本组里测试	目标是识别在其他系统中突出的问题。
7 启动系统(但是记住监控和更新)	准备监控系统,并修复和解决出现的问题,特别是通过谷歌分析的监控系统。

　　包括额外的开发步骤,例如开发原型、迭代循环和用户测试,这些对构建交互式电子媒体程序是至关重要的。

案例场景 6.2

　　　　您正在开发一个针对虚弱老人的干预训练,来增强他们的日行步数和力量素质。

性别:大部分是女性

年龄:65 岁以上

你开始通过观察老年人在家中使用网络页面的频率,并了解他们的身体状况。要学会从老人的角度思考问题。接下来,你决定采取哪种行为改变策略的基本理论,如自我监控、目标设定、结构信息等。之后,你将开始开发原型和用户测试的过程。在概念阶段,用一些图纸进行模拟,用文本来描述不同的目标设定格式。当参与者的不同目标构架呈现出来后，你发现一些不能引起预期效应的计划，你需要让参与者重新在纸上创建原型设定目标。在用户体验阶段，通过探索便利性和观察用户如何输入信息来测试不同的自我监控形式。在构建完整功能的原型时，新用户测试系统的时间会更长。此外，你邀请几个同事试用几天，他们会发现几个系统崩溃的实例、不完整的链接和措辞不当的内容。这些错误被纠正后，另一组用户继续测试系统。这些用户总体上表现出了对网站的兴趣，但感觉部分内容有点冗长。你修改用户界面以便更好地符合用户的需求。在这个阶段，你的系统已被审核，你的团队将继续监控和解决小问题来维护你的网站。

第 4 节　手 机 短 信

短信服务（SMS：也称为短信）是一个价廉、即时的双向沟通形式，通过一个移动电话传输简短的书面信息，它是被最广泛、频繁使用移动数据的服务[66,104]。在美国几乎每个人都有一部手机，截至 2010 年 12 月，3.029 亿的无线电用户（美国人口总数的 96%，超过 26.6% 的家庭只用无线）。此外，全球 98% 的手机具有短信发送功能，美国每月发出的信息达到 1 877 亿条。随着越来越多的手机公司在增加通话计划，包括无限短信，短信流行程度可能会增加。到底是什么使移动电话技术相比其他沟通方式更加独特，是固定电话还是互联网？在那些经济能力较低的普通百姓中，手机使用率也很高[60,121]。短信通常用于"推送"信息给用户，无须用户发起请求。推送技术与其他需要用户发起请求"拉"的移动技术形成一个对比，如呼叫电话号码或访问互联网网站。当 SMS 消息需要用户回应或当用户发起对话，就应用了 SMS 的"拉"技术。"推拉"的短信技术和其他功能相结合可以帮助个人在日常生活做出健康的行为选择，如减少盯看屏幕的时间，每天坚持锻炼。

使用 SMS 促进健康行为是一个快速增长的领域[62]，移动手机有很多功能，可用于健康促进[88]。短信技术可以收集和提供时间信息，用简洁的消息来表达想传递的内容，方便接受者仔细快速地阅读。这些消息是一直存在的，用户随时随地可以进行阅读。消息也将会存储在手机——即使电话一直处于关机、通话、消息传递的状态。因为与电话相比，SMS 只需要一个较低的带宽，所以它可以达到农村地区或狭小的移动电话服务区域。这些短信功能可以适用在各种条件下促进各种各样的健康运动，如简单预约提醒，或者复杂的任务，比如减肥咨询[88,89]。

短信能有效促进健康锻炼原因之一是，短信功能与行为改变的重要理论具有许多共同特征，比如行动暗示、强化、设定目标、目标提醒、反馈等。此外，研究表明，SMS 程序可以改善社会支持[40]、自我监控[99,100]、主观控制[49]、焦虑[93]和自我效能感[40]（见第 3 章）。

研究证据

　　已经证明短信能够有效地改善许多与健康有关的行为,如糖尿病[39,40]和戒烟[15,94]等。到目前为止,有 2 项专注于身体活动研究显示了积极的结果。Hurling 和他的同事们进行的一项为期 9 周的实验[49]。77 名健康的成年人获得了一个带有反馈设施的互动网站、用于自我监测的手腕加速度计和量身定制的补充信息。参与者选择电子邮件或短信接收消息,这些信息给参与者提供解决感知障碍的方案。参与者可以选择通过电子邮件和 SMS 的方式接收信息,这些信息给参与者提供解决身体活动中障碍的方案,包括可提醒每周的身体活动计划与安排,这个短信程序可以帮助增加中等强度体力活动,每周大约身体活动 2.25 小时。另一项研究是由 Shapiro 和他的同事进行的[100],58 个孩子和他们的父母使用短信来进行 8 周自我监控的身体活动。在 3 次 90 分钟教育会议后,孩子们和家长被要求每天发送两条关于他们身体活动消息的报告,并进行回复。结果表明,使用短信自我监控可以改善坚持身体活动。然而,Newton 的第 3 个研究[83]没有发现短信能够有效增加身体活动。在这 12 周的试验中,78 名青少年收到一个计步器和一些激励信息。结果表明,发短信给青少年,运动步数减少了,BMI 也没有改变。出现这种实验结果可能是由于发送的是通用消息而不是定制消息的原因。

　　其他有关 SMS 的研究也已经在进行中,虽然主要目的并不是提高身体活动,但身体活动也被纳入计划中。4 个研究专注以减肥为主要目的,将饮食和身体活动的消息发送给参与者。在一项由 Joo 和 Kim[52] 的研究中,一项减肥计划包括访问公共卫生中心、计步器、印刷材料、注册营养师对其进行最初的评估和短信,帮助参与者在 12 周内减掉 1.6 公斤的体重。Patrick 和同事[89]发现提供有关每月咨询电话和印刷材料的短信,4 个月里帮助参与者降低 2.88 公斤的体重。Haapala 和他的同事们[44]发现不包括补充干预策略的 SMS 计划在 12 个月内帮助参与者降低体重 4.5 公斤。Gerber 和他的同事们[41]也进行了一项仅仅使用手机短信管理体重的计划,专注于意识改变,发现女性对接受关于减重的短信有着更加积极的态度。另外,有两项研究集中在 2 型糖尿病的控制方面,并将身体活动信息纳入研究过程中,这些研究主要是基于短信和网站。这两项研究[57,120]实验结果表明,在 12 个月内,在糖尿病控制方面,短信相比其他措施能更有效地控制 HbA1C。除一项研究外,其余所有有关短信研究都已经表明,短信在提高身体活动水平或身体活动相关健康生活促进方面都是有效的手段。

　　短信发送的频率和持续时间是计划的重要特征。一般来说,消息的频率通常反映出目标行为的预期频率[35]。一项研究身体活动项目的结果表明每天发送 5 条消息是有效的[89],而另一些研究认为每周发送身体活动信息是有效的[41,49,52,57,120],所以身体活动短信的发送频率在不同项目之间的差别很大。另一项研究让参与者来决定他们想要接收的短信数量[44],至于项目的持续时间,大多数成功的身体活动或健康生活进行的时间是在 6 到 12 个月之间。

需要注意的是,SMS 项目的实施通常结合其他干预策略或材料,如交互式网站、自我监控的日记、咨询健康专家、印刷材料等。所有有关身体活动 SMS 的研究都包括补充程序。最常见的是使用网站[44,49,57,120]、拨打咨询电话[89]或者询问健康专家[57,120]。

 循序渐进

有很多公司提供个人或企业短信服务。其中,最受欢迎的个人健康短信服务是主要针对孕妇的 Text4Diet,到目前为止,还没有适合商务人士身体活动的短信项目,但有些公司为企业提供这些项目。例如,Santech 公司提供量身定制的关于饮食和日常身体活动的手机短信项目,"Text4Diet" 项目也面向成人或青少年减肥人群。

你也可以为访客创建自己的 SMS。在决定 SMS 的哪些特点是适合你或者你的访客之前(如:个性化或者交互性),你可以在网上搜索大量提供信息服务的有关公司。许多这样的项目都是免费提供的(例如谷歌语音)或花少量的费用。这些网站提供了许多高级功能,因为你可以简单地尝试创建通讯录,自动安排发送信息,跟踪消息传递等等,这些功能使发送非定制消息更加简单和轻松。如何编写一个有效的短信见表 6.3。身体活动消息示例见表 6.4。

表 6.3　如何写一条有效的手机短信

内容	原因	例子
积极影响	• 集中注意力 • 信息变得越来越突出 • 增加反馈	• 使用词语如 "开心" "甜蜜" "美好"
获得框架	有说服力的	• 消息强调运动的收益而不是运动的付出
非语言的暗示	• 读者更好地理解信息 • 增加社会支持 • 使用俏皮的语言进行非正式的对话,可以更好地促进友好关系 • 学会操纵语法标记:表示停顿(……),表达感叹(!),或信号的语调(SHOUT) • 负影响:在现在正式写作中没有应用标准化的书面语,如在开头的句子中缺乏主语	• 发音拼写:"weeeeelllll" • 词汇替代:"MHMM" • 空间排列:(表情符号)
有力的语言	• 注意力集中 • 信息变得更加突出	• 有力:"总是" 或 "从不" • 无力:"或许" "也许" 　标签问题(不是吗?) 　犹豫("嗯"),激烈的("真正的"),或断断续续的句子

续表

内容	原因	例子
清晰	• 更少心理加工付出 • 减少分心	• 定期补充文本（只有当完全有必要） • 照片 • 动画 • 音频 • 在使用更简洁的单词,更加清晰 （如"Ｗ Ｋ"表示"工作"） （如"ｓ ｕ"表示"再见"）

表 6.4　身体活动短信示例

教育

只要坚持每天 30 分钟的锻炼,可以改善你的健康,变得更长寿!

运动能拥有更好的精力,可以使身体更加轻松和增加自身幸福感

策略

从一个小的运动目标开始并且坚持,使用各种方法来保持你的运动兴致,如一天走路,一天游泳,在周末去骑自行车

建议

最简单最有效改善你心脏健康的方法就是开始步行。这是享受的、自由的、简单的、很有效的运动,白天有更多步行的机会,去商场购物或平时多爬楼梯代替电梯。

提醒

记得戴上你的计步器!

下班后,叫上一个朋友一起步行 30 分钟。

动机

现在就开始行动起来!

坚持你的目标,每天行走 12 000 步。你可以做到的!

案例场景 6.3

这个表格,使用量身定制的单向消息作为行动提醒。

访客: Brian

访客信息: 18 岁的男性,一个正在读高中的越野跑步者

　　Brian 请求你帮他开始秋季越野队选拔赛的训练,在你为他设计一个锻炼计划后,你需要每天通过短信提醒他,让他整个夏天更容易地坚持训练。一个定制的单向推送消息对于 Brian 是很必要的。见表 6.5 发送给 Brian 的示例文本消息,帮他准备即将到来的越野队的选拔赛。

表 6.5　Brian 的越野跑步训练计划

日期	内容
星期一	Brian,今天锻炼 45 分钟的慢跑。今天外面天气很热,记得及时补充水分。
星期二	Brian,今天的训练是 60 分钟间歇训练(10×400m)。
星期三	今天的训练是 30 分钟简单有氧训练和 15 分钟的拉伸。Brian! 保持良好心情去工作!
星期四	Brian,今天的锻炼是 45 分钟跑步,至少包含 3 个斜坡跑。
星期五	今天的训练是 45 分钟间歇训练(5×1 000m)。Brian,坚持住! 跟紧之前的训练!
星期六	Brian,今天的计划是慢跑 10 公里。按照规定的速度。
星期天	Brian,这周任务你完成得很好!

案例场景 6.4

　　这个表格使用量身定制,双向发送消息的服务,给访客提供个性化的反馈、社会支持和目标设定。

　　访客: Megan

访客信息: 35 岁的已婚女性,全职工作,两个孩子,超重(BMI=29)

　　Megan 的医生建议她每天至少花 30 分钟的时间来锻炼减肥,她寻求你的帮助,因为她的工作繁忙没有时间来咨询。根据 Megan 的需求来制定每天推送的信息。一些信息还需要跟 Megan 互动,解决她的身体活动障碍,来达到她的身体活动目标。见表 6.6 示例文本消息可以帮助 Megan 坚持每天运动至少 30 分钟。

表 6.6　帮助 Megan 每天锻炼 30 分钟的短信样本内容

日期	内容
星期一上午	Megan,是什么阻止了你每天锻炼 30 分钟? A)我忘记了 B)我没有时间 C)太难了 D)其他(Megan 回答 B)
星期一下午	我把你的每天的运动量分解成 3 个 10 分钟的运动和你每天一次性做 30 分钟运动效果是一样的。
星期二上午	每天你能做一些小事情来增加运动量,比如爬楼梯而不是电梯。
星期二下午	安排时间和你的朋友或者家人一起进行运动。如一起散步或者去公园玩。

日期	内容
星期三上午	Megan,你昨天做了多长时间的运动?　A)<30分钟　B)30分钟　C)>30分钟｛Megan回答(A)｝Megan,你需要每天至少坚持30分钟的运动。明天再试一次。
星期三下午	增加你的日常运动量,试着和同事把会议安排在室外进行步行会议。
星期四上午	你需要更多的时间来锻炼,试着早上把运动服放在车上,在你下班后就可以立刻去运动。
星期四下午	可以在家里做家务消耗脂肪,这是一种将运动与家务很好结合方法。
星期五上午	Megan,你昨天做了多长时间的运动?　A)<30分钟　B)30分钟　C)>30分钟(Megan回答B)做得漂亮,Megan! 保持良好的状态,明天增加5分钟的运动。
星期五下午	如果你能利用分散自己的注意力来增加你的运动,这样更容易坚持运动。比如,当你走路时可以和朋友聊天或听你最喜欢的音乐。

续表

局限性

虽然 SMS 提供了许多有用的功能,可以促进身体活动,但这项技术也有局限性。第一,通过手机发送信息需要很简短,因为每条信息的字符必须少于 160 个。发送者可以发送多条消息,但是因为手机的小屏幕上,不方便阅读(如调查)。第二,通常在一个时间段内只能建立一个新的内容(如:编写信息或者保存手机号码)。第三,因为手机或者邮箱的信号连接断开导致一些信息可能没有收到,但是在手机信号再次连接后仍然会收到信息。如果手机丢失或被盗,SMS 计划也可能被中断。然而,这些限制同样存在于邮件系统等其他形式的通信工具中。第四,使用 SMS 技术可能限制某些人群,如那些文盲或没有钱买手机的人,然而随着移动技术的进步和手机成本的降低,这些限制将逐步减少(随着手机加入了语音应答系统和可以发送图片代替文字等功能)。最后,现在还处于使用 SMS 技术来促进健康研究的早期阶段,对于有效行为的改变,还有许多开放性的问题需要人们进行实践和探讨。

第 5 节　社 交 媒 体

社交网站是一种方便个人与其他人进行交流的个人网页。在这些网页中用户可以建立个人资料,可以随时分享生活照片或者他们喜欢的人和事,也可以分享各种链接,这些网站有一个重要的特性是,用户可以分享关于别人资料的链接,这是社交网络的重要发展[31]。用户可以从成千上万的健康小组和应用程序中选择他们感兴趣的内容(如:社交媒体上的每日糖尿病、极限跑步、美国国家医疗保障等)。这些网站可以教育、吸引和授权访客和健康专业人士,因为网站给他们提供了一个了解健康问题的环境,也提供一个与志同道合的人进行互动的环境。社交网站是最受欢迎的社交媒体[98]。因此,他们有很大的潜力来推动促进健康活动。

在过去 5 到 10 年内,社交网站已经成为互联网上访问最多的网站。截至 2010 年 11 月,93% 的青少年(12~17 岁)使用网络,在这些用户中有 73% 的人使用社交网站。成年人(>18 岁)有 77% 使用网站,在这些用户中有 61% 的人使用社交网站。此外,每日有 80% 的互联网用户访问社交网站。虽然年轻人更容易接受社交网络,但社交媒体用户人群增长最快的却是老年人(>65 岁),许多老年人在 2010 年 5 月注册了某社交媒体,比 2009 年 5 月[119]增长了三倍。此外,访问社交媒体在美国不受限于教育、种族或医疗保健等[21]。随着社交网络技术的进步和访问的增加,预计在线社交网络的普及将继续在全球范围内扩大[48]。

社交网站的流行可以归因于它拥有许多特征。社交网站不仅易于使用和成本低(大多数都是免费的),而且他们也能吸引用户并保持活力,换句话说,社交网站不是静态的,它们是互动的,用户可以发布自己的内容和评论别人的内容。因为他们可以采用各种设备进行访问(如,计算机、移动电话和平板电脑),所以这些网站也很容易进入。社交网站不同于其他在线社区,因为它们能够让用户展示他们的社交朋友圈,这个特征直观地显示在好友访问列表中,导致别人会猜测他们之间的关系[13]。总的来说,在线社交网络允许用户之间进行比其他形式社交媒体更快更容易的交流。

通过在线社交网络来促进人们的健康有着巨大的潜力,这归因于个人的社会环境在不同类型的健康行为中扮演着一个重要的角色[86,116],其中也包括身体活动行为[6]。社交网络之所以潜力巨大,是因为它可以影响对社会规范的认知,或一个群体的行为准则,这是一种通过主导性力量来改变行为的方法[22]。个人在社会环境中拥有积极健康行为和健康状况的一个重要因素就是社会支持[110]。社交网站除了影响一个人的社会环境外,它还增加授权[38,70],并允许用户访问各种信息和资源[91],而授权访客访问网站在个体寻求积极的健康行为和生活方式中起着重要作用[4,5]。综上所述,这些心理因素对个人的健康行为和结果有重大影响。

 ## 研究证据

虽然证明社交网络能促进健康的相关研究有限,但在传播健康方面的支持证据增长速度很显著。在社交媒体上有关糖尿病的研究中,研究人员发现大约有 65% 的人愿意主动分享自己糖尿病管理策略,超过 13% 的人愿意提供具体管理方法,并且回复其他用户提出的问题,约 29% 的人愿意主动为社区的其他成员提供情感支持[43]。另一项研究是在某社交媒体上关注乳腺癌幸存者团体,研究发现,这个有关乳腺癌的社交网站有超过 100 万成员和 620 个小组,在这些组织中,44.7% 的组织是为筹款创建;38.1% 的组织是为传播有关乳腺癌的知识(约 90 万成员);9% 推广有关乳腺癌的产品或服务;7% 组织给予病人和看护者精神支持[65]。这些研究表明,这个社交媒体为许多不同类型的健康交流提供了一个论坛,在网络上可以报告个人经历并且接收反馈,大规模群体通过使用社交网络了解了公共卫生问题的重要性。

　　到目前为止,通过社交网络使用健康行为干预已经很普遍了。一项基于社交媒体的身体活动干预已经开始,研究人员评估一位已婚妇女,她平时使用社交媒体的计步器来记录日常步数,这个软件可以与联系列表中好友的步数进行比较,从而来激励人们的日常身体活动[37]。研究人员发现,通过使用社交媒体记步器记录步数的参与者比那些没有计步器记录步数的参与者更容易坚持身体活动。虽然基于社交网站的健康干预研究仍在继续,但是计步器研究的结果令人鼓舞,证明社交网络具有很大改变行为的潜力[37]。

 实用工具箱 6.1

使用社交网站时注意事项

　　当使用社交网络作为一个专业健康促进网络,以下几项注意事项要记住。

　　(1)你必须保持专业性。请注意,你可以看到有关访客的图片或信息,并和访客之间建立良好的信任[64]。建议你设置一个单独的页面用于工作,独立于你的个人网页,或者在你的个人网页上设置隐私权限(如相关照片和视频选择性给好友的查看和"标记"其他人)。

　　(2)注意相关的法律问题——大多数人共享的信息,需要确保符合健康保险和有关法律要求。有报道称一些有关起诉健康管理者事件,原因是私人信息未经允许出现在公共网络页面上[47,76]。为了安全起见,你需要防止黑客,检查网站是否能够充分保护访客的私人信息。

　　(3)用户可能会误解你的在线评论[31]。相比面对面交流而言,在线交流的过程将会缺少一些线索,如语气的变化和肢体语言。如果你需要沟通特别重要或敏感问题,传统形式的沟通(如电话、办公室面谈)可能更合适。一般来说,社交网络生活就如你在现实生活中一样,负面信息可以通过在线社交网络快速传播。

第 6 节   身体活动监测设备

现代的健康和健身行业比前几代具有明显的进步:能够使用传感器系统来监控访客的健康行为和他们访客身体活动的结果,还可以将这些信息反馈给访客,这种类型的反馈可以帮助制定身体活动目标和保持访客的身体活动动机。在过去 10 年里,得益于价廉的微电子机械系统(MEMS)的崛起和数据分析的快速提高,监测健康行为的传感器设备发展迅速。以前,如果一个人想衡量他的体力活动或身体活动,必须依靠纸、笔、秒表,或者机械电子计步器,而今天,任何人如果想要跟踪他们的训练或日常活动,可以从多种不同的工具中选择一个来满足他们的需求(见第 2 章)。监控设备是保持身体活动的关键因素,是对自我身体活动动机监控的客观测量。这一节将描述一些常见的传感器系统,可用于测量、追踪、改变健康行为。我们将主要关注身体活动行为,下面介绍近年来发展最迅速的传感器系统。

 研究证据

- 计步器

目前,计步器是监测日常身体活动量最常见的方法,它戴在髋部,会显示一个人一天的活动量以及活动时间。计步器的低成本和易用性使更多的人选择它作为身体活动监测工具,用户也更加喜欢在进行身体活动时记录他们的身体活动情况。虽然计步器也有一些技术上的限制,这些限制包括计算行走步数的准确性、无法辨别身体活动强度、无法记录日常能量消耗信息等[108],但是已经通过传感技术解决了。

当前公共卫生部门建议健全的成年人每天应该走 10 000 步,女童走 11 000 步,男童走 13 000 步(美国总统体适能和运动顾问委员会,2002;Hatano,1993)。同所有的锻炼和活动计划一样,制订步数计划要基于个体的活动和健康历史[109]。计步器可以帮助人们监控信息并朝着目标步数努力。大量研究表明,计步器是增加成年人和青少年运动的有效工具[71]。有关研究表明,每天使用计步器会增加大约 2 000 步行走步数[17],可以达到适度减肥的效果[92]。值得注意的是,将计步器干预与自我追踪程序结合使用时效果更加明显(如每天计步),尤其是当研究对象大多是久坐不动的人群,他们利用计步器进行目标设定和每日步数计算的时候。YamaxDigiwalker 系列的电子计步器成本低并且应用最广泛,这个系列的计步器已被证明能高度准确地评估步数(+/-1%)[27]。使用电子计步器,计数精度的影响因素是身体活动速度,步行速度较慢(3.0mph)可能不会产生力来触发机械杠杆,因此计步器将会低估步数[27],这也是行为迟缓的人或老年人选择设备会考虑使用加速器代替机电机制来更准确地评估步数。比如,New Lifestyle(NL 系列)一个重要因素。

值得人们注意的是,许多现代计步器使用加速计而不是机电装置来更准确地评估步数。New Lifestyles(NL 系列)和 Omron HJ-710ITC 都是基于重力感应的计步器[26,27,45],这些新的计步器已经用于身体活动干预措施中。这些设备并不是没有缺点,他们有些是倾向于高估能量消耗[27]。最近的一项个体自由生活的研究表明,Omron 计步器可能低估的步数,因为它有 4 秒的过滤器,只记录身体活动持续时间超过 4 秒的身体活动步数[101]。

- 加速器

低成本的加速器可以迅速提高计步器的计步能力以及其他测量人体活动传感器的敏感度。加速器通常是将包含系统测量引力(重力)的小芯片装在设备中。值得注意的是,每个传感器都有一个在一定范围内特定的重力敏感性检测。通常情况下,加速器测量沿给定轴的重力。当导向正确时,单轴加速度计测量重力沿"y"或垂直轴运作。双轴加速度计包括 y 轴和水平 x 轴,三轴加速度计除了"y"和"x"轴还包括"z"轴。单轴测量身体活动有局限性是只有垂直位移传感器才能检测到,而添加水平(x)和矢状(z)位移可以提高身体活动检测的准确性。

将加速器与微处理器相结合用于身体活动传感设备。微处理器可用于解释重力加速度计提供的数据。大多数设备通过特定的算法,把加速器数据转化为有用的身体活动信息,如:(a)步数的数量;(b)身体活动所花费的时间;(c)身体活动的强度;(d)身体活动的距离;(e)身体活动消耗的热量。值得注意的是,当打算测量涉及腿部对地面反作用力时,最好使用加速器。比如走路和跑步,这些身体活动通常占据了绝大多数人的日常身体活动[107]。加速器无法有效捕获水上活动,比如游泳,以及很少有地面反作用力的身体活动,如骑自行车[20]。

应用加速器测量运动数据的研究大多数都集中在研究专用设备上,比如活动变化记录仪模型。如前所述大多数加速器的原始引力信号和输出时间的数据(通常称为"计数")被用于确定活动强度、移动时间和佩戴设备的时间[7]。为了确定不同厂家生产的不同型号加速器的有效性,已经进行了大量的研究。这些研究将"计数"和将"步数"转换成运动强度的分割点[96]进行平行比较。这些设备,尽管比机械计步器更准确更昂贵(设备和软件总价格 >$300 美元),但是并不会把数据反馈给用户。因此,这些类型的感应器很少量产,只作为一种工具,用于反馈身体活动干预措施的各项研究。

- 心率监视器

心率监视器是最常用的生物活动传感器,用来测量来自心肌收缩和放松的信号,称为心电图(ECG)。目前心率监视器包含两个组件,胸带和接收器(通常为手表或其他显示系统),ECG 信号被处理并且发送到显示心率的接收器。在某些情况下,原始 ECG 信号发送到接收器,并加工成心率和其他变量,如心率变异性(HRV,在心脏功能 R 峰值的周期)。当必需实施关于运动强度的反馈时,心率监视器是一个理想的设备。这也许可以解释教员或健康专业人士为什么这么倡导通过创建个性化的训练方法来提高访客或运动员的心血管健康。

大量研究考察了不同心率监视器的有效性(通常由 Polar Electro 生产),结果显示与临床心电图监视器效果一样[68]。许多研究人员通过心率监视器估算能量消耗,发现了积极可变的结果[1,25,77]。能量消耗研究的共识是,在评估软件中加入最大心率和摄氧量等目标特征信息可以提高准确性。

心脏监测也有局限性,通常,全天佩戴心率监视器是不方便的,长时间监测的数据质量也有问题[14];由于这些数据来源于心率监测,监测的过程中会受到许多不同因素的影响,如文化水平、温度、疾病和海拔高度[1,2]。

- GPS

如果用户想要准确地跟踪户外活动,那么全球定位系统(GPS)是一个理想的设备。个人 GPS 设备与车载 GPS 技术相同,一个小型装有电脑芯片的 GPS 卫星在地球轨道上运行,并能精确的定位位置信息,GPS 处理关于位置(纬度和经度)、行走速度和距离的数据信息,他们也可以用来追踪大多数的户外活动,所以大多数商业生产的 GPS 用于跑步和骑自行车等运动。虽然 GPS 设备可以单独使用,但是大多数都是与测量心率的传感器,或者与测量其他变量的传感器相结合使用,比如骑自行车的踏板节奏(转/分钟)。

GPS 装置的数据会根据不同类型的活动和个人特点而不同(如速度、距离),但是使用 GPS 设备时最常见的问题是他们的准确性。有关商业 GPS 的研究显示他们能够准确确定跑步和走路的速度以及确切位置[95,106,118]。这些研究还着重说明了一些可能会影响数据的准确性的已知问题,比如曲线的移动方式(如曲线跟踪)和高速的行程(如短跑)。除了身体活动类型外,外部的环境因素也会影响准确性,比如在高楼林立的地方或周围地区会导致信号较弱,偏僻的旅游地方没有明确信号[105]。

循序渐进

在确定使用一个监控系统是否适合访客或患者之前,最好是先了解收集的数据类型、监控能力和设备的成本之间的关系。这些信息展示在表 6.7 中。这个列表没有列出身体活动的强度和耐力训练。与有氧活动相比,目前是缺乏肌肉训练的客观测量指标,但是关于肌肉活动的感应测量正在探索中,而且肌肉活动的感应对于实现测量和追踪是十分有用的。

表 6.7   计步器、加速器、心率监视器和 GPS 设备的特点

	机械计步器	加速器	心率监视器	GPS
输出				
步数	×	×		
距离	×	×		×
强度		×	×	
能量消耗		×	×	
速度		×		×

续表

	机械计步器	加速器	心率监视器	GPS
活动				
步行	×	×	×	×
跑步（室内）	×	×	×	
跑步（户外）		×	×	×
自行车			×	×
游泳			一些模型	一些模型
花费	$20~$50	$50~$150	$75~$300	$150~$350
优点	很容易进行	高消费，更加精确	更加精准	显示准确的速度和距离
缺点	不是很准确，不提供其他信息	需要专业的计算	穿得厚重	花费大，只适合户外运动

案例场景 6.5

访客：Jonathan

访客信息：

• 50 岁

• 最近刚做了心脏手术，已经出院，并正在进行典型的门诊康复计划管理。

• 他的医生告诉他，他需要保持身体活动并争取减肥。

• 他不适应新的技术。

• 他没有去过健身房。

Jonathan 已经在参加你创建的身体活动计划，你得对他负责任。

在这个计划中，你很可能会使用一个低成本的计步器，帮 Jonathan 设定一个每日计划鼓励他保持每日的运动量。你要对他当前的运动水平进行评估，并定制一套适合他的身体活动计划，逐步增加他的每日步数。作为一个刚开始不适应新技术的人，他愿意进行你设定的每天身体活动跟踪表，并且愿意与你们分享每天的跟踪进程，这是一个良好的开始。

案例场景 6.6

访客：Grace

访客信息：

• 35 岁

• 喜欢在健身房室内训练

• 适应新的技术

Grace 有运动基础,她希望增加运动量和提高健康水平以便迎接即将到来的半程马拉松比赛,于是她聘请你去帮她设计每周的训练计划。这种情况下,你需要推荐一个功能极佳的心率监视器,当她在室内使用跑步机进行有氧运动时,心率监测器是测量她的健康状态和提供运动强度反馈的良好工具。心率监视器可以提供方法来下载和保存数据到电脑或特定设备的网站中,你可以鼓励 Grace 与你分享这些数据,以便更好地为她制定更加适合她健康水平的运动计划和康复训练。

第 7 节   多技术集成

技术的进步,比如视频流、更快的处理器、无线连接、电池寿命延长和存储容量等技术的发展对信息传递和反馈技术有很大的贡献。在这一章提出了很多不同类型的技术措施、跟踪训练和反馈身体活动。在商用系统和服务中可以看到这些技术的不同组合,这些集成系统允许用户之间进行交流数据,并获得专业知识。智能手机是许多集成系统的中心点或网关,本节介绍了智能手机及功能,以及将其作为身体活动干预措施的一种技术方式。我们先介绍商用集成系统,然后介绍如何在多个系统上共享身体活动和数据,来创建独特的高级定制干预措施。

智能手机干预体育锻炼的潜力

智能手机有很多功能可以用于促进健康[88]。除了通话或短信双向沟通等基本功能以外,许多手机都有内置摄像头、储存空间和互联网浏览器,可以把数据传输到外部网络,甚至一些手机还包括全球定位系统（GPS）、内置加速计、Wi-Fi 连接和蓝牙无线通信（例如心率监视器、外部加速度计）等功能。这些智能手机功能非常适合创建一个综合身体活动干预系统。

目前的证据表明手机加上互联网服务可以促进身体活动行为[49]。此外,以往的研究也表明,相对单一的评估控制来说,个人数字助理(PDAs)可以有效增加超过 8 周的活动时间[58]。一些研究也表明手机可以作为"显示信息"的工具,也可以作为潜在的给个体提供反馈信息的工具[23]。除此之外,很少有研究探讨手机其他新功能促进身体活动行为的效果。

Consolvo 和他的同事们[24]确定了 8 个能够有效提高身体活动行为的设计理念:(a)抽象和反馈(即:不显示原始数据,而是将对个人有意义的信息抽象化并激发反馈);(b)不宣宾夺主的(即:当你需要时这个系统就出现,而且不影响其他活动);(c)公开化(即:表示个人的信息可以显示在公共场合,但不会让用户不舒服);(d)美观的(即:系统必须符合用户的风格和审美观);(e)积极的(即:奖励好的行为,而不是惩罚坏的);(f)承上启下(即:提供过去的行为意识);(g)全面性(即:突出与个人生活方式最佳匹配的行为)。这些设计理念不仅对干预措施非常重要,也可以顺利通过智能手机来实现。

商业综合干预系统

大多数商用集成系统通常包括自我追踪、交互式网络和移动体验。互动平台为消息源、消息渠道、接收器和反馈提供了更加灵活的交流机会,这在理论上应该是使系统适应用户而不是强迫用户适应系统。理想的集成系统包括以下几个方面:(a)搭建多种设备之间快捷方便的通信(如计步器、网站、智能手机)为用户提供最大的便利;(b)优化系统的每个组件,实现在身体活动推广中的干预作用,不会因为对技术的原因给用户增加额外的负担(如可以随时随地地进行反馈,方便可及)。更大的目标是将开发系统应用到一个人的日常生活中,以最小的负担给用户提供最大的便利,要想达到以上的理想效果仍需努力。

目前的系统可提供各种不同的工具,能达到上述的理想效果,主要实现 4 个方面的功能。第一,该平台允许用户从一个设备或传感器系统上传和查看收集数据,这些数据通常使用无线设备从特定的应用程序下载或上传到一个网站。第二,平台提供了来自传感器可视化数据的方法,可视化具有高度交互、理解简单和信息化,但值得注意的是高度交互并不一定等同于提供信息[122]。第三,用户可以使用系统设置一个目标,或在某些情况下设置多个目标,这些目标可以与运动、饮食、体重或睡眠等有关,然后系统提供针对目标的每日或每周的进展反馈,在某些情况下,达到目标则给予虚拟奖励,如徽章和推送积极的消息。最后,大多数商业系统已经开始将社交网络组件集成到平台上,这些通常表现为将用户行为信息发送到社交网站的平台。一些综合商业系统给用户提供一个平台,让用户能够通过平台和"朋友"进行友好的竞争和挑战,最常见的方法是通过提供一个排行榜,他和他的"朋友"在一个共同的指标中相比赛,如每天的步数或消耗的卡路里。

FitBit 是综合干预系统的一个例子(Fitbit, Inc www.fitbit.com)。FitBit 是一个小型的基于重力感应的身体活动监视器,拥有一个闪存棒。在有无线网络的时候,将 USB 插入电脑时,就可以同步身体活动数据到电脑中。FitBit 有一个小显示屏,可以提供步数、里程、卡路里和活动历史的反馈,如果活动积极的话将显示一朵花,如果用户在过去的 3 个小时中进行了活跃的身体活动,花就逐渐地生长。Web 界面允许用户看到自己当前和历史身体活动的数据、设定目标、记录活动,以及他们在使用 FitBit 的朋友中的排名。Web 界面也可以随时在电脑或智能手机访问。其他目前可用的商业综合系统还包括 Garmin Connect(Garmin, Ltd)、Nike+(Nike, Inc.)和 Runkeeper(FitnessKeeper, Inc.)。

跨系统和技术的数据共享

尽管上述商用集成系统为行为跟踪和信息互动提供了平台,但是决定一个集成系统的关键是能够收集和共享数据。许多提供运动干预产品的公司已经开始为用户和其他应用程序的开发人员提供访问数据的方法,而新的创建可能会增加平台核心功能的附加服务和系统。通过使用应用程序编程接口(API)和平台,就可以给用户提供进行数据信息交流的环境。

API 是特定的编程代码,允许通信应用程序彼此来回传递信息,并允许应用程序根据需要来读写信息。例如,当今流行的健身应用软件 RunKeeoer(FitnessKeeper, Inc.)允许很多不同的应用程序根据自己的 Health Graph API 读取和写入数据,发送相关信息给用户。如果用户有 Runkeeper 文件夹,即使同时使用不同的移动电话(这些电话都可以下载跟踪运动应用软件的),也可以将所有收集的数据(书面)总结到用户的 Runkeeper 文件夹中。API 并不仅限于产品应用程序之间的沟通功能,还可以创建用户自己的应用程序,这些应用程序可以读取用户数据,还可以使用可视化的数据和反馈来补充和增强用户体验。理想情况下,增加设备之间的联系,允许运动系统有更多的来源收集数据,根据个人的选择,在适当的时间将信息提供反馈给个人。

当一个公司的产品装备了 API,就相当于对世界发出邀请"让我们的产品与你的产品相结合,使我们的产品变得更好"这种开放性的访问,为他人提供创造性的环境平台,可以让产品和特定需求的定制产品任意相结合。API 使用的扩增率提供了一种全新的交流方式,这种集成技术平台可以让用户之间交流有关训练或护理问题。研制 API 需要精通计算机编程的人来实现 Web 或者移动设备的应用。API 的通信模式和可访问的数据类型通常可以用文件形式来说明。

关键信息

我们希望通过本章举例说明通过现有的技术来促进身体活动的可能性,以及如何使用现有的技术来促进人们日常运动。但是,我们也提出了一个问题,那就是支持量身定制的纸质和基于网络的身体活动干预措施有效性的科学证据目前是有限的。尽管之前很少有人研究使用手机和社交网络技术如何影响身体活动,但是这项研究也还在进行,以确定在这些计划里哪些因素是必须要考虑的。利用这些技术进行身体活动干预是学术研究和商业环境中一个迅速发展的领域,对研究人员和从业人员来说,跟上技术进步的步伐是一个挑战。理想情况下,科学依据应该推动技术的应用。这些技术渠道可以密切遵循行为改变理论的原则来创造具有说服力的预防计划。虽然吸人眼球的新技术将继续提供各种沟通和说服机制,但我们要知道不仅仅是因为这种技术本身是新的和吸人眼球的,更要真正起到促进身体活动的作用。

　　尽管纸质材料在身体活动推广中仍占有一席之地,但其他技术比如短信、社交网络和移动电话应用程序可能会更有效地推动个人日常身体活动。这些技术有很大的潜力改变身体活动,因为他们使用方便,并已成为大多数人日常生活的一部分。纸质材料仍然可以被认为是身体活动信息传递的重要载体,即使在干预技术不断发展时,用户在教育或者评价时也还是需要用到印刷技术和在线资源。交互式网络和基于网络的干预通常为访客定制信息和"自我学习"的材料提供一个平台。

　　作为基础的干预项目,SMS 干预是特别令人感兴趣的,因为这项技术既容易使用又很廉价。多项研究表明,SMS 可以帮助个人提高身体活动水平、减轻体重和利于控制糖尿病等。同样,在线社交网络也有巨大的潜力,这是因为它们提供了机会,通过增加保健提供者、病人和其他有类似兴趣的人之间的沟通并可获得专业的知识来促进健康。不需要 IT 支持开发定制页面或 IVR 系统的在线社交网络可能是健康专业人士的理想技术,在线社交网络作为身体活动干预的一部分,提供了个人重新改变自己的勇气,给予他们社会支持和社会规范的感知,这是健康行为的重要决定因素。

　　这些不同技术的结合,可以为个人提供令人愉悦和持久的用户体验,目的是用于开始一项运动项目并维持。决定使用何种身体活动干预,需要综合考虑发展某一特定类型的干预所需的技能、可用资源和可定制程度。定制新的干预系统、使用先前开发的设备和系统或者使用开放 API 定制商业平台时,这些因素必须考虑。移动和无线技术的发展,快速推动了设备、系统和服务等领域的发展,也将继续为身体活动干预提供更多的可能性[11,46,90]。

（王梦婷译,王莜璐校,漆昌柱审）

参 考 文 献

1. Achten J, Jeukendrup AE. Heart rate monitoring: applications and limitations. *Sports Medicine (Auckland, N.Z.).* 2003;33(7):517–38. Available at: http://www.ncbi.nlm.nih.gov/pubmed/12762827.

2. Ainslie PN, Reilly T, Westerterp KR. Estimating human energy expenditure: A review of techniques with particular reference to doubly labelled water. *Sports Medicine.* 2003;33(9):683–98. Available at: http://www.ingentaconnect.com/content/adis/smd/2003/00000033/00000009/art00004 [Accessed August 31, 2011].

3. Albaina IM, Visser T, van der Mast CAPG, Vastenburg MH. Flowie: a persuasive virtual coach to motivate elderly individuals to walk. In: PervasiveHealth 2009, 3rd International Conference on Pervasive Computing Technologies for Healthcare; April 1–3, 2009:1–7.

4. Anderson RM, Funnell MM, Butler PM, et al. Patient empowerment. Results of a randomized controlled trial. Diabetes Care. 1995;18(7):943–49. Available at: http://care.diabetesjournals.org/content/18/7/943.abstract [Accessed August 11, 2011].

5. Backman D, Scruggs V, Atiedu AA, et al. Using a toolbox of tailored educational lessons to improve fruit, vegetable, and physical activity behaviors among African American women in California. *Journal of Nutrition Education and Behavior*. 2011;43(4 Suppl 2): S75–85. Available at: http://dx.doi.org/10.1016/j.jneb.2011.02.004 [Accessed August 11, 2011].

6. Bahr DB, Browning RC, Wyatt HR, Hill JO. Exploiting social networks to mitigate the obesity epidemic. *Obesity:A Research Journal*. 2009;17(4):723–8. Available at: http://dx.doi.org/10.1038/oby.2008.615 [Accessed July 25, 2011].

7. Bassett DR, Dinesh J. Use of pedometers and accelerometers in clinical populations: validity and reliability issues. *Physical Therapy Reviews*. 2010;15(3):135-142. Available at: http://openurl.ingenta.com/content/xref?genre=article & issn=1083-3196 & volume=15 & issue=3 & spage=135 [Accessed August 10, 2011].

8. Bennett GG, Glasgow RE. The delivery of public health interventions via the Internet: actualizing their potential. *Annual Review of Public Health*. 2009;30:273–92. Available at: http://www.ncbi.nlm.nih.gov/pubmed/19296777 [Accessed July 7, 2011].

9. Bensley RJ, Brusk JJ, Rivas J. Key principles in internet-based weight management systems. *American Journal of Health Behavior*. 2010;34(2):206–13. Available at: <Go to ISI>://000291932800008.

10. Berlo DK. *The Process of Communication:An Introduction to Theory and Practice*. New York: Holt, Reinhart, and Winston; 1960.

11. Bethell H, Letford S, Evans J, et al. Assessing exercise intensity in cardiac rehabilitation: The use of a Polar heart rate monitor. *British Journal of Cardiac Nursing*. 2008;3(11):534–8. Available at: http://www.internurse.com/cgi-bin/go.pl/library/abstract.html?uid=31875.

12. Block G, Sternfeld B, Block CH, et al. Development of Alive! (A Lifestyle Intervention Via Email), and its effect on health-related quality of life, presenteeism, and other behavioral outcomes: Randomized controlled trial. *Journal of Medical Internet Research*. 2008;10(4):e43. Available at: http://www.pubmedcentral.nih.gov/articlerender.fcgi?artid=2629370 & tool=pmcentrez & rendertype=abstract [Accessed September 7, 2011].

13. Boyd DM, Ellison NB. Social network sites: Definition, history, and scholarship. *Journal of Computer-Mediated Communication*. 2007;13(1):210–30. Available at: http://doi.wiley.com/10.1111/j.1083-6101.2007.00393.x [Accessed July 15, 2011].

14. Brage S, Brage N, Ekelund U, et al. Effect of combined movement and heart rate monitor placement on physical activity estimates during treadmill locomotion and free-living. *European Journal of Applied Physiology*. 2006;96(5):517–24. Available at: http://www.ncbi.nlm.nih.gov/pubmed/16344938 [Accessed August 10, 2011].

15. Bramley D, Riddell T, Whittaker R, et al. Smoking cessation using mobile phone text messaging is as effective in Maori as non-Maori. *The New Zealand Medical Journal*. 2005;118: 1216.

16. Brassington G, Hekler EB, Cohen Z, King AC. Health enhancing physical activity. In: *Handbook of Health Psychology*. Mahwah (NJ): Lawrence Erlbaum Associates Publishers; 2011.

17. Bravata DM, Smith-spangler C, Gienger AL, et al. Using pedometers to increase physical activity and improve health: A systematic review. *Journal of the American Medical Association*. 2007;298(19):2296–304.

18. Brouwer W, Kroeze W, Crutzen R, et al. Which intervention characteristics are related to more exposure to Internet-delivered healthy lifestyle promotion interventions? A systematic review. *Journal of Medical Internet Research*. 2011;13(1):23–41. Available at: <Go to ISI>://000287447100003.

19. Brouwer W, Oenema A, Raat H, et al. Characteristics of visitors and revisitors to an Internet-delivered computer-tailored lifestyle intervention implemented for use by the general public. *Health Education Research*. 2010;25(4):585–95. Available at: <Go to ISI>://000280260200007.

20. Chen KY, Bassett Jr. DR. The technology of accelerometry-based activity monitors: Current and future. *Medicine & Science in Sports & Exercise*. 2005;37(11 Suppl):S490–500. Available at: http://www.ncbi.nlm.nih.gov/entrez/query.fcgi?cmd=Retrieve & db=PubMed & dopt=Citation & list_uids=16294112.

21. Chou W-YS. Social media use in the United States: Implications for health communication. *Journal of Medical Internet Research*. 2009;11(4):e48. Available at: http://www.jmir.org/2009/4/e48/ [Accessed August 11, 2011].

22. Cialdini RB. *Influence: Science and Practice*. 5th ed. Prentice Hall; 2008:272. Available at: http://www.amazon.com/Influence-Practice-Robert-B-Cialdini/dp/0205609996 [Accessed August 11, 2011].

23. Consolvo S, Klasnja P, Mcdonald DW, et al. Flowers or a robot army? Encouraging awareness & activity with personal, mobile displays. *Garden*. 2008:54–63.

24. Consolvo S, Mcdonald DW, Landay JA. Theory-driven design strategies for technologies that support behavior change in everyday life. *Thought, A Review of Culture and Idea*. 2009:405–14.

25. Crouter SE, Albright C, Bassett DR. Accuracy of Polar S410 Heart Rate Monitor to estimate energy cost of exercise. *Medicine & Science in Sports & Exercise*. 2004;36(8):1433–9. Available at: http://content.wkhealth.com/linkback/openurl?sid=WKPTLP:landingpage & an=00005768-200408000-00024 [Accessed June 23, 2011].

26. Crouter SE, Schneider PL, Bassett DR. Spring-levered versus piezo-electric pedometer accuracy in overweight and obese adults. *Medicine and Science in Sports and Exercise*. 2005;37(10):1673–9. Available at: http://www.ncbi.nlm.nih.gov/pubmed/16260966.

27. Crouter SE, Schneider PL, Karabulut M, Bassett DR. Validity of 10 electronic pedometers for measuring steps, distance, and energy cost. *Medicine and Science in Sports and Exercise*. 2003;35(8):1455–60. Available at: http://www.ncbi.nlm.nih.gov/pubmed/12900704.

28. Cugelman B, Thelwall M, Dawes P. Online interventions for social marketing health behavior

change campaigns: A meta-analysis of psychological architectures and adherence factors. *Journal of Medical Internet Research.* 2011;13(1):84–107. Available at: <Go to ISI>://000287447100007.

29. Demark-Wahnefried W, Clipp EC, Lipkus IM, et al. Main outcomes of the FRESH START trial: A sequentially tailored diet and exercise mailed print intervention among breast and prostate cancer survivors. *Journal of Clinical Oncology: Official Journal of the American Society of Clinical Oncology.* 2007;25(19):2709–18. Available at: http://www .ncbi.nlm.nih.gov/pubmed/17602076 [Accessed July 14, 2011].

30. Eakin EG, Lawler SP, Vandelanotte C, Owen N. Telephone interventions for physical activity and dietary behavior change—A systematic review. *American Journal of Preventive Medicine.* 2007;32(5):419–34. Available at: <Go to ISI>://000246416200010.

31. Eckler P, Worsowicz G, Rayburn JW. Social media and health care: An overview. *PM & R: The Journal of Injury, Function, and Rehabilitation.* 2010;2(11):1046–50. Available at: http://www.ncbi.nlm.nih.gov/pubmed/21093840 [Accessed July 25, 2011].

32. Eysenbach G. The Law of Attrition. *Journal of Medical Internet Research.* 2005;7(1):e11. Available at: http://www.ncbi.nlm.nih.gov.laneproxy.stanford.edu/pmc/articles/PMC1550631/.

33. Farzanfar R, Frishkopf S, Migneault J, Friedman R. Telephone-linked care for physical activity: A qualitative evaluation of the use patterns of an information technology program for patients. *Journal of Biomedical Informatics.* 2005;38(3):220–8. Available at: <Go to ISI>://000229494300006.

34. Ferney SL, Marshall AL, Eakin EG, Owen N. Randomized trial of a neighborhood environment-focused physical activity website intervention. *Preventive Medicine.* 2009;48(2):144–50. Available at: <Go to ISI>://000263860600009.

35. Fjeldsoe BS, Marshall AL, Miller YD. Behavior change interventions delivered by mobile telephone short-message service. *American Journal of Preventive Medicine.* 2009;36(2):165–73. Available at: http://www.ncbi.nlm.nih.gov/pubmed/19135907 [Accessed August 7, 2010].

36. Fogg BJ. *Persuasive Technology: Using Computers to Change What We Think and Do.* San Francisco: Morgan Kaufmann Publishers; 2003:51–3.

37. Foster D, Linehan C, Kirman B, Lawson S, James G. *Motivating Physical Activity at Work.* New York: ACM Press; 2010:111. Available at: http://portal.acm.org/citation.cfm?id=1930488.1930510 [Accessed July 25, 2011].

38. Fox NJ, Ward KJ, O'Rourke AJ. The "expert patient": Empowerment or medical dominance? The case of weight loss, pharmaceutical drugs and the Internet. *Social Science & Medicine.* 2005;60(6):1299–309. Available at: http://dx.doi.org/10.1016/j.socscimed.2004.07.005 [Accessed July 8, 2011].

39. Franklin V, Waller A, Pagliari C, Greene S. "Sweet Talk": Text messaging support for intensive insulin therapy for young people with diabetes. *Diabetes Technology & Therapeutics.* 2003;5(6):991–6.

40. Franklin VL, Waller A, Pagliari C, Greene SA. A randomized controlled trial of Sweet Talk, a text-messaging system to support young people with diabetes. *Diabetic Medicine: A Journal of the British Diabetic Association.* 2006;23(12):1332–8. Available at: http://www.ncbi.nlm.nih.gov/pubmed/17116184 [Accessed June 20, 2011].

41. Gerber BS, Stolley MR, Thompson AL, Sharp LK, Fitzgibbon ML. Mobile phone text messaging to promote healthy behaviors and weight loss maintenance: A feasibility study. *Health Informatics Journal.* 2009;15(1):17–25. Available at: http://jhi.sagepub.com/cgi/content/abstract/15/1/17 [Accessed June 13, 2011].

42. Goldman RE, Sanchez-Hernandez M, Ross-Degnan D, et al. Developing an automated speech-recognition telephone diabetes intervention. *International Journal for Quality in Health Care.* 2008;20(4):264–70. Available at: <Go to ISI>://WOS:000257578000005.

43. Greene JA, Choudhry NK, Kilabuk E, Shrank WH. Online social networking by patients with diabetes: A qualitative evaluation of communication with Facebook. *Journal of General Internal Medicine.* 2011;26(3):287–92. Available at: http://www.springerlink.com/content/nrtr7h2254764886/ [Accessed July 25, 2011].

44. Haapala I, Barengo NC, Biggs S, Surakka L, Manninen P. Weight loss by mobile phone: A 1-year effectiveness study. *Public Health Nutrition.* 2009;12(12):2382–91. Available at: http://journals.cambridge.org/abstract_S1368980009005230 [Accessed June 20, 2011].

45. Hasson RE, Haller J, Pober DM, Staudenmayer J, Freedson PS. Validity of the Omron HJ-112 pedometer during treadmill walking. *Medicine and Science in Sports and Exercise.* 2009;41(4):805–9. Available at: http://www.ncbi.nlm.nih.gov/pubmed/19276853.

46. Hatano Y. Use of the pedometer for promoting daily walking exercise. *Journal of the International Committee on Health, Physical Education and Recreation.* 1993;29:4–8. Available at: http://www.new-lifestyles.com/content.php?_p_=10 [Accessed August 31, 2011].

47. Hawn C. Take two aspirin and tweet me in the morning: How Twitter, Facebook, and other social media are reshaping health care. *Health Affairs (Project Hope).* 2009;28(2):361–8. Available at: http://content.healthaffairs.org/cgi/content/abstract/28/2/361 [Accessed June 23, 2011].

48. Hesse BW, Nelson DE, Kreps GL, et al. Trust and sources of health information: The impact of the Internet and its implications for health care providers: Findings from the first Health Information National Trends survey. *Archives of Internal Medicine.* 2005;165(22):2618–24. Available at: http://archinte.ama-assn.org/cgi/content/abstract/165/22/2618 [Accessed July 25, 2011].

49. Hurling R, Catt M, Boni MD, et al. Using Internet and mobile phone technology to deliver an automated physical activity program: randomized controlled trial. *Journal of Medical Internet Research.* 2007;9(2):e7. Available at: http://www.pubmedcentral.nih.gov/articlerender.fcgi?artid=1874722&tool=pmcentrez&rendertype=abstract [Accessed September 13, 2010].

50. Irvine AB, Philips L, Seeley J, et al. Get moving: A web site that increases physical activity of sedentary employees. *American Journal of Health Promotion*. 2011;25(3):199–206. Available at: <Go to ISI>://000286790300009.

51. Jacobs N, Bourdeaudhuij I De, Claes N. Surfing depth on a behaviour change website: Predictors and effects on behaviour. *Informatics for Health & Social Care*. 2010;35(2):41–52. Available at: <Go to ISI>://000282060500001.

52. Joo N-S, Kim B-T. Mobile phone short message service messaging for behaviour modification in a community-based weight control programme in Korea. *Journal of Telemedicine and Telecare*. 2007;13(8):416–20. Available at: http://jtt.rsmjournals.com/cgi/content/abstract/13/8/416 [Accessed August 25, 2010].

53. Kaplan AM, Haenlein M. Users of the world, unite! The challenges and opportunities of social media. *Business Horizons*. 2010;53(1):59–68.

54. Kaplan B, Farzanfar R, Friedman RH. Personal relationships with an intelligent interactive telephone health behavior advisor system: A multimethod study using surveys and ethnographic interviews. *International Journal of Medical Informatics*. 2003;71(1):33–41. Available at: <Go to ISI>://WOS:000185040100005.

55. Keulen HM van, Mesters I, Ausems M, et al. Tailored print communication and telephone motivational interviewing are equally successful in improving multiple lifestyle behaviors in a randomized controlled trial. *Annals of Behavioral Medicine: A Publication of the Society of Behavioral Medicine*. 2011;41(1):104–18. Available at: http://www.pubmedcentral.nih.gov/articlerender.fcgi?artid=3030742 & tool=pmcentrez&rendertype=abstract [Accessed July 14, 2011].

56. Khaylis A, Yiaslas T, Bergstrom J, Gore-Felton C. A review of efficacious technology-based weight-loss interventions: Five key components. *Telemedicine Journal and E-Health*. 2010;16(9):931–8. Available at: <Go to ISI>://000284576000004.

57. Kim H-S, Song M-S. Technological intervention for obese patients with type 2 diabetes. *Applied Nursing Research: ANR*. 2008;21(2):84–9. Available at: http://www.appliednursingresearch.org/article/S0897-1897(07)00020-1/abstract [Accessed June 20, 2011].

58. King AC, Ahn DK, Oliveira BM, et al. Promoting physical activity through hand-held computer technology. *Am J Prev Med*. 2008;34(2):138–42. Available at: http://www.ncbi.nlm.nih.gov/entrez/query.fcgi?cmd=Retrieve & db=PubMed & dopt=Citation & list_uids=18201644.

59. King AC, Friedman R, Marcus B, et al. Ongoing physical activity advice by humans versus computers: The community health advice by telephone (CHAT) trial. *Health Psychology*. 2007;26(6):718–27. Available at: <Go to ISI>://WOS:000250861700011.

60. Koivusilta LK, Lintonen TP, Rimpelä AH. Orientations in adolescent use of information and communication technology: A digital divide by sociodemographic background, educational career, and health. *Scandinavian Journal of Public Health*. 2007;35(1):95–103. Available at: http://sjp.sagepub.com/cgi/content/abstract/35/1/95 [Accessed April 28, 2011].

61. Kreuter MW, Strecher VJ, Glassman B. One size does not fit all: The case for tailoring print materials. *Annals of Behavioral Medicine: A Publication of the Society of Behavioral Medicine*. 1999;21(4):276–83. Available at: http://www.ncbi.nlm.nih.gov/pubmed/10721433.

62. Krishna S, Boren S, Balas E. Healthcare via cell phones: A systematic review. *Telemedicine and e-Health*. 2009. Available at: http://www.liebertonline.com/doi/abs/10.1089/tmj.2008.0099 [Accessed June 20, 2011].

63. Kroeze W, Werkman A, Brug J. A systematic review of randomized trials on the effectiveness of computer-tailored education on physical activity and dietary behaviors. *Annals of Behavioral Medicine: A Publication of the Society of Behavioral Medicine*. 2006;31(3):205–23. Available at: http://www.ncbi.nlm.nih.gov/pubmed/16700634.

64. Krowchuk, HV, Lane, SH, Twaddell JW. Should social media be used to communicate with parents? *American Journal of Maternal Child Nursing*. 2010:6–7. Available at: http://www.mendeley.com/import/ [Accessed August 31, 2011].

65. Bender JL, Jimenez-Marroquin M-C, Alejandro R. Seeking support on Facebook: A content analysis of breast cancer groups. *Journal of Medical Internet Research*. 2011;13(1):e16. Available at: http://www.jmir.org/2011/1/e16/ [Accessed August 11, 2011].

66. Lasica J. The mobile generation: Global transformation at the cellular level: A report of the fifteenth annual Aspen Institute Roundtable on Information Technology. 2007. Available at: http://scholar.google.com/scholar?as_q=the+mobile+generation & num=10 & btnG=Search+Scholar & as_epq= & as_oq= & as_eq= & as_occt=any & as_sauthors=lasica & as_publication= & as_ylo= & as_yhi= & as_sdt=1. & as_sdtp=on & as_sdtf= & as_sdts=5 & hl=en#0 [Accessed June 20, 2011].

67. Latimer AE, Brawley LR, Bassett RL. A systematic review of three approaches for constructing physical activity messages: What messages work and what improvements are needed? *The International Journal of Behavioral Nutrition and Physical Activity*. 2010;7(1):36. Available at: http://www.ijbnpa.org/content/7/1/37 [Accessed October 15, 2011].

68. Laukkanen RMT, Virtanen PK. Heart rate monitors: State of the art. *Journal of Sports Sciences*. 1998;16(4):3–7. Available at: http://www.vivasunsports.com/view_faq.php?article_id=201 [Accessed August 31, 2011].

69. Lee H. Interactive voice response system (IVRS) in health care services. *Nursing Outlook*. 2003;51(6):277–83. Available at: http://linkinghub.elsevier.com/retrieve/pii/S0029655403001611 [Accessed September 26, 2011].

70. Lenhart A. *Adults and Social Network Sites*. Washington, DC: Pew Internet & American Life Project; 2009. Available at: http://www.pewinternet.org/Reports/2009/Adults-and-Social-Network-Websites.aspx.

71. Lubans DR, Morgan PJ, Tudor-Locke C. A systematic review of studies using pedometers to promote

physical activity among youth. *Preventive Medicine.* 2009;48(4):307–15. Available at: http://www.ncbi. nlm.nih.gov/pubmed/19249328 [Accessed July 23, 2011].

72. Marcus BH, Bock BC, Pinto BM, et al. Efficacy of an individualized, motivationally-tailored physical activity intervention. *Annals of Behavioral Medicine: A Publication of the Society of Behavioral Medicine.* 1998;20(3):174–80. Available at: http://www.ncbi. nlm.nih.gov/pubmed/9989324.

73. Marcus BH, Lewis BA, Williams DM, et al. A comparison of Internet and print-based physical activity interventions. *Archives of Internal Medicine.* 2007;167(9):944–9. Available at: http://www.ncbi. nlm.nih.gov/pubmed/17502536.

74. Marcus BH, Napolitano M A, King AC, et al. Telephone versus print delivery of an individualized motivationally tailored physical activity intervention: Project STRIDE. *Health Psychology: Official Journal of the Division of Health Psychology, American Psychological Association.* 2007;26(4):401–9. Available at: http:// www.ncbi.nlm.nih.gov/pubmed/17605559 [Accessed June 20, 2011].

75. Marcus BH, Owen N, Forsyth LH, Cavill NA, Fridinger F. Physical activity interventions using mass, media, print media, and information technology. *American Journal of Preventive Medicine.* 1998;15(4):362–78.

76. McBride D, Cohen E. Misuse of social networking may have ethical implications for nurses. *ONS Connect.* 2009;24(7):17. Available at: http://www. ncbi.nlm.nih.gov/pubmed/19645160 [Accessed July 25, 2011].

77. Montgomery P, Green D, Etxebarria N, et al. Validation of heart rate monitor-based predictions of oxygen uptake and energy expenditure. *Journal of Strength & Conditioning Research.* 2009;23(5):1489–95. Available at: http://journals.lww.com/nsca-jscr/ Abstract/2009/08000/Validation_of_Heart_Rate_ Monitor_Based_Predictions.18.aspx [Accessed August 10, 2011].

78. Napolitano MA, Fotheringham M, Tate D, et al. Evaluation of an Internet-based physical activity intervention: a preliminary investigation. *Annals of Behavioral Medicine: A Publication of the Society of Behavioral Medicine.* 2003;25(2):92–9. Available at: http://www.ncbi.nlm.nih.gov/pubmed/12704010.

79. Napolitano MA, Marcus BH. Targeting and tailoring physical activity information using print and information technologies. *Exercise and Sport Sciences Reviews.* 2002;30(3):122–8. Available at: http://www. ncbi.nlm.nih.gov/pubmed/12150571.

80. Neve M, Morgan PJ, Jones PR, Collins CE. Effectiveness of web-based interventions in achieving weight loss and weight loss maintenance in overweight and obese adults: A systematic review with meta-analysis. *Obesity Reviews.* 2010;11(4):306–21. Available at: <Go to ISI>://000275885200005.

81. Neve MJ, Collins CE, Morgan PJ. Dropout, nonusage attrition, and pretreatment predictors of nonusage attrition in a commercial web-based weight loss program. *Journal of Medical Internet Research.* 2010;12(4):81–96. Available at: <Go to ISI>://000285637900008.

82. Neville LM, O'Hara B, Milat A. Computer-tailored physical activity behavior change interventions targeting adults: A systematic review. *International Journal of Behavioral Nutrition and Physical Activity.* 2009;6:12. Available at: <Go to ISI>://000267804500001.

83. Newton KH, Wiltshire EJ, Elley CR. Pedometers and text messaging to increase physical activity: Randomized controlled trial of adolescents with type 1 diabetes. *Diabetes Care.* 2009;32(5):813–5. Available at: http://care.diabetesjournals.org/cgi/ content/abstract/32/5/813 [Accessed June 20, 2011].

84. Noar SM, Benac CN, Harris MS. Does tailoring matter? Meta-analytic review of tailored print health behavior change interventions. *Psychological Bulletin.* 2007;133(4):673–93. Available at: http://www.ncbi. nlm.nih.gov/pubmed/17592961 [Accessed June 13, 2011].

85. Oake N, Jennings A, Walraven C van, Forster AJ. Interactive voice response systems for improving delivery of ambulatory care. *American Journal of Managed Care.* 2009;15(6):383–91. Available at: <Go to ISI>://WOS:000267292600006.

86. Olsen E, Kraft P. ePsychology: A pilot study on how to enhance social support and adherence in digital interventions by characteristics from social networking sites. *Proceedings of the 4th International Conference on Persuasive Technology–Persuasive '09.* 2009:1. Available at: http://portal.acm.org/citation.cfm?doid= 1541948.1541991 [Accessed July 25, 2011].

87. Patrick K, Calfas KJ, Norman GJ, et al. Outcomes of a 12-month web-based intervention for overweight and obese men. *Annals of Behavioral Medicine: A Publication of the Society of Behavioral Medicine.* 2011. Available at: http://www.ncbi.nlm.nih.gov/pubmed/21822750 [Accessed November 17, 2011].

88. Patrick K, Griswold W, Raab F, Intille S. Health and the mobile phone. *American Journal of Preventive Medicine.* 2008. Available at: http://www.ncbi.nlm .nih.gov/pmc/articles/PMC2527290/ [Accessed June 20, 2011].

89. Patrick K, Raab F, Adams M, et al. A text message–based intervention for weight loss: Randomized controlled trial. *Journal of Medical Internet Research.* 2009. Available at: http://www.ncbi.nlm.nih.gov/ pmc/articles/PMC2729073/ [Accessed June 20, 2011].

90. President's Council on Physical Fitness and Sports. *The Presidential Active Lifestyle Award (PALA).* Washington, DC 2002. Available at: http://www.fitness.gov/ [Accessed August 31, 2011].

91. Putnam RD. *Bowling alone: The collapse and revival of American community.* New York: Simon & Schuster; 2001:541. Available at: http://books.google.com/ books?hl=en & lr= & id=rd2ibodep7UC & pgis=1 [Accessed August 11, 2011].

92. Richardson C, Newton T, Abraham J, et al. A meta-analysis of pedometer-based walking interventions and weight loss. *Annals of Family Medicine.*

2008;6(1):69–77. Available at: http://annfammed. org/cgi/content/abstract/6/1/69 [Accessed August 10, 2011].

93. Riva G, Preziosa A, Grassi A, Villani D. Stress management using UMTS cellular phones: a controlled trial. *Studies in Health Technology and Informatics*. 2005;119:461.

94. Rodgers A, Corbett T, Bramley D, et al. Do u smoke after txt? Results of a randomised trial of smoking cessation using mobile phone text messaging. *Tobacco Control*. 2005;14(4):255–61. Available at: http://www.pubmedcentral.nih.gov/articlerender. fcgi?artid=1748056 & tool=pmcentrez & rendertype=abstract [Accessed July 14, 2011].

95. Rodriguez DA, Brown AL, Troped PJ. Portable global positioning units to complement accelerometry-based physical activity monitors. *Medicine & Science in Sports & Exercise*. 2005;37(Supplement):S572–81. Available at: http://content.wkhealth.com/linkback/ openurl?sid=WKPTLP:landingpage&an=00005768-200511001-00010.

96. Rothney MP, Schaefer EV, Neumann MM, Choi L, Chen KY. Validity of physical activity intensity predictions by ActiGraph, Actical, and RT3 accelerometers. *Obesity: A Research Journal*. 2008;16(8):1946–52. Available at: http://www.pubmedcentral.nih.gov/articlerender. fcgi?artid=2700550 & tool=pmcentrez & rendertype=abstract [Accessed August 2, 2011].

97. Sallis JF, Hovell MF. Determinant of exercise behavior. In: *Exercise and Sport Sciences Reviews*. Baltimore (MD): Williams & Wilkins; 1990:307–30.

98. Samoocha D. Effectiveness of web-based interventions on patient empowerment: A systematic review and meta-analysis. *Journal of Medical Internet Research*. 2010;12(2):e23. Available at: http://www.jmir. org/2010/2/e23/ [Accessed August 11, 2011].

99. Shapiro JR, Bauer S, Andrews E, et al. Mobile therapy: Use of text-messaging in the treatment of bulimia nervosa. *The International Journal of Eating Disorders*. 2009;43(6):513–9. Available at: http://www.ncbi. nlm.nih.gov/pubmed/19718672 [Accessed August 14, 2010].

100. Shapiro JR, Bauer S, Hamer RM, et al. Use of text messaging for monitoring sugar-sweetened beverages, physical activity, and screen time in children: A pilot study. *Journal of Nutrition Education and Behavior*. 2008;40(6):385–91. Available at: http://www.pubmedcentral.nih.gov/articlerender. fcgi?artid=2592683 & tool=pmcentrez & rendertype=abstract [Accessed June 8, 2011].

101. Silcott NA, Bassett DR, Thompson DL, Fitzhugh EC, Steeves JA. Evaluation of the Omron HJ-720ITC pedometer under free-living conditions. *Medicine and Science in Sports and Exercise*. 2011;(January). Available at: http://www.ncbi.nlm.nih.gov/pubmed/21311356 [Accessed August 10, 2011].

102. Skinner CS, Campbell MK, Rimer BK, Curry S, Prochaska JO. How effective is tailored print communication? *Annals of Behavioral Medicine: A Publication of the Society of Behavioral Medicine*.

1999;21(4):290–8. Available at: http://www.ncbi. nlm.nih.gov/pubmed/10721435.

103. Spittaels H, Bourdeaudbuij I De, Vandelanotte C. Evaluation of a website-delivered computer-tailored intervention for increasing physical activity in the general population. *Preventive Medicine*. 2007;44:209–17.

104. Stewart J, Quick C. Global mobile—Strategies for growth. *The Nielsen Company*. 2009. Available at: http://blog.nielsen.com/nielsenwire.online_mobile/ global-mobile-strategies-for-growth/ [Accessed June 20, 2011].

105. Stopher P, Fitzgerald C, Zhang J. Search for a global positioning system device to measure person travel. *Transportation Research Part C: Emerging Technologies*. 2008;16(3):350–69. Available at: http://linkinghub. elsevier.com/retrieve/pii/S0968090X07000836 [Accessed July 29, 2010].

106. Townshend AD, Worringham CJ, Stewart IB. Assessment of speed and position during human locomotion using nondifferential GPS. *Medicine and Science in Sports and Exercise*. 2008;40(1):124–32. Available at: http://www.ncbi.nlm.nih.gov/pubmed/ 18091013 [Accessed August 10, 2011].

107. Troiano RP, Berrigan D, Dodd KW, et al. Physical activity in the United States measured by accelerometer. *Medicine and Science in Sports and Exercise*. 2008;40(1):181–8. Available at: http://www. ncbi.nlm.nih.gov/pubmed/18091006.

108. Tudor-locke C, Williams JE, Reis JP, Pluto D. Utility of pedometers for assessing convergent validity. *Sports Medicine*. 2002;32(12):795–808.

109. Tudor-Locke CE, Myers AM. Methodological considerations for researchers and practitioners using pedometers to measure physical (ambulatory) activity. *Research Quarterly for Exercise and Sport*. 2001;72(1): 1–12. Available at: http://www.ncbi.nlm.nih.gov/ pubmed/11253314.

110. Umberson D. Gender, marital status and the social control of health behavior. *Social Science & Medicine (1982)*. 1992;34(8):907–17. Available at: http:// www.ncbi.nlm.nih.gov/pubmed/1604380 [Accessed July 25, 2011].

111. Velicer WF, Prochaska JO, Bellis JM, et al. An expert system intervention for smoking cessation. *Addictive Behaviors*. 1993;18(3):269–90. Available at: http:// www.ncbi.nlm.nih.gov/pubmed/8342440.

112. Wanner M, Martin-Diener E, Bauer G, Braun-Fahrlander C, Martin BW. Comparison of trial participants and open access users of a web-based physical activity intervention regarding adherence, attrition, and repeated participation. *Journal of Medical Internet Research*. 2010;12(1). Available at: <Go to ISI>://000274633100003.

113. Waters LA, Galichet B, Owen N, Eakin E. Who participates in physical activity intervention trials? *Journal of Physical Activity & Health*. 2011;8(1):85–103. Available at: <Go to ISI>://000286449700011.

114. Webb TL, Joseph J, Yardley L, Michie S. Using the Internet to promote health behavior change: A systematic review and meta-analysis of the impact of

theoretical basis, use of behavior change techniques, and mode of delivery on efficacy. *Journal of Medical Internet Research*. 2010;12(1). Available at: <Go to ISI>://000274633100004.

115. Webb TL, Sniehotta FF, Michie S. Using theories of behaviour change to inform interventions for addictive behaviours. *Addiction*. 2010;105(11):1879–92. Available at: <Go to ISI>://000282635300006.

116. Wellman B, Wortley S. Different strokes from different folks: Community Ties and Social Support. *The American Journal of Sociology*. 1990;96(3):558.

117. Wilcox S, Dowda M, Leviton LC, et al. Active for life final results from the translation of two physical activity programs. *American Journal of Preventive Medicine*. 2008;35(4):340–51.

118. Witte TH, Wilson AM. Accuracy of non-differential GPS for the determination of speed over ground. *Journal of Biomechanics*. 2004;37(12):1891–8. Available at: http://www.ncbi.nlm.nih.gov/pubmed/15519597 [Accessed August 10, 2011].

119. Wortham J. As older users join Facebook, network grapples with death. *The New York Times*. 2010. Available at: http://www.nytimes.com/2010/07/18/technology/18death.html [Accessed August 11, 2011].

120. Yoon K-H, Kim H-S. A short message service by cellular phone in type 2 diabetic patients for 12 months. *Diabetes Research and Clinical Practice*. 2008;79(2):256–61. Available at: http://www.diabetesresearchclinicalpractice.com/article/S0168-8227(07)00469-X/abstract [Accessed June 20, 2011].

121. Young S. What digital divide? Hispanics, African-Americans are quick to adopt wireless technology. *The Wall Street Journal Classroom Edition*. 2006. Available at: http://www.wsjclassroomedition.com/archive/06jan/tech_minoritywireless.htm [Accessed June 20, 2011].

122. Zikmund-Fisher BJ, Dickson M, Witteman HO. Cool but counterproductive: Interactive, web-based risk communications can backfire. *Journal of Medical Internet Research2*. 2011;13(3):e60.

第7章

促进身体活动行为改变的政策和环境因素

Adrian E. Bauman , RonaMacniven , Klaus Gebel

<table>
<tr><td>概要</td><td>　　本章探讨政策、环境变化与身体活动之间的关系。公共卫生组织致力于提高全民身体活动水平,他们通常会开展这些领域的工作,目的是让每一位社区居民进行积极的身体活动直到达成"健康目标",也就是让成人和小孩都能达到人口学建议的促进健康的身体活动标准[43]。这些公共卫生行动远不只是关注个体层面、个体的身体活动咨询、制定个人化或小团体的身体活动计划及改变个体身体活动行为的其他方法。本章是公共卫生专业人员与个体从业者在日常工作中的纽带。

　　本章的目标是站在从业者而非政策制定者或决策者的角度来描述政策和环境在身体活动中的作用,以往人们总是强调实践和政策之间的差异而很少有人能做到这点。在本章,我们尽量缩小身体活动政策与实践之间的人为差距,并展示从业人员对政策和环境的理解是如何帮助他们在工作中增加访客和患者的活动和锻炼量。表7.1中定义了一些行为与运动科学家和从业者可能不熟悉的术语。</td></tr>
</table>

第 1 节　研 究 证 据

身体活动政策

本节介绍身体活动政策,并讨论环境及其在身体活动中发挥的作用。

政策的定义

身体活动政策可以通过三个方面来界定:(1)政策是一套书面规则或条例;(2)政策是明确的指导方针;(3)政策是不成文的社会规范。

(1)政策是一套书面规则或条例

政策最常用的定义是用于促进身体活动相关行为的"书面规则或条例",这包括规则、条例、地方市政法规和具体规定[27]。与身体活动有关的政策范围很广,涉及交通和城市设计政策、教育政策、体育政策和卫生部门的卫生系统政策,还包括初级保健和预防以及社区实践。政策方面的实例包括"规定学校每周体育教学的最低限度";或制定政策来约束城市规划部门,例如在新的城市和住房开发中强制规定绿化面积。政策定义的关键是评估执行和实施情况,有多少机构或场所采用和执行"规章"将影响政策对身体活动的作用力[45]。

表 7.1　身体活动、政策和环境条件的定义

术语	定义
适度身体活动	中等强度的身体活动和运动,例如以 4km/h 的速度行走,以 9.6km/h 的速度骑自行车,打高尔夫时的步行,繁重的园艺或家务(3.5~5.9METs)
剧烈身体活动	更高能量消耗的身体活动或运动,例如慢跑或跑步、滑雪、骑自行车(>16km/h),游泳、网球单打、健身课、劈柴、爬山(≥6METs)
混合使用	土地用途的说明,都市或城镇空间有多种用途——人们住在这里(住宅),有商店、商圈、学校、公共场所和公园
计步器	小型装置,通常佩戴在臀部,用来测量步数——人们可以观察自己的身体活动和身体活动的咨询建议("我走了多远或我今天走了多少步?")
倡导者	向他人表达立场,作为身体活动的"倡导者",是在社区、工作单位、当地市政局以及其他决策者中促进、推荐和支持身体活动
行为变化的环境	发生行为改变的地方;人们可能在不同的环境中活动——可能在家里、工作单位或市中心,但在公园或步道上更容易发生行为改变(易化设置)
宏观与微观层面的政策或环境	指自然环境或政策;宏观层面是市或县级;微观层面是地方社区;身体活动与微观和宏观的环境有关;就政策而言,宏观层面的政策将影响一个城市、州或国家(微观层面的政策会影响社区或地区)
城市设计	城市、城镇或公共空间的设计、建造或使用将会影响身体活动行为。城市设计的过程是将城市设计得方便步行、公共交通便捷、公园和娱乐休闲场所利于开展身体活动。城市的空间规划者和设计师可以帮助社区变得更加活跃
美学	人们更愿意在那些吸引人的、轻松的、充满自然美景的,并且可以欣赏景物的地方进行身体活动,例如沿着河边漫步。这就是"美学"的含义—— 一个令人愉悦的地方比高速公路更适合人们跑步或者骑车
城市扩张	城市扩张是距离城市中心很远的郊区住宅数量的增长;这些郊区到处都是汽车,很少是"混合使用"的(见前文),而且也不支持人们在社区短距离步行(人们想去的地方步行路途太远)
居住密度	划定区域内的房屋、住宅、公寓的数量;中等居住密度到高密度的区域更能成为一个"易于步行"的社区,会有更多可步行到达的商店、学校和工作单位(与之前描述的"城市扩张"相反)
负能平衡	体重减轻或体重增加是由于能量失衡;正能量平衡是吃进去的能量比燃烧的要多(从食物中摄取的热量大于通过活动燃烧的卡路里);负能量平衡与之相反——运动更多,并消耗更多的能量
"活动友好"	"活动友好"的环境和社区拥有良好的步行、运动和锻炼的设施,并且可能是(参见前面)低居住密度、混合使用、高美学的组成,这种设计适合"活动生活",将身体活动行为纳入了日常生活
社会生态模型	行为变化模型指出个体层面、人际层面、社会层面和自然环境层面的重要性,以及社会层面的行为决定因素,如身体活动;不同影响因素水平间的相互作用决定了一个人是否进行身体活动

　　运动生理学家和其他临床从业者比其他人更多地参与政策的制定。每位提供身体活动建议的专业人士都应成为身体活动的"倡导者",并且应该关注那些较少获得体育活动建议的人群。但是有些政策会更多地与临床咨询直接相关,例如,鼓励在工作场所进行 PA（ physical activity 身体活动）计划的政策;考虑为身体活动提供健康保险补贴并为个人积极参与的行为提供其他激励措施的政策,这些政策与身体活动行为的改变直接相关[40]。提供信息和支持个人的其他政策是重要的间接因素,因为它们可以帮助个体改变其行为习惯。这些措施包括引导社区计划、大众媒体的参与和社会营销活动的政策,通过告知、说服和鼓励的方式使个体更加积极参与身体活动。除此之外,还有围绕公共交通、城市设计、公园使用以及强制性学校课程等宏观层面的环境和监管措施作为补充。这些政策对实现全民身体活动和健身改变的努力是至关重要。

　　政策、环境和个人行为变化之间关系的总体模型如图 7.1 所示,第一阶段是为身体活动寻找证据,在模型的左侧清晰地呈现并阐述了相关证据。身体活动可以带动其他行业的发展,例如飞速发展的公共交通系统。如果有更多班次的公共汽车或列车运营,那么个体通勤伴随的运动量将会增加[32, 55],尽管交通部门实施这一政策的目的是提高交通使用率。如果有明确的证据表明身体活动有益于社区和政治发展,那么规划部门就会"采取行动"（见图 7.1 ）,即国家、州或市 / 地各级组织都会制定明确的身体活动计划目标和问责制。政策的制定是实现这些目标的机制,并且需要在体育、卫生、教育、交通和环境等领域建立跨机构的

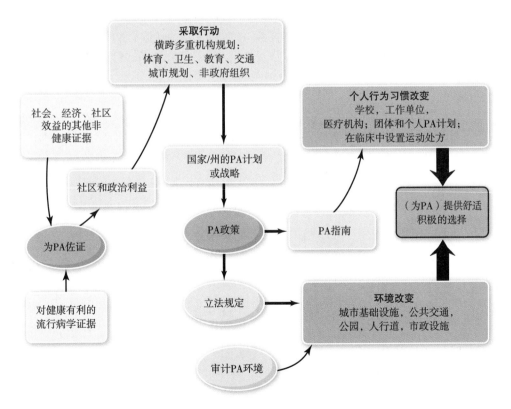

图 7.1　政策、环境、个体身体活动计划和行为咨询之间的联系

合作关系。此外,私营企业,非政府组织和其他利益相关团体也可能参与其中。政策的执行需要投入、充足的时间、社区的支持和适当的资源分配[40]。

（2）政策是明确的指导方针

政策的第二个定义是"标准"或"指导方针"。在身体活动方面,包括美国在内的许多国家制定了"身体活动指南",并且最近 WHO（*World Health Organization*,世界卫生组织）通过并发布了全球身体活动指南[13],这项指南的制定经过了对流行病学证据的全面审查,并且明确规定了有益健康的身体活动量,指南分别针对儿童和青少年、青年、中年和老年人制定了单独的标准。详细数据如表 7.2 所示,改编自美国和世界卫生组织的指南。表 7.2 列出了该指南在咨询方面的影响,并提供了从业人员所需的一些新消息和交流信息,这些新消息会随着资料的变化而更新,并以此为基础向所有身体活动者提供建议。

表 7.2　WHO 和美国身体活动行为指南的关键——对行为咨询的建议

年龄阶层	主要推荐	其他建议	咨询建议
儿童和青少年 5 岁~17 岁	每天 ≥60 分钟中至高强度的身体活动	减少久坐时间（每日面对屏幕时间 <2 小时）	需要在儿童和青少年中推动"积极生活"理念,使他们每天的身体活动时间达到 60 分钟（仅体育课或锻炼是不够的）
青年和中年人 18 岁~64 岁	≥150 分钟中等强度的身体活动/周或 ≥75 分钟的高强度的身体活动,或两者的组合	更高级别的身体活动将受益更多;≥300 分钟中等强度身体活动（或 ≥150 分钟高强度身体活动）;每周进行两天或两天以上中等强度或高强度的肌肉强化练习	中等强度活动对于日常维持健康是足够的,目标是每天累计活动约 0.5 小时;300 分钟/周（约 1 小时/天）的高活动量在癌症预防和体重控制中有重要作用
老年人 ≥65 岁	≥150 分钟中等强度运动/周或 ≥75 分钟剧烈运动,或两者的组合	肌肉力量训练练习 ≥2 天/周	与中年人（300 分钟/周）相同的高强度活动阈值,但对于老年人,力量训练和对抗训练更重要

表 7.2 中只列出了关键建议,详情请参阅原文[13,43],不过,这些建议对临床实践仍有实质性意义。这是有助于青少年健康和预防儿童肥胖的指导范例,因此在临床医生和指导老师提供建议时很有帮助。青少年每天需要 1 小时时间进行身体活动,而这仅从一种身体活动来源获得是难以实现的。因此,一些有关"积极生活"观念建议的提出还是很有必要的,儿童和青少年需要通过身体活动和体育课在学校"课外活动"中表现得更积极,如果有可能的话,在选择上学和放学交通工具上,也可以采用积极的方式。此外,一些指南明确指出减少久坐时间[3],而其他指南中并没有确定的阈值,目前相关证据仍在研究。

对于中老年人,促进健康的最低身体活动量为每周 5 天每次至少 30 分钟的中强度的身体活动[1],需要明确的是建议中的身体活动并不需要十分剧烈。此外,身体活动量可以在一天中累积,每次至少是 10min 的活动量[1]。那些一段时间内不活动的人应该开始参与一切身体活动,并且增加到每周 5 天每天 30min(大部分是可以实现的),即使是很少量的中等强度的身体活动。美国的其他指南[42,43]并没有规定每天半小时,而只需每周≥150 分钟,这表明每周有几次长时间的身体活动就足够了。对于中老年人,每周活动≥300 分钟即可收获最佳效果[43]。值得注意的是,所有的活动都是中等强度的,或是每周 75 分钟的剧烈活动,这与 150 分钟的中等强度活动会达到近似相同的效果。这些指南得到 2011 年 ACSM(*American College of Sports Medicine*,美国运动医学学会)的普遍支持,表明只要累计的活动量达到健康和健身的推荐水平,是可以通过不同的方式和不同类型的身体活动进行累积[57]。从咨询的角度来看,是允许适度中等活动和剧烈活动相结合的。例如,每周进行 2 次 30 分钟慢跑和高强度运动的访客,如果在另外 2 天里遛狗 20 分钟,就达到"充足活动"的目标[这高于阈值,相当于 160 分钟的中等强度活动(30 分钟 +30 分钟剧烈活动)×2+(20 分钟 +20 分钟中度强度活动)[2]]。

从业人员需要注意身体活动对减重的作用。行为改变顾问应考虑"积极生活"的理念,特别是当访客想要采取身体活动的方式来减重时。为了减重,每周至少需要大概 150 分钟的身体活动,ACSM 的运动测试指南和处方建议每周至少参加 300 分钟中等强度活动[1]。ACSM 主张对减重和预防增重都建议参加每周至少 250 分钟中等强度活动[38]。

除了表 7.2 中的建议外,还鼓励所有成年人每周进行两次力量训练;此外鼓励老年人进行平衡和肌肉力量的训练降低其跌倒的风险。总之,任何活动都比没有好,而 WHO 指南对老年人明确说明:"当成人因健康状况而不能达到建议的身体活动量时,他们应该在能力和条件允许的范围内进行身体活动"[12]。这个理念与临床咨询有关,因为行为改变的首要目标就是激励完全久坐不动的人,让他们愿意去尝试、接受和保持一些有规律的身体活动。

(3)政策是不成文的社会规范

政策的第三个定义是指影响人类行为的不成文的社会规范。显然,身体活动具有强大的社会决定因素,其中包括许多国家久坐、无处不在的汽车和电视文化[46],社会影响是缺乏身体活动行为的关键因素。有些可能是受到同伴的直接影响,特别是在青春期,这是超出本章范围的"政策"定义,但将任何访客的社会背景视为不活动选择的提示以及在家庭、同龄人和同事中的角色塑造上依然很重要。

自然环境与身体活动

图 7.1 中间和右侧展示了政策与环境之间的联系。政府在规划过程会改变政策,进而又影响环境从而变得利于增加身体活动。在支持成人和儿童采用和坚持积极生活方式时,环境起着至关重要的作用[54]。近些年,"积极生活"理念的提出扩大了"身体活动"的概念范围,其强调了身体活动的不同领域,包括休闲时间、积极的旅行、家务和与工作相关的活动[37],这是在使用社会生态模型去强调环境对身体活动的重要影响[19,39,48]。

建筑环境包括土地利用模式、交通系统和设计特征,这些都可能影响身体活动水平[4]。在建筑物层面,楼梯间的远近和其他设计问题可能与促进身体活动相关[15];此外,在工作场所提供淋浴和自行车存放处可以促进上下班通勤过程中的锻炼[53]。

在社区层面,促进积极生活方式的方法有:设置人行道和自行车道;在社区周边设置商店、公园和休憩用地、锻炼设施和其他景点;美化社区环境;提供充足的街道照明和混合土地使用。相反,扩张、街道连接不足和交通拥挤可能会阻碍身体活动[16]。

在地区层面,环境包括人们居住的地点与工作、购物或上学的地点之间的距离,除非有良好的公共交通系统,否则距离过远会增大积极的交通选择(通过步行、骑自行车或使用公共交通工具往返工作或商店)的难度,尤其对于那些活动不足的高风险人群来说,即使是走出公共交通站点这样的身体活动也有助于其达到建议的身体活动水平[10,32]。

小结

过去二十年来,数以百计的研究记录了建筑环境与身体活动之间的关系,各种文献综述综合阐述了这一新兴证据[11,21,23]。

迄今为止,绝大多数研究都采用了横向研究,因此存在不能提供因果证据的局限性[23,34]。这些研究主要表明,身体活动与住宅密度、混合用地、街道连通性、公园、人行道、步道以及步行目的地(如商店和娱乐设施)有关。身体活动与美学、治安和交通的相关性尚无一致的结果[8,28,35,45]。此外,一些迁徙研究(relocation study)对不同步行能力的社区对身体活动水平的影响进行了调查[24,25,41],一项研究[5]发现,搬至步行能力较高的街区与身体活动的增加有关。一些有关环境的变化或改善的研究结果表明环境对身体活动水平影响的有效性不一[17,29,33,44,51,55,56]。尽管如此,这些研究结果总体表明环境与人们是否积极进行身体活动有重要的联系。

第2节　循序渐进

第一步　从实践的角度看待政策

从政策到身体活动的实践之间有以下几个环节。

首先,你可以向当地医院、卫生部门、市政或其他机构进行宣传,以提高你所在社区的身体活动的知名度,从而成为社区身体活动的倡导者[26]。作为从业者,在支持和发展社区综合计划以及鼓励人们更加积极进行身体活动方面发挥着重要作用,倡导身体活动的第一步是说服社区和地方决策者对项目进行投资[49]。

促进身体活动的政策可以参考本书其他章节讨论的行为改变理论和模型(见第1章和第4章)。健康行为改变理论可以帮助决策者判断一项政策的可行性[47],例如,促进人们变得积极的沟通政策可能已经成为有理论依据的信息(例如理性行为理论)[14],或者利用创新方法影响更多的人[7]。这种方法认为一旦目标行为被人们认为是容易接受的、负担得起的和经济实惠的,那么人们将会开始改变自己的生活方式,更多地进行身体活动。鼓励健康环境的政策可能会采用社会生态模型[34,39],通过咨询提供个人行为改变方案与环境的改善协调共同促进积极生活方式的形成。大量的研究表明,个体和环境因素共同作用于身体活动比二者单独存在时效果更好[31]。图 7.1 说明了这一点,个体因素和环境共同的作用使"进行活动更加容易"。这些数据表明,各种方法与环境改变之间存在协同关系。例如,当人们居住在高速公路周围,公共交通受限,并且周边不安全,这样的环境就限制了人们步行的条件。综合考虑这些问题后,我们建议那些需要进行更多身体活动的人通过参与有组织的锻炼计划增加身体活动。

其他政策举措也可能增加到个体方案中。例如,鼓励公共交通、积极通勤、降低医疗费用,或在工作中以团体为竞争单位进行累积步数的比赛,所有这些举措都可以同个人行为习惯的改变相关联。有些张贴"行为选择提示"类型的标语可以促进活动——例如,提倡走楼梯而不是坐电梯——也可以帮助你在一天中积累少量的活动[15]。成本效益分析表明,就单位能源消耗的成本而言,这种低成本、覆盖面广的环境干预具有很高的性价比[12]。

政策的一个新层面是减少久坐不动的时间,身体活动所带来的能量消耗可能不足以抵消久坐所产生的效果,从而导致肥胖[6]。一旦确定引发流行病学风险的久坐阈值[52],那么减少久坐的目标将会成为未来政策的一部分。

第二步　利用自然环境促进身体活动

"积极生活"不一定是困难的或昂贵的,而应该是任何身体活动方案的一部分。在工作中、在家里、在闲暇时间以及在我们选择交通工具时,将身体活动融入日常生活,是容易实现的。表 7.3 中列出了一些积极生活的实例。在身体活动咨询方面,这是非结构性身体活动的关键组成部分,可以推荐给不运动的成年人。除了参加结构化的身体活动计划之外,特别是对于那些不能或不愿意参加项目运动的人,活跃的生活环境成为他们身体活动的重要影响因素。(另见本章稍后案例场景 7.1 至案例场景 7.4。)

表 7.3　积极生活的要素

要素	例子
可行走性和连通性	提供安全和方便的旅游目的地连接到当地。
积极的出行选择	高效的公共交通使用,良好的骑行和步行路标、路线和设施,以减少汽车的依赖和使用;给孩子提供安全路线上学。
优质的公共区域,减少不文明行为	保障高品质和安全的公园、步道、开放空间供社区使用。
社会互动和包容	促进零散地区的混合使用,鼓励居民采用步行和骑自行车的方式出行。
安全的环境	光线充足的人行道,保持地面平坦(降低老年人跌倒风险)
活跃的家庭环境	做园艺、家务,把这些当作"能量消耗机会"的任务。

与行为改变环境相关的一个概念是"可行走性",邻里间的步道是衡量一个社区利于步行的程度。一个高"可行走性"的社区包含高居住密度、四通八达的街道和混合使用的土地(工作场所、商店和公共设施以及住宅),并且与较低的身体质量指数(BMI)和较高的身体活动水平有关[20]。身体活动指导师应该了解常用的步行评分方式,并鼓励访客去更适于步行的区域活动。"实用工具箱"7.1中提供了测量步行性的工具。当访客所在区域的步道已经建立时,从业人员可以制定一项符合积极生活理念的身体活动计划。例如,步行至本地的某个目的地或本地的公园,可以专门纳入到访客的常规身体活动计划中。

第3节　临床咨询和社区实践的案例

案例场景7.1至案例场景7.4旨在说明从业人员和行为科学家在通过塑造环境促进身体活动方面可以起到的具体作用。第一个案例是一名从业者建议访客更好地了解自己所处的环境和进行身体活动的机会,并使用计步器每天追踪他们的步数作为一种行为监控[35]。第二个案例的重点是鼓励"积极生活",将身体活动融入日常生活。第三个案例演绎了一种公共健康模式,一个在中小型社区的从业者可以与其他机构合作,建立更好的基础设施,鼓励人们更加活跃[49]。第四个案例是"行为选择提示"干预的例子,例如,鼓励使用楼梯而不是电梯——这是有证据基础的,现在应该在工作场所、商场和火车站等环境中多被使用。

 实用工具箱7.1

可行走性检查 / 资源实例[12,13,53]

美国步行联盟可行走性检查表鼓励人们评估一个行走区域,并确定如何来改善短期和长期的步行成绩,这对于规划当地社区步道十分有用。

点击 http://www.walkableamerica.org

心脏基金会(澳大利亚)邻里步行检查清单旨在帮助个人和团体对当地的步行环境进行调查。除了一个步行清单之外,还有一个模板,用于向当地市政提供关于改善步行能力的文件。

可从 http://www.heartfoundation.org.au 或:http://tinyurl.com/3uwcmtb 获取。

步行分数是衡量任何地方可步行性的国际工具,提供从0(依赖汽车)到100(步行者胜地)的评价分数,该测量是基于局部地区的,但不包括人行道或公共交通基础设施的可用性和质量的测评[12,13]。

点击 http://www.walkscore.com/

www.ratemystreet.co.uk 来自英国的项目允许用户使用八个标准系统评估五星级街道:穿越街道;路面(人行道)宽度;旅行危害;寻找方式;犯罪;交通安全;清洁 / 吸引力;残疾人通道。

案例场景 7.1

　　　　Belinda 是一名经过认证的健康健身专家,她使用动机性访谈技巧,并适当的采用行为改变理论,为访客提供关于如何提高身体活动强度的建议。Brain 是 Belinda 的访客之一,他工作时间长,经常出差,他感觉自己几乎没时间进行身体活动。

　　Belinda 建议 Brain 在新到一个地方时对当地街区的步行环境进行调查了解,Belinda 帮助 Brain 认识当地社区他感兴趣的目的地,并鼓励他买一辆自行车,这样他可以骑车去他想去的地方,如五金店。Brain 的狗通常是他妻子去遛,Belinda 建议他和他的妻子在晚上一起遛狗。Belinda 给 Brain 一个计步器用来监测步数,使他的日常步行量至少增加 2 000 到 3 000 步。

案例场景 7.2

　　　　Victoria 希望进行更多的身体活动,她喜欢在居住地附近进行户外运动,她通过自己的健康保险预约了健康顾问 John 来为她指导。

　　John 认为,Victoria 所在的居民区步行率很低,但她办公室所在的社区步行率则比较高,适宜步行。John 为 Victoria 制定身体活动计划,计划中为了增加身体活动,在午餐后加入了定时散步至少 15 分钟的项目,同时减少坐在办公室的时间。该计划还包括在周末和夏天的晚上进行户外活动,例如骑自行车。

　　John 还鼓励 Victoria 通过美国步行联盟可行走性检查表中的建议(见实用工具箱 7.1)来帮助改善她所在社区的步行条件,例如探索其他步行路线,报告不安全状况给社区,如损坏的人行道。

案例场景 7.3

　　　　锻炼者或预防医师与一些有兴趣促进当地身体活动情况的人进行讨论,并与一个中小型地方社区进行合作。这些部门包括当地规划部门、市长办公室、公交公司(活跃的交通)、工程部门(建筑和基础设施规划)以及医院卫生教育单位。确定共同的需求后,从业者召开初步的规划会议,建立社区工作组,从不同机构和部门的角度来解决身体活动的机会问题,特别在工作组会议后的 12 至 24 个月内,推动基础设施建设(如铁路或公园重建),提高社区的声望,以及增加人们参与社区增强体质的身体活动的机会。

案例场景 7.4

　　这是可以应用于成千上万的办公室、多层次的购物中心、火车站和其他场所的通用方案。这种干预措施是利用提示性标语鼓励人们在这些场所中使用楼梯，不乘坐电梯或自动扶梯。每天，数百万人使用电梯或自动扶梯这种"不运动选择"，"爬楼梯有利健康"的简单标志可以鼓励人们做出认知决策的改变，选择楼梯上下楼的运动模式。

　　干预研究已证明这些干预措施在大学和保健中心的有效性，但社区也可能会从中受益。实践中的挑战是在写字楼、商店和其他设施中使用这些便宜、可行的促进楼梯使用的激励标志，以鼓励人们积极使用楼梯。这种在整个人群中实施的身体活动干预将大有裨益。

关键信息

　　政策、环境和个体咨询之间的联系在最初并不明显。在这一领域的工作中，从业人员的基本目标是如何将身体活动更多地融入访客日常生活中。要做到这一点，你需要更多了解访客所处的环境和能够进行身体活动的机会，并帮助他们选择适合进行额外活动的地点和任务类型，以便添加到他们可能参与的结构化项目中。对于许多人来说，长期参加结构化课程可能难以坚持，所以在日常生活中就能实现访客最健康的身体活动已成为主要的行为目标。

　　总而言之，政策可以给地方或城市提供积极生活的机会，身体活动指导师也需要为其所在城市的环境变得更加有利于进行身体活动而做出贡献。成为身体活动的"倡导者"是个人和专业的目标，但如果足够多的倡导者在地方和国家层面上向决策者建议，这将有助于建立起支持大众参与身体活动的政策，这种倡导正在转化为一种公共健康的实践。这是《美国国家身体活动计划》启动的原因[53]，这是一项旨在让美国人更多运动的战略政策。最后，身体活动指南的发布和更新能够为从业者提供新的信息，帮助他们了解、定义和向访客解释有利于健康所需要的身体活动量、强度和频率[9,18,22,30,36,50]。

（王淙一译，邓炜校，漆昌柱审）

参 考 文 献

1. American College of Sports Medicine. *ACSM's Guidelines for Exercise Testing and Prescription*. 9th ed. Baltimore (MD): Lippincott Williams and Wilkins; 2014.

2. Australian Institute for Health and Welfare (AIHW). *The Active Australia Survey: A Guide and Manual for Implementation, Analysis and Reporting*. Cat. no. CVD 22. Australian Government Canberra: AIHW; 2003.

3. Bauman A, Ainsworth BE, Sallis JF, et al. The descriptive epidemiology of sitting. A 20-country comparison using the international physical activity questionnaire (IPAQ). *Am J Prev Med*. 2011 Aug;41(2):228–35.

4. Bauman A, Allman-Farinelli M, Huxley R, James WP. Leisure-time physical activity alone may not be a sufficient public health approach to prevent obesity—A focus on China. *Obes Rev*. 2008 Mar;9 Suppl 1: 119–26.

5. Bauman A, Reis R, Sallis JF, Wells J, Loos R, Martin BW. Why are some people physically active and others not? Understanding the correlates of physical activity. *Lancet*. 2012 Jul 21;380(9838):258–71.

6. Bauman AE, Nelson DE, Pratt M, Matsudo V, Schoeppe S. Dissemination of physical activity evidence, programs, policies, and surveillance in the international public health arena. *Am J Prev Med*. 2006 Oct;31(4 Suppl):S57–65.

7. Bellew B, Bauman A, Martin B, Bull F, Matsudo V. Public policy actions needed to promote physical activity. *Curr Cardiovasc Risk Rep*. 2011 2011/08/01; 5(4):340–9.

8. Besser LM, Dannenberg AL. Walking to public transit: Steps to help meet physical activity recommendations. *Am J Prev Med*. 2005 Nov;29(4):273–80.

9. Bravata DM, Smith-Spangler C, Sundaram V et al. Using pedometers to increase physical activity and improve health. *JAMA*. 2007 Nov 21;298(19): 2296–304.

10. Brown BB, Werner CM. A new rail stop: Tracking moderate physical activity bouts and ridership. *Am J Prev Med*. 2007 Oct;33(4):306–9.

11. Brownson RC, Eyler AA, King AC, Brown DR, Shyu YL, Sallis JF. Patterns and correlates of physical activity among US women 40 years and older. *Am J Public Health*. 2000 Feb;90(2):264–70.

12. Carr LJ, Dunsiger SI, Marchs BH. Validation of walk score for estimating access to walkable amenities. *Br J Sports Med*. 2011 Nov;45(14):1144–8.

13. Carr LJ, Dunsiger SI, Marcus BH. Walk score as a global estimate of neighborhood walkability. *Am J Prev Med*. 2010 Nov;39(5):460–3.

14. Cope A, Cairns S, Fox K, et al. The UK National Cycle Network: An assessment of the benefits of a sustainable transport infrastructure. *World Transport Policy and Practice*. 2003;9(1):6–17.

15. Davies A, Clark S. Identifying and prioritising walking investment through the PERS audit tool. In: *Proceedings of Walk 21*, 10th International Conference for Walking; 2009 Oct 1–12: New York.

16. Ding D, Gebel K. Built environment, physical activity, and obesity: What have we learned from reviewing the literature? *Health Place*. 2012 Jan;18(1): 100–5.

17. Donnelly JE, Blair SN, Jakicic JM, Manore MM, Rankin JW, Smith BK; American College of Sports Medicine. American College of Sports Medicine Position Stand. Appropriate physical activity intervention strategies for weight loss and prevention of weight regain for adults. *Med Sci Sports Exerc*. 2009 Feb;41(2):459–71.

18. Douglas MJ, Watkins SJ, Gorman DR, Higgins M. Are cars the new tobacco? *J Public Health (Oxf)*. 2011 Jun;33(2):160–9.

19. Dunton GF, Cousineau M, Reynolds KD. The intersection of public policy and health behavior theory in the physical activity arena. *J Phys Act Health*. 2010 Mar;7 Suppl 1:S91–8.

20. Evenson KR, Herring AH, Huston SL. Evaluating change in physical activity with the building of a multi-use trail. *Am J Prev Med*. 2005 Feb;28(2 Suppl 2): 177–85.

21. Frost SS, Goins RT, Hunter RH, et al. Effects of the built environment on physical activity of adults living in rural settings. *Am J Health Promot*. 2010 Mar–Apr;24(4):267–83.

22. Garber CE, Blissmer B, Deschenes M, et al. Quantity and quality of exercise for developing and maintaining cardiorespiratory, musculoskeletal, and neuromotor fitness in apparently healthy adults: Guidance for prescribing exercise. *Med Sci Sports Exerc*. 2011 Jul;43(7): 1334–59.

23. Gebel K, Bauman A, Owen N. Correlates of non-concordance between perceived and objective measures of walkability. *Ann Behav Med*. 2009 Apr;37(2):228–38.

24. Gebel K, Bauman AE, Bull FC. Built environment: Walkability of neighbourhoods. In: Killoran A, Rayner M, editors. *Evidence-Based Public Health: Effectiveness and Efficiency*. Oxford: Oxford University Press; 2010. p. 298–312.

25. Gebel K, Bauman AE, Petticrew M. The physical environment and physical activity: A critical appraisal of review articles. *Am J Prev Med*. 2007 May;32(5):361–9.

26. Giles-Corti B, Donovan RJ. Relative influences of individual, social environmental, and physical environmental correlates of walking. *Am J Public Health*. 2003 Sep;93(9):1583–9.

27. Giles-Corti B, Knuiman M, Timperio A, et al. Evaluation of the implementation of a state government community design policy aimed at

increasing local walking: Design issues and baseline results from RESIDE, Perth Western Australia. *Prev Med.* 2008 Jan;46(1):46–54.

28. Handy SL, Boarnet M, Ewing R, Killingsworth R. How the built environment affects physical activity: Views from urban planning. *Am J Prev Med.* 2002 Aug;23(2 Suppl):64–73.

29. Handy SL, Cao X, Mokhtarian PL. Self-selection in the relationship between the built environment and walking—Empirical evidence from Northern California. *J Am Plann Assoc.* 2006;72(1):55–74.

30. Haskell WL, Lee I-M, Pate RP, et al. Physical activity and public health: Updated recommendation for adults from the American College of Sports Medicine and the American Heart Association. *Med Sci Sports Exer.* 2007;39:1423–34.

31. Heath G, Brownson R, Kruger J, et al. The effectiveness of urban design and land use and transport policies and practices to increase physical activity: A systematic review. *J Phys Act Health.* 2006 Feb;3 Suppl 1:S55–S76.

32. Krizek K. Pretest-posttest strategy for researching neighborhood-scale urban form and travel behavior. *Transp Res Rec.* 2000;1722:48–55.

33. Krizek KJ. Residential relocation and changes in urban travel: Does neighborhood-scale urban form matter? *J Am Plann Assoc.* 2003 69(3):265–81.

34. Librett JJ, Yore MM, Schmid TL. Local ordinances that promote physical activity: A survey of municipal policies. *Am J Public Health.* 2003 Sep;93(9):1399–403.

35. MacDonald JM, Stokes RJ, Cohen DA, Kofner A, Ridgeway GK. The effect of light rail transit on body mass index and physical activity. *Am J Prev Med.* 2010 Aug;39(2):105–12.

36. Merom D, Bauman AE, Vita P, Close G. An environmental intervention to promote walking and cycling—The impact of a newly constructed Rail Trail in Western Sydney. *Prev Med.* 2003 Feb;36(2):235–42.

37. Painter K. The influence of street lighting improvements on crime, fear and pedestrian street use, after dark. *Landsc Urban Plan.* 1996;35(2–3):193–201.

38. Pratt M, Macera CA, Sallis JF, O'Donnell M, Frank LD. Economic interventions to promote physical activity: Application of the SLOTH model. *Am J Prev Med.* 2004 Oct;27(3 Suppl):136–45.

39. Reger-Nash B, Bauman A, Booth-Butterfield S, et al. Wheeling walks: Evaluation of a media-based community intervention. *Fam Community Health.* 2005;28(1):64–78.

40. Reger-Nash B, Bauman AE, Smith BJ, Craig CL, Abildso CG, Leyden K. Organizing an effective community-wide physical activity campaign: A step-by-step guide. *ACSM's Health Fit J.* 2011;15(5):21–27.

41. Saelens B, Sallis JF, Frank LD. Environmental correlates of walking and cycling: Findings from transportation, urban design and planning literatures. *Ann Behav Med.* 2003 Spring;25(2):80–91.

42. Saelens BE, Handy SL. Built environment correlates of walking: A review. *Med Sci Sports Exerc.* 2008 Jul;40(7 Suppl):S550–66.

43. Saelens BE, Sallis JF, Frank LD. Environmental correlates of walking and cycling: Findings from the transportation, urban design, and planning literatures. *Ann Behav Med.* 2003 Spring;25(2):80–91.

44. Sallis JF, Adams MA, Ding D. Physical activity and the built environment. In: Cawley J, editor. *The Oxford Handbook of the Social Science of Obesity.* Oxford: Oxford University Press; 2011. p. 433–51.

45. Sallis JF, Bauman A, Pratt M. Environmental and policy interventions to promote physical activity. *Am J Prev Med.* 1998 Nov;15(4):379–97.

46. Sallis JF, Cervero RB, Ascher W, Henderson KA, Kraft MK, Kerr J. An ecological approach to creating active living communities. *Annu Rev Public Health.* 2006;27:297–322.

47. Sallis JF, Owen N, Fisher EB. Ecological models of health behavior. In: Glanz K, Rimer BK, Viswanath K, editors. *Health Behavior and Health Education: Theory, Research, and Practic.* 4th ed. San Francisco: Jossey-Bass; 2008. p. 465–86.

48. Shilton T. Advocacy for physical activity—From evidence to influence. *Promot Educ.* 2006;13(2):118–26.

49. Tester J, Baker R. Making the playfields even: Evaluating the impact of an environmental intervention on park use and physical activity. *Prev Med.* 2009 Apr;48(4):316–20.

50. Transportation Research Board. *Does the Built Environment Influence Physical Activity? Examining the Evidence.* Washington D.C.: Transportation Research Board; 2005.

51. Tremblay MS, Leblanc AG, Janssen I, et al. Canadian sedentary behaviour guidelines for children and youth. *Appl Physiol Nutr Metab.* 2011 6(1):59–64; 65–71.

52. U.S. Department of Health and Human Services. *2008 Physical Activity Guidelines for Americans.* Washington D.C.: U.S. Department of Health and Human Services. 2008.

53. U.S. National Physical Activity Plan Web site [Internet]. Washington, D.C.: May 2010. National Physical Activity Plan: [cited 2011, July 1]. Available from: http://www.physicalactivityplan.org/.

54. Vuori I, Oja P, Paronen O. Physically active commuting to work: Testing its potential for exercise promotion. *Med Sci Sports Exerc.* 1994 Jul;26(7):844–50.

55. World Health Organization. *Global Recommendations on Physical Activity for Health.* Geneva: World Health Organization; 2010.

56. Wu SY, Cohen D, Shi YY, Pearson M, Sturm R. Economic analysis of physical activity interventions. *Am J Prev Med.* 2011 Feb;40(2):149–58.

57. Zimring C, Joseph A, Nicoll GL, Tsepas S. Influences of building design and site design on physical activity: Research and intervention opportunities. *Am J Prev Med.* 2005 Feb;28(2 Suppl 2):186–93.

第8章 促进身体活动行为改变的人口学因素

Lauren Capozzi , S. Nicole Culos-Reed

概
要

在前几个章节中,我们已经学习了有关身体活动改变的理论和实践,其中包括如何借助很多有价值的工具和策略成功实施身体活动干预。在本章节,我们将讨论目标人群的干预,包括儿童、老年人和慢性疾病人群,这样讨论的目的是为你们提供工具和资源,让你们能够为访客量身定制身体活动干预方案。

大量文献证明身体活动是影响人们健康和幸福感的重要因素[20,39]。然而美国最新的数据表明,目前只有48.8%的人满足身体活动建议的要求,即每周至少3~5次、持续时间至少150分钟的中高强度活动[1,7],中等强度活动的定义是造成呼吸和心率小幅度增加的活动,每周不少于150分钟中等强度活动有助于改善整体健康水平[43]。报告显示,超过三分之一的人活动水平不足(37.7%),13.5%的人处于完全不活动状态,加起来共有51.2%的人活动量不足以获得健康效果[7]。考虑到人们有可能在积极活动的生活方式中"获得更多"或在不积极的生活方式中"失去更多"时,这个问题变得更加重要,而这些人群不仅仅局限于儿童,老人和各种慢性疾病人群。

个体差异本质上是有效干预的第一级"定制"水平,体现了身体活动推广中的价值、传统、文化和人口学规范。在人口学层面进一步推广有效身体活动需要整合更具体的变量,包括特殊人群和个体的需要,健身教练的培训和身体活动干预的内容,包括心理和行为因素。人口学因素尤其重要,因为不同的人群对于身体活动有不一样的认识和障碍[48,26]。鉴于在总人群中只有少数人能坚持身体活动,而在特殊人群中人数更少,因而在干预过程中,处方身体活动需要具体考虑身体活动的决定因素和障碍,包括生理、心理和环境因素[19]。当前的研究强烈主张将身体活动益处的研究证据转化为行为改变的最佳模型,其中身体活动的决定因素,包括身体活动偏好和障碍,被纳入干预措施[11]。参见实用工具箱8.1。

作为一个身体活动指导师,认识身体活动促进和改变的原则,以及如何对不同的人群和个人应用这些原则是非常重要的(见第1章至第5章)。在每个部分,我们将针对特定人群提供建议,帮助大家长久坚持身体活动。这些技术可以帮助提高访客的自信心和自我效能感(相信你的访客可以完成他或她已经设置的锻炼目标),提高你的访客接纳和坚持你给出的锻炼建议的可能性。如第3章所述,我们将考虑个人因素、行为因素、环境因素和身体活动方案相关因素。

以下几节讨论了对以下人群进行身体活动干预的基本原理和证据:

1. 儿童和青少年;

2. 老年人;

3. 长期就医的病人,包括关注身体活动行为干预对癌症患者影响。

第 1 节　儿童和青少年

 研究证据

最新的数据表明,尽管专家建议儿童每天进行 60 分钟以上的身体活动(见表 8.1)[7],但是许多儿童并不能按要求完成活动。2009 年美国进行的青年危险行为监测表明只有 17.3%~19.5% 高中学生(9 级 ~12 级)每周参加身体活动 7 次,一次不少于 60 分钟,只有 35.2%~38.8% 学生每周参加身体活动 5 次,一次不少于 60 分钟[6],21.5% 至 24.8% 的高中生不参与任何身体活动[6]。

儿童和青少年参与身体活动与他们的健康发展、智力、学校行为和学业成就相关[42]。目前社会各界对于儿童参与身体活动的关注日益上升,而且超重儿童的患病率迅速增加[7,12,40]。据报道,超重和其他相关慢性疾病包括肥胖、心脏病、肌肉骨骼疾病,在青少年阶段会影响其生活质量,过早地引发疾病和死亡。由于这些孩子的年龄较小,相应的卫生保健成本会增加[12,32]。由于儿童的身体活动水平是其成人身体活动水平强有力的预测指标,因此有效推广干预措施以改善儿童的健康状况,以及增加儿童终身身体活动参与率是必要的[41]。

建议

6 岁到 17 岁的儿童每天身体活动时间不少于 60 分钟[7]。见表 8.1。

表 8.1　对儿童和青少年身体活动的建议[1,7,43]

活动类型	建议的活动频率,活动强度和活动时间	例子
有氧活动	中等强度活动:应占绝大多数,建议每天最少 60 分钟	活动:如散步、骑自行车、徒步旅行、轮滑、滑板 比赛:如棒球和高尔夫等
	高强度活动:每周至少 3 天	活动:如跑步,骑自行车,跳跃,跳舞,滑雪 比赛:如曲棍球、篮球、游泳、足球
力量训练	力量训练应该是活动计划的一部分,每周至少 3 天,每天最少 60 分钟	活动:如仰卧起坐、自重训练 竞赛:如爬树,转动操场上的设备,或玩拔河比赛 阻力练习:利用自重或阻力带
加强骨强度	骨骼力量也应该是活动计划的一部分,每周至少 3 天,每天最少 60 分钟	活动:包括各种蹦跳运动 比赛:如跳绳和跳房子 跑步

来源:《美国人身体活动指南》,美国卫生和人类服务部,2008;《大众身体活动》,疾病预防控制中心,2011;《运动测试与处方》,美国运动医学会,2014。

循序渐进

表 8.2 为儿童青少年实施身体活动干预的步骤说明,表 8.3 是成功干预措施的概括。

 实用工具箱 8.1

探究锻炼偏好

能否长期坚持身体活动最重要的预测指标之一是活动计划是否针对访客的目标、个人偏好、生活方式和环境因素量身定制,并且在制定锻炼计划之前,应事先评估访客的生活方式和锻炼偏好。同样重要的还有评估访客身体活动特点以及目前面临的障碍,这将促使访客采取积极的生活方式。

健康身体活动行为量表

该问卷用于评估活动频率、强度和主观体能感知,并给出一个总的"健康效益"得分。

http://www.getactivepenticton.com/gap/assets/thehealthyphysicalactivityparticipation questionnaire.pdf

健康生活方式清单

这是一个简单的清单,基于不同的生活习惯为访客提供一个"健康效益"评估。

http://hk.humankinetics.com/Advanced Fitness Assessmentand Exercise Prescription/IG/App_A5.pdf

表 8.2   儿童和青少年身体活动的实施[1]

步骤	建议	影响因素	工具
1. 健康筛查	评估安全性,以及是否需要医生的许可(即,如果当前有疾病、受伤或预先身体状况不佳的迹象	确保参与活动的个人和团体能从中体验到乐趣	
2. 探索和教育:讨论动机和目标,健康信念和身体活动偏好	讨论健康信念以及身体活动行为的重要性	参与身体活动行为必须对孩子们有意义	决策平衡部分(见第 3 章)改变阶段(见第 4 章)目标制定表和身体活动合同阶段(见第 3 章)身体活动的时间表(见实用工具箱 8.2)
3. 测试	利用已建立的常模数据进行测试	一般来说,标准成人测试适用于儿童,但是成人和儿童对于测试的反应会不同 在测试过程中,儿童也可能需要额外的支持和指导	见实用工具箱 8.3 和 ACSM 的锻炼测试指南和运动处方

续表

步骤	建议	影响因素	工具
4. 制定身体活动计划并执行	实施身体活动行为干预,并使用适当的方法以维持身体活动,同时给予持续的鼓励和反馈	开展有趣、互动性和鼓励不同年龄段人参与的身体活动行为 尽量减少久坐不动的活动 儿童和青少年应在室温环境下活动,补充适量水分 身体活动应当有积极的意义而不是与惩罚有关	身体活动日记,见实用工具箱 8.4 对年龄较大的儿童可以尝试使用线上身体活动日记,见实用工具箱 8.4
5. 积极评估和进步	跟随个人和团组进行评估愉悦度进步	超重儿童和新来的儿童活动节奏应当降低 许多儿童和青少年体育项目都是循序渐进的	

来源: American College of Sports Medicine. ACSM's Guidelines for Exercise Testing and Prescription. 9th ed. Baltimore（MD）: Lippincott Williams and Wilkins; 2014.

表 8.3　成功的干预和策略: 儿童和青少年身体活动干预

干预	方法	结果	行为策略
VERB 活动,2002~2004,一项针对美国地区 9~13 岁的青少年的营销活动[22]	开发 VERB 品牌,将身体活动行为与酷、有趣以及与朋友相聚这些积极意义建立联结 在电视、广播、印刷品上宣传,并通过互联网推广,在学校和更大的社区宣传	两年后的测试表明VERB 浏览量,身体活动和积极态度呈量效依赖关系 2 年后,美国 81% 的儿童报告说看了 VERB活动,并且每周进行一次身体活动	将身体活动指向酷、有趣和与朋友相处 如果可能的话,在大众媒体或学校与大社区实施营销策略 为儿童创造一个身体活动"品牌"
运动、游戏和儿童娱乐（星火）计划[35]	比较三种体育课条件 1. 认证的身体活动指导师实施活动计划 2. 对课堂教师进行如何进行身体活动干预的培训,让其进行活动计划的具体实施 3. 普通体育课 增加的活动时间转变成更高的健康水平 干预组的重点是促进学生在校外进行定期身体活动	相较于老师领导的学生组（33 分钟）,体育专家领导的学生组每周花更多的时间进行身体活动（40 分钟）,两组都比常规的身体活动组时间长（18min） 经过两年的干预,增加的活动时间转变成更高的健康水平 为体育教师提供培训,帮助他们采取更有效的策略以便在课堂上延长孩子活动时间	

续表

干预	方法	结果	行为策略
提高青少年生活方式活动（游戏）[31]	1. 教导孩子养成健康的生活习惯,鼓励每天进行 30~60 分钟中高强度的身体活动 2. 技术包括在教学日12 分钟的活动间隙教授学生新的身体活动概念以及对身体活动参与的自我监控	游戏干预下儿童更多地参与身体活动行为	改变儿童的态度和行为会将身体活动转化为一辈子的习惯 鼓励孩子们和他们的家人朋友一起进行身体活动,并且在时间表和日程安排表上进行记录

 实用工具箱 8.2

身体活动一览表

计划和安排身体活动行程是提高身体活动参与的好办法。使用时间表计划下个月的活动是一个简单而有效的方式。以下的时间表是一个例子:

动起来! 健康家庭日历:

日期		活动类型	活动时刻	参与人	是否完成
周一（例）	感兴趣的	步行 15 分钟	AM7, PM5	妈妈和 Sally	*
	健康饮食	水果	午餐	妈妈和 John	*
周一	感兴趣的				
	健康饮食				
周二	感兴趣的				
	健康饮食				
周三	感兴趣的				
	健康饮食				
周四	感兴趣的				
	健康饮食				
周五	感兴趣的				
	健康饮食				
周六	感兴趣的				
	健康饮食				
周日	感兴趣的				
	健康饮食				
你给自己几颗星					

（改编自 http://www.letsmove.gov/sites/letsmove.gov/files/Family_Calendar.pdf. ）

> **实用工具箱 8.3**
>
> ### 体 能 测 试
> 体能测试必须适合你所服务的个体和人群。
>
> **ACSM 锻炼测试指南与运动处方**
>
> 这个资源提供了一个明确和具体的锻炼测试方法,更多体能测试资源,请访问 http://www.acsm.org/.
>
> **主观运动感觉等级量表**
>
> 在健康测试开始之前,应教会你的访客如何评估消耗水平,以便于他们能够基于他们的测试结果以及将来的身体活动参与情况相互交流。Brog 感知消耗水平可见:http://www.cdc.gov/physicalactivity/everyone/measuring/exertion.html.

障碍

当下参与身体活动的障碍包括没有时间、缺乏动机或者兴趣、身体障碍(如身体自我感知)、社交障碍和环境障碍(如设备和天气不允许)[49]。

维持因素

提供父母、学校以及社区支持,提供身体活动环境,都有利于提高身体活动的坚持性。表 8.4 强调了一些对于孩子来说重要的身体活动维持技巧,如提高身体活动的知识水平,提高动机水平和时间管理技能以及提供各种锻炼机会[30]。更多能够克服这些障碍的技能是很重要的,与此同时检验干预有效性的研究也必须进行。

表 8.4　提高儿童身体活动行为的坚持性

影响因素	身体活动行为坚持的技能
个人因素	始终将身体活动行为历史、个人能力、身体活动偏好和个人资源列入考虑
行为因素	鼓励儿童设置切实可行的身体活动目标 目标达成的奖励计划 确保身体活动是一种奖励而不是惩罚(比如和家人一起散步而不是惩罚自己跑一圈) 鼓励儿童训练自我监控技能(比如记日记)
环境因素	推广经济安全又方便的身体活动
方案	鼓励儿童尝试不同种类的身体活动来避免其感到无聊,提高健康水平

实用工具箱 8.4

坚持锻炼：身体活动行为

良好的身体活动干预对于目标人群而言显然能够提供很多好处,但我们更为关注的是"下一步",即完成身体活动干预之后,我们应当做什么来确保让他们维持身体活动锻炼习惯呢?

写日记可以帮助记录身体活动频率、强度、持续时间和活动类型。

日记既可以使用纸笔的方式记录身体活动,也可以通过电子方式保存在许多在线生活记录网站上。

示例日记和日程记录可以从实际工具箱 3.6 中找到。

一个在线追踪网站的例子是：http：//www.mypyramidtracker.gov/。

检查疾病控制中心的在线身体活动追踪工具

http：//www.bam.gov/sub_physicalactivity/physicalactivity_activitycalendar.tml.

有关设置和坚持活动目标的更多信息,请参考第 2 章和第 3 章。

更多关于这个主题的信息请参考下列网站：

Active Healthy Kids Canada：http：//www.activehealthykids.ca/

American Academy of Pediatrics：http：//www.healthychildren.org/English/healthy-living/Pages/default.aspx

Center for Disease Control and Prevention：Physical Activity for Everyone：http：//www.cdc.gov/physicalactivity/everyone/guidelines/children.html

案例场景 8.1

姓名：Steven Johnston

年龄：15 岁

介绍：Steven 和他的母亲向当地的健身中心咨询锻炼计划,以帮助 Steven 提高在学校体育课上的适应性。因为根据 Steven 的老师反馈,Steven 体育课的参与性很差,上课出勤率也不高,因此他的母亲很担心。Steven 说,如果他能跟上班上的其他孩子,他就愿意积极参加身体活动。

个案 8.1 步骤				
筛选	评估和教育	测试	实施	进展
Steven 的报告中没有提到其身体有不适合锻炼的情况。因此,继续评估参与的身体活动目标和动机	由于跟不上其他同学的节奏,Steven 很沮丧。他报告他缺乏增加身体活动的动机即共同的运动技能。Steven 的目标是能够参与同龄人的活动并不感到沮丧。	不必进行综合能力评估,正式体能测试	运动处方: 一周两天跟随教练进行有氧耐力,肌肉力量和敏捷性训练 一周两次和家人借助球类,进行抓、扔、跑 参加一个同水平的儿童足球班 Steven 将根据身体活动时间表进行活动,这个时间表贴在家里的冰箱上 Steven 将在在线网站上记录自己身体活动	Steven 每周给教练上交健身日志,并且深刻反思自己的整体愉悦度,遇到的困难和取得的进步。 一旦 Steven 建立了身体活动习惯,每周的训练频率可以变成一周一次,鼓励 Steven 自己独立锻炼 如果负荷太大,训练计划会做相应修改

关键信息

身体活动对儿童和青少年身体和心理的益处是有据可查的,但是由于身体活动行为的参与度普遍较低,找到方法有效推广身体活动至关重要[40,42]。减少可见的身体活动参与障碍,提高身体活动的可获得性是我们身为家长、教师、教练、私人教练和政策制定者的责任。如表 8.3 所示,成功的干预集中在如何在日常的体育课程中增加身体活动行为参与时间(星火活动)[35]。同时利用营销技巧,将身体活动行为和"酷""乐趣",建立联结,推广增加身体活动的生活方式[31]。运用这些工具来提高儿童和青少年的身体活动意识,运动和游戏的可获得性,并采取积极有效的生活方式,这些方式都会对儿童产生积极意义,并促进身体活动终身参与。

第2节 老 年 人

 研究证据

在美国只有大约 60% 老年人（65 岁以上）满足每周 150 分钟中等强度的活动的标准[1,7]（完整建议见表 8.5）。虽然随着年龄增长，身体活动行为会自然减少，但是相关文献表明，老年人群体完全可以进行身体活动，并且可以减轻许多与衰老有关的健康问题，包括健康水平和功能独立性的下降[24]。

表 8.5 给老年人的身体活动建议（1、3、10 分钟）

活动类型	建议每周频率、强度和时间	实例
有氧活动	中等强度活动：每周至少 5 天，每次 30~60 分钟，每周共计 150~300 分钟 高强度活动 每周至少 3 天，每次 20~30 分钟，每周共计 75~100 分钟	散步、高尔夫、自行车等活动，园艺，打扫 包括慢跑、跳舞、有氧健身操或水上运动、游泳、骑自行车 网球比赛等
力量训练	老年人要进行阻抗训练计划 每周至少 2 天中等强度（60%~70% 1RM）或低强度（40%~50% 1RM）训练	包括推拉、自重训练 • 利用手重、自重、阻力带锻炼 • 自重或健美操练习抵抗活动 日常生活活动，包括搬运食品、上下楼梯、坐立练习
平衡锻炼	每周至少 3 天，每天最少 60 分钟	逐渐减少支撑的基础的锻炼，挑战重心的动态锻炼，强调姿势肌肉的锻炼，或减少感觉输入的锻炼（如，站立或保持平衡，闭上眼睛） 倒退或转圈 瑜伽或太极
灵活性	每周至少 2 次	从俯卧位、坐姿或站立位置进行静态伸展，保持至少 30~60s，并保持拉伸至不能坚持为止

定期参与身体活动也能有效改善老年人的心血管功能，降低疾病风险，改善身体成分和骨骼健康，提高生活质量和认知，从而延长平均寿命[10]。表 8.6 概述了对老年人实施身体活动行为计划的关键步骤。

人口老龄化加剧也是老年人身体活动增加的原因之一，老年人是所有年龄群体中身体活动行为最少的，但是却是人数增长最快的，预计这个数字 2030 年将翻倍[13]。找到有效的干预措施以促进老年群体中等强度的有氧活动、肌肉力量训练、灵活性训练、平衡性训练和风险管理对老年群体的大部分人具有重要价值。

建议

建议 65 岁及以上的成年人每周参加 150~300 分钟中等强度活动。另外,老年人每周可以进行累计约 75~100 分钟高强度活动,除有氧活动外,建议每周进行 2 次肌肉力量训练。

 ## 循序渐进

实施老年人身体活动干预计划步骤见表 8.6,表 8.7 列举了有效的干预措施和切实可行的,有据可依的行为改变策略。

表 8.6　为老年人实施身体活动行为计划

步骤	建议	因素	工具
1. 健康筛查	评估身体是否健康以及评估是否需要进行精神疾病筛查(如果有生病,受伤和健康下降的征兆)	当下锻炼状况:当下是否有身体伤残? 是否有心脏病或征兆? 是否有肺和代谢疾病? 是否需要助行器? 是否有受伤史,是否不适宜参加某种活动	PAR-Q(见第 2 章) PARmed-X(见第 2 章) 身体活动行为参与健康筛查问卷(见第 2 章) 知情同意(见第 2 章)
2. 探索和教育:讨论动机和目标,健康信念和身体活动偏好	讨论健康信念,并为老年人提供有关身体活动重要性的教育	身体活动必须是可行的有意义的并且必须针对身体活动的禁忌进行过修正	决策平衡表(见第 3 章) 改变阶段(见第 4 章) 目标设定表以及针对活动障碍设定的运动策略(见第 3 章) 身体活动行为一览表(见实用工具箱 8.2)
3. 测试	在开始中等强度的活动之前大部分老年人不需要测试 对于有已知危险因素的群体,推荐进行临床测试建议使用常模数据进行测试	保证安全的施测环境,提供相应的辅助 可能需要在跑步机边上装扶手 平衡感不好的推荐功率自行车 根据情况调节活动量	见实用工具箱 8.3 以及锻炼测试指南和运动处方
4. 身体活动行为计划及实施	营造安全的锻炼环境 进行身体活动行为干预,利用正确的工具坚持活动习惯	尽力减少久坐不动的行为 制定可行的活动计划,提供必要的支持和指导 对于身体状况较差的老年人,活动的强度和持续时间必须在开始就降低 最开始时指导力量训练防止受伤	身体活动杂志(见实用工具箱 8.4)

续表

步骤	建议	因素	工具
5. 积极评估和进步	跟进个人或者团体 获得乐趣 必要的进步 提高后续鼓励和反馈	身体状况不好或者行动不便的情况下可能需要放缓进程 身体活动的进展应当根据访客具体情况制定,令访客满意	有电脑的话在线记录身体活动日志是很好的选择 鼓励社会支持 提高自我效能感

表 8.7　成功干预和策略:老年人的身体活动干预

干预	方法	结果	实用策略
老年人身体活动的长期跟踪[27]	访客参与为期六个月的随机对照身体活动试验,分别在 2 和 5 年后进行测验 主要结果是随着时间的推移评估身体活动水平 研究人员研究了过往行为、自我效能和活动效果,并且评估这些因素如何影响未来参与身体活动	2 年内参与身体活动情况是 5 年内参与情况的强有力指标 2 年内参与身体活动的自我效能感和效果与 5 年内参与身体活动行为有关	实施策略以提高自我效能感和积极自我感受 教导访客坚持参与身体活动,这种坚持可以促进未来参与身体活动
促进老年人身体活动的干预措施[24]		研究表明环境干预对于促进和坚持身体活动很重要。据报道,可获得性高、吸引人、安全和低成本的环境是促进和坚持身体活动的最佳方法	通过给骑车和步行的人提供方便使用地图的方式,将标记和信息推广给大家

障碍

　　老年人参与身体活动障碍包括但不限于:没有保持活动的习惯;不了解身体活动行为的益处;身体虚弱或者健康问题导致的无法参与身体活动;受伤的恐惧;缺乏指导和交通及设施不便利,还有一些其他的身体活动参与障碍[5,9]。此外,如果老年人长期居住在疗养院或者看护机构,他们将面临着更多的障碍,包括缺乏锻炼空间和锻炼设施[9]。

坚持身体活动建议

增加老年人选择的策略见表 8.8。

表 8.8　提高老年人坚持身体活动技巧

因素	坚持身体活动技巧
个人	始终考虑身体活动行为历史、个人能力、医疗条件、身体活动偏好和个人资源 老年人在活动中应当感到安全并且被很好地看护
行为	鼓励老年人设定切实可行的身体活动目标 一旦达到活动目标，就进行奖励 鼓励老年人进行自我监控技巧练习（比如写日记或者保留日志）
环境	推广安全、方便和负担得起的活动 鼓励团队活动，因为其在社交方面可以提高责任感和拥有更多乐趣
方案	鼓励老年人尝试不同类型的活动，以避免其感到无聊和改善整体健康水平

有用的链接

更多信息，请参阅以下主题的网站：

- 积极老年关系：http://www.agingblueprint.org/partnership.cfm
- 疾病控制和预防中心：个人的身体活动 http://www.cdc.gov/physicalactivity/everyone/guidelines/olderadults.html
- 老年人健身：http://www.eldergym.com/exercises.html
- 老年人活动：http://www.elderlyactivities.co.uk/
- 高阶锻炼与健身小贴士：http://www.helpguide.org/life/seniorfitness_sports.htm

案例场景 8.2

姓名：Ellie Jones
年龄：72
介绍：Ellie 是一个 72 岁独居的寡妇，她喜欢和朋友一起参加社交活动，但目前她不参加任何常规身体活动。为了解决她的骨质疏松和体重增加问题，她的医生建议开始一项锻炼计划，然而，Ellie 不知道从何处开始！

个案 8.2　步骤				
筛选	评估和教育	测试	实施	进展
Ellie 的医生帮她做了 parmed-x、骨质疏松检查,目前她处于不活动状态,她需要做强度适中的负重和有氧活动	Ellie 的目标包括在日常生活中进行身体阻抗活动(在实施进一步的重量或阻力之前) 强调与朋友社交的重要性 建立了为积极进行身体活动的女性提供了徒步机会的网络平台 维持活动的障碍被广泛讨论并且已经找到了解决方案	进行初步筛选(老年人进行 ACSM 锻炼试验)。结果表明考虑锻炼的平衡,Ellie 可以开始一个较为温和的锻炼计划,循序渐进从而降低未来失败的可能性	推荐温和的活动、负重活动、有氧活动 实施一个渐进的步行计划,写家庭日记 运动处方:阻抗训练 2 天 / 周 有氧活动 3~5 天 / 周	Ellie 设定每周和每月的目标,每周的日志用来跟踪活动和结果(力量水平,感觉状态) 进度每 2 周评估一次,调整每周身体活动水平

关键信息

　　老年人参加规律性的身体活动有很多好处,包括维持目前的身体机能,调理慢性病,预防疾病和疾病恶化,提高生活质量[29]。不幸的是,许多老年人采取久坐不动的生活方式,而这种生活方式对于健康的风险很高[24]。老年人长期坚持积极生活方式的重要预测因子包括积极情绪和高自我效能感[27]。总的来说,旨在促进老年人身体活动的干预措施证实了积极生活方式的长期参与者会从身体活动行为中获益良多[24]。

　　人口老龄化引起的健康问题日益增加,干预老年人的必要性成为当务之急。身体活动计划必须考虑如何使身体活动成为自然老化过程的一部分,必须考虑个人身体活动障碍,包括健康水平、行动能力以及社会支持和环境障碍,比如无障碍的安全锻炼环境是必不可少的。

第 3 节　常见慢性病概述

　　干预身体活动可以有效地治疗多种慢性病,本章节对其在慢性疾病恢复中身体活动的实质性作用进行简要概述,提供身体活动行为干预措施的具体细节不在本章的讨论范围内。

此外,随着最近我们对身体活动对于癌症患者益处的认识进展,我们需要对这一现象进行进一步深入探讨。

在所有的慢性疾病情况下,寻求合适的身体活动指导师支持来确保身体活动干预的安全性极为重要。简单的筛选工具,如 Par-MEDX(见第 2 章)应当在身体活动行之前采用以确保身体状况可适应,筛选、评价和反馈的其他工具应尽可能专门适用于慢性疾病状况。请参见本章中的实用工具箱和本书的其他章节,以获得这些示例。

促进身体活动开展和维持的行为策略对于患有慢性疾病的人极其重要。老年人对于开始一个新的身体活动计划或者调整现有活动水平以改善健康可能会存在担心,这些问题突显了量身定制的身体活动行为干预措施的必要性,其中包括有效的行为改变策略。

坚持身体活动的建议

表 8.9 强调了针对不同慢性病患者的关键行为改变策略,这些策略可以根据个人的健康状况、需要、兴趣和身体活动偏好进一步地调整。

表 8.9　提高身体活动技巧

影响因素	坚持技巧
个人	考虑身体活动历史、个人能力、其他的医疗条件,锻炼偏好和个人资源 锻炼过程中个人必须感到安全和被照顾 医疗团队应该意识到并允许患者参加活动并促进坚持锻炼。这可以通过身体活动指导师为医疗团队进行的个人健身报告进行
行为	鼓励人们制定现实可行的身体活动目标 提醒目前接受治疗的患者根据治疗副作用调整总活动时间和强度 鼓励人们应用自我监控技术(例如:日志记录,保持一个日历) 一旦达到活动目标,就实施自我奖励
环境	推广安全、方便、负担得起的活动,并由有相关领域的具体经验的身体活动指导师指导 团队活动,作为社会支持的团队激励可以提高责任感,享受更多乐趣和获得支持
方案	针对特定疾病的活动计划可以为个人提供平静的心态 人们可以从瑜伽之类的活动中慢慢开始活动,逐渐增加总的活动时间和强度

第 4 节   常见的慢性疾病

超重与肥胖

据报道,世界范围内肥胖率达到了流行病的程度,超过 15 亿的成年人被认为超重,其中 5 亿的人被认为是肥胖人群[47]。肥胖与许多终身的身心健康并发症有关,而身体活动在有效地燃烧卡路里和改善能量不平衡方面有着重要的价值[18]。身体活动行为在心理健康、心血管健康、减重方面也起着关键作用[18]。关于超重和肥胖个体和群体的建议和因素见表 8.10。

表 8.10   超重和肥胖的个人和群体身体活动建议和注意事项[1,7,14]

建议	每周至少锻炼 5 天 • 每周至少 150 分钟至 300 分钟的中等强度活动,或者 150 分钟高强度活动 • 强度:鼓励中等至高强度的活动 • 重点应该是利用大肌肉群的有氧活动。每周至少要进行 2 天的耐力训练
阻碍	• 锻炼时的不安全感和不适感 • 疲劳 • 害怕受伤 • 自卑,自我效能降低 • 自我价值的降低和主观控制感的降低 • 并发症的发生率较高
干预措施	• 3 到 6 个月之间体重较初始体重减轻至少 5% 至 10% 才会对健康有益 • 为了减掉足够的体重,必须解决能量摄入问题。患者应当咨询营养师,同时结合锻炼方案,实现每天至少 500 至 1000 卡的能量消耗 • 有效行为改变技术的参考表 8.9
关键信息	• 帮助那些体重过重的人采取更积极的生活方式以显著改善其身心健康,降低并发症的风险[18] • 为可能存在身体意向障碍、并发症以及害怕受伤的人创造一个安全的锻炼环境,这对于长期坚持身体活动是有效和重要的[34]
网页链接	• 世界卫生组织:http://www.who.int/dietphysicalactivity/childhood/en/ • 疾病控制和预防中心:Physical Activity for a Healthy Weight:http://www.cdc.gov/healthyweight/physical_activity/index.html • 范围 - 健康选择:身体活动行为:http://www.childhood-obesity-prevention.org/live5210/resources/healthy-choices-physical-activity/ • 超重人群如何开始常规锻炼,http://www.livestrong.com/article/16350-begin-exercise-routine-overweight-people/

心血管疾病

　　心血管疾病是美国成年男性和女性死亡和残疾的主要原因,缺乏身体活动被明确定义为该疾病的独立危险因素[8,44]。身体活动的好处不仅仅在于心脏病的预防和管理,而且还能保持体重,防止进一步的功能衰退,减少抑郁和焦虑——这些都与心血管疾病密切相关[46,50]。对心血管疾病患者的建议和注意事项见表 8.11。

表 8.11　对心血管疾病个人和群体的建议和考虑[1,4]

建议	• 每周锻炼 3 至 7 次,每次 20~60 分钟。如果过程中心脏病不适,建议进行 1~10 分钟的治疗,然后适当延长运动持续时间 • 每天锻炼可分为多个短疗程,以适应活动能力有限的患者 • 强度要求在 6 至 20 RPE 量表的 11 至 16 等级范围 • 鼓励通过大肌肉群的活动来消耗卡路里。可能包括使用手臂测力计、脚踏车、椭圆机、划船,或跑步机上行走
障碍	• 缺乏锻炼的时间 • 缺乏动力 • 健康状况不佳 • 害怕受伤
干预措施	• 患者应参加有医学指导的心脏康复计划,以确保安全和促进生活方式的改变 • 病人一旦报告病情稳定或者没有心脏病再次发作的情况,或者身体对锻炼适应性良好,就可以提倡病人独立锻炼。用锻炼原理增强患者知识和信心,以及继续锻炼的信心 • 用比较缓慢的进度进行耐力训练 • 为了回到工作岗位,增加训练时间以提供职业必需的能量 • 有效行为改变技术参考表 8.9
实用信息	• 身体活动行为是预防和治疗心脏病的一个重要因素(44) • 心血管疾病患者应适当地进行体育锻炼,并融入一个循序渐进的个体化锻炼计划中去 • 有必要在可能患心血管疾病或可能处于疾病早期的成年人中推广身体活动,开始一个渐进的身体活动计划可以帮助预防疾病和预防相关的风险
网页链接	• 心脏和中风基金会: http://www.heartandstroke.on.ca/site/c.pv I3IeNWJwE/b.5264885/k.F930/Position_Statements-Physical_Activity_Heart_Disease_and_Stroke.htm • 美国心脏协会: http://www.heart.org/HEARTORG/Getting Healthy /Physical Activity/ Physical Activity _UCM_001080_ Sub Home Page.jsp

癌症：身体活动对癌症幸存者的作用

近年来越来越多的研究表明身体活动对于癌症患者的作用，无论是在治疗期间和治疗后[21,36,37]，它能改善癌症患者在癌症治疗期间和治疗后的各种身体、心理和健康状况，包括潜在的长期治疗消极影响的处理[25,38]。研究表明，癌症患者在确诊前越早重新建立或提高身体活动行为水平，他们就越有可能身心受益，也可能表现出症状减少、并发症及死亡率降低[17,23]。

障碍

尽管前面提到的证据表明，癌症患者的身体活动在显著减少[11]，这种降低可能与参与身体活动的感知障碍的增加有关，这些障碍包括和一般人群类似的障碍，如动机和时间、限制途径等；以及与健康有关的障碍，如手术后的疼痛和僵硬；治疗相关的副作用，如疲劳、恶心、手术相关的自我意识（如乳房切除术），以及对在没有正确指导的情况下对手术的过度恐惧[45]。在支持性的环境中为癌症幸存者提供个性化的锻炼计划可以减轻许多潜在的障碍。

建议

ACSM 对癌症患者的锻炼指南的圆桌会议最近得出结论，在癌症治疗期间和之后的锻炼是安全的，并且会带来潜在收益[36]。目前 ACSM 关于身体活动的建议可以见表 8.12 至表 8.14。这些指导原则应基于个人目前的健康状况和治疗状况量身定制。表 8.15 概述了有效的干预措施和癌症患者基于证据的身体活动策略。此外，研究表明，锻炼干预的时机是重要的。

表 8.12　ACSM 对癌症患者身体活动水平建议：体育锻炼医学评估和检测

癌症部位	乳房	前列腺	结肠	成年人血液（没有 HSCT）	成年人HSCT	妇科
锻炼前医疗建议总则	不管二次治疗是什么时间，都推荐治疗后进行周围神经病变、肌肉骨骼障碍检查；如果是激素治疗，则推荐进行骨折风险评估。骨转移性疾病的患者需要评估决定哪种锻炼是安全的。患有心脏病（仅次于癌症）的患者需要评估哪种锻炼是安全的。癌症转移到骨骼或者心脏风险是未知的，这种风险广泛而多样化地存在于大部分患者中，身体活动指导师可能想要咨询患者的医疗团队来排除这种风险，但是在身体活动之前对所有的癌症患者进行上述疾病医学评估并不十分值得推荐，因为这会对大部分的患者已有的身体活动健康收益造成不必要的伤害，而且对大部分患者来说，这两种疾病并不会出现					

续表

癌症部位	乳房	前列腺	结肠	成年人血液（没有 HSCT）	成年人 HSCT	妇科
锻炼开始前癌症部位医疗需要评估建议	推荐上肢活动开始前评估手臂/肩膀的健康状况	肌肉力量和消耗的评估	在进行比徒步更大强度的锻炼之前，对于预防手术感染的行为应当进行评估	无	无	病态的肥胖患者可能需要额外医学评估其他风险 推荐在进行高强度有氧活动以及阻抗训练之前进行下肢淋巴水肿评估
锻炼测试建议	步行，灵活性训练，阻抗训练之前不需要进行评估。中高强度有氧活动之前根据 ACMS 进行身体活动行为测试。在淋巴水肿的乳腺癌患者中的一次性重复最大测试已经证明其有效性					
锻炼测试模板和强度考虑	根据医疗评估结果以及 ACMS 系统指南进行锻炼测试					
锻炼测试禁忌证和停止锻炼测试的原因	根据 ACMS 系统指南进行锻炼测试					

表 8.13 癌症患者身体活动水平 ACMS 指南：癌症患者的运动处方

	乳房	前列腺	结肠	成年人血液（没有 HSCT）	成年人 HSCT	妇科
运动处方的目标	1. 恢复和提升身体机能、能力、力量和灵活度 2. 提高身体意象以及 QQL 3. 改善体成分 4. 改善心肺、内分泌、神经、肌肉、认知心理 5. 潜在减少或者延缓继发性或原发性癌的发生率 6. 提高第二原发癌或复发癌症所带来的持续性焦虑的生理心理承受能力 7. 减少或阻止癌症治疗的长期后遗症 8. 改善当前和未来的癌症治疗的心理生理承受能力 这些目标会因为癌症患者不同患癌部位导致的患癌体验差异而不同					
开始锻炼之前包含所有癌症部位的禁忌证	术后给予足够的时间进行恢复，癌症恢复至少八周。不要对疲劳、贫血、共济失调的病人开展身体活动行为，锻炼之前依据 ACMS 锻炼处方考虑心血管和肺病的禁忌证。但是，潜在的心肺功能问题在癌症患者中可能比同年龄放疗化疗的毒性和手术长期/持续的影响更大					

续表

	乳房	前列腺	结肠	成年人血液（没有 HSCT）	成年人 HSCT	妇科
开始锻炼之前，癌症特异性禁忌证	上肢训练之前，乳腺癌治疗引发的急性上肢和手臂问题需要寻求治疗	无	手术病人在体育锻炼中（有裂开的风险）和自重训练中（有发生疝气的风险）推荐遵照外科医生建议	无	无	女性腹部、腹股沟、下肢肿胀或者炎症。在下肢训练之前应当寻求医护来解决这些问题
结束活动的癌症特异性原因（针对这一人群结束活动的 ACMS 指南依然存在）	如果上肢症状变化或者肿胀，应当减少或者避免上肢活动，直到寻求到解决这一问题的医疗方案	无	疝气、手术相关的全身性感染	无	无	如果下肢症状变化或者肿胀，应当减少或者避免下肢活动，直到寻求到解决这一问题的医疗方案
癌症网站上常见的受伤风险	骨癌患者可能需要根据强度、持续时间和高骨骼断裂风险来选择身体活动方案。目前正在接受化疗或放疗或治疗后免疫功能受损的患者感染风险更高，应注意减少癌症患者经常光顾的健身中心的感染风险。锻炼中和锻炼后的运动耐受性在不同的锻炼活动中是不同的，由不同的训练时间表决定。骨癌患者需要改进锻炼方案和更多锻炼监管来避免骨折。心血管疾病患者需要改进锻炼方案和更多锻炼监管来确保安全					
癌症特异性受伤风险以及应急操作步骤	手臂/肩膀应当进行训练，但是鼓励主动预防损伤，在乳腺癌患者中手臂/肩膀发病率很高。淋巴水肿的女性在运动过程中应当穿着合身的紧身衣。注意激素治疗患者，骨质疏松症患者，或骨癌患者骨折风险	注意 ADT，骨质疏松症骨癌患者的骨折风险	应避免手术患者腹内压力过大	各种多发性骨髓瘤患者应当像骨质疏松症患者一样被对待	无	应当进行下肢训练，但是鼓励主动预防损伤，减少下肢肿胀和炎症。淋巴水肿的女性在运动过程中应当穿合身的紧身衣。注意激素治疗患者，骨质疏松症患者，或骨癌患者骨折风险

表 8.14　癌症幸存者身体活动水平 ACMS 指南：美国人 DHHS PAG 标准概述以及癌症幸存者的选择

	乳房	前列腺	结肠	成年人血液（没有 HSCT）	成年人 HSCT	妇科
	避免不活动，术后尽快进行日常活动。非手术治疗之后尽可能地进行日常锻炼。骨癌症患者需要改进身体活动方案以避免骨折。有心血管疾病的患者（继发于癌症）需要改进身体活动方案，也需要更多看护以保护安全					

	乳房	前列腺	结肠	成年人血液（没有 HSCT）	成年人 HSCT	妇科
有氧运动（量、强度和进展）	建议与 PAG 给美国人推荐适应他们年龄段的锻炼建议				可以每天锻炼：推荐较低的强度和较缓慢的进展	建议与 PAG 给美国人推荐适应他们年龄段的锻炼建议
特定癌症部位有氧活动指南	意识到骨折风险	意识到潜在的骨折风险	外科医生对于手术病人进行体育锻炼之前的建议（裂开的风险）	无	进行看护防止过度训练导致的高强度训练的免疫效果	如果周围神经病变，踩自行车可能比负重锻炼更好
阻抗训练（量，强度和进展）	建议（往下可见）		建议与 PAG 给美国人推荐适应他们年龄段的锻炼建议	建议（往下可见）	建议与 PAG 给美国人推荐适应他们年龄段的锻炼建议	建议（往下可见）
特定癌症部位阻抗训练指南	在看护下开始至少 16 周的低强度活动；进度小幅度增加。癌症患者身体活动增加的量没有上限。留意上臂/肩膀症状，包括水肿，减少阻力或者依据症状反应停止某些锻炼。如果中途停止练习会退回到 2 周前的阻抗水平，相当于这 2 周没练习	那些接受根治性前列腺切除术的患者进行骨盆锻炼 注意骨折风险	建议与 PAG 给美国适宜年龄的人的锻炼建议一致 手术患者从低阻抗开始训练，缓慢进展，预防突出症	无	对于骨髓移植手术的患者，阻抗训练比有氧活动更加重要。具体信息见正文	患有妇科癌症引发的肢体淋巴水肿的女性阻抗训练的安全性还未知。这种情况很难管理。也不太可能从上肢淋巴水肿的情况推算到这个情况，如果患者有腹股沟淋巴结和淋巴结切除要更加注意安全

续表

	乳房	前列腺	结肠	成年人血液（没有 HSCT）	成年人 HSCT	妇科
灵活性训练（量，强度和进展）	建议与 PAG 给美国人推荐适应他们年龄段的锻炼建议		建议与 PAG 给美国人推荐适应他们年龄段的锻炼建议,避免造成手术患者腹压过高	建议与 PAG 给美国人推荐适应他们年龄段的锻炼建议		
特殊身体活动建议	考虑到肩膀和手臂的发病率,瑜伽似乎是安全的,赛龙舟没有经过检验,但是参与者面临着安全考验,普拉提和其他有阻力的身体活动也没有证据支持	研究空白	手术患者参与游泳和其他身体活动需要改进方案。研究空白	研究空白	研究空白	研究空白

表 8.15　成功的干预和策略:癌症患者身体活动干预

干预	方法	实用策略
癌症患者身体活动营养指南和建议[15]	查阅营养和身体活动干预的文献,提供建议	向癌症患者推荐 ACS 的营养指南和身体活动 提供身体活动的预防 / 禁忌
促进医疗系统内身体活动的理论基础[23]	为身体活动干预措施和促进途径提供了理论基础来促进坚持身体活动	治疗期间由卫生保健提供者(HCP)提供身体活动咨询,尤其是肿瘤患者 定制身体活动计划——开始(治疗期间或之后);团体与单独;家庭与监督;递交选项(邮件,电话,网络) 增加肿瘤知识和非癌症患者关于身体活动的讨论 增加保险范围 增加身体活动指导师,为癌症患者提供咨询 / 锻炼指导

　　有人建议,虽然定期锻炼可以改善治疗过程的效果,但在治疗后可能有更明显的益处[11]。这可能反映了病人已经完成治疗和消除身体活动参与障碍（即医疗需求、时间和疲劳）。ACSM 圆桌会议指南建议:癌症患者无论在哪里接受治疗,都应该坚持身体活动行为,任何等级的身体活动行为都有好处[36]。有人进一步建议,干预措施应包括基于参与者身体活动偏好的多种选择[33]。

有用的链接

更多信息，请参阅以下主题的网站：

- ACS 预防癌症营养和身体活动指南：http://www.cancer.org/Healthy/Eat Healthy Get Active/ACSGuidelineson Nutrition Physical Activityfor Cancer Prevention/nupa-guidelines-toc
- 加拿大运动生理学会：Older Adult Cancer Survivors and Exercise：http://www.csep.ca/english/view.asp？x=724 & id=181
- 国家癌症研究所：身体活动与癌症：http://www.cancer.gov/cancertopics/factsheet/prevention/physicalactivity

案例场景 8.3

姓名：Michael Johnson

年龄：45

介绍：Michael 被诊断为舌癌，3 周前完成了化疗和放疗。Michael 报告极度疲劳，没有力气，体重减轻了 45 磅（1 磅约等于 453.6 克）。他注意到他的肌肉力量和耐力存在巨大缺陷，并说他甚至因为腿上肌肉的严重衰退而导致从椅子上爬起来都很费劲。他控制疼痛的能力正在改善，但他因治疗导致的唾液腺损伤而频繁口干。Michael 想增加他的体力和精力，但他担心自己会因为锻炼过度疲劳而脖子变得更僵硬。

案例场景 8.3

案例场景 8.3　步骤				
筛选	评估教育	测试	实施	进展
Michael 已被医生批准逐渐参加身体活动。他已经填妥了 parmed-x 表格完成了最初的评估，并且签名了。因此，继续评估身体活动参与的目标和动机	Michael 的目标是提高他的能量水平，控制他的疲劳，提高他的肌肉力量和耐力，这样他就可以回到工作岗位。他受过有关癌症患者安全活动的教育，并被告知他失去了大部分肌肉力量，有了决心，他就可以恢复体力并提高自己的健康水平	Michael 进行了整体人体测量，他的肌肉力量和耐力是用握力计和 30s 静坐试验来评估的，预计有氧能力是用 6 分钟步行测试来衡量的	处方：Michael 将开始进行渐进式力量训练和伸展活动。帮助他重建肌肉并恢复脖子和肩膀活动 Michael 和教练开始每周训练两次，每周在家力量训练和伸展一次 Michael 在在线日志中记录身体活动行为 鼓励他带水进行身体活动，防止过度口干	Michael 每周向教练提交日记计划也会相应调整

关键信息

对癌症患者的身体活动的研究清楚地表明了身体活动的身心收益,大多数证据支持身体活动在治疗结束后的作用。然而,在治疗过程进行中低至中等强度的活动可能有利于减轻许多治疗相关的副作用。在向癌症患者提供身体活动干预时,强烈鼓励身体活动指导师到多学科保健团队中去工作。

第 5 节   其他人口学因素的社会影响

诸多社会因素,例如从社会支持到社会规范,都可能会影响到个人的身体活动,包括身体活动行为的开始和保持。从个人层面上讲,在制定干预措施时,应考虑社会支持对身体活动的作用。具体而言,应该考虑个人的社会支持需求和偏好(例如:喜爱与他人一起还是独自锻炼;利于身体活动的仪器支持)。第二,应考虑重要人物对目标人群的作用,例如,同龄人是孩子的重要人物,而对于老年人和患有慢性病的人来说,卫生保健专业人员可以在指导和提倡身体活动行为中发挥重要作用。第三,在人口学水平上,文化规范是规划身体活动干预时的一个重要考虑因素。文化规范,或被认为是一个群体共同接受的行为,伴随着群体的风俗习惯和价值观,可以极大地影响身体活动行为参与率。不同的文化之间也可能需要转换,或在一个文化地理环境中进行组织(例如:在西班牙文化中心为拉美裔老年人进行身体活动计划),在与特定文化群体合作时,必须考虑到这些价值观和社会规范,以便制定最适当的干预措施。最后,社会环境,包括身体活动行为团体中领导的作用和团队锻炼环境中的凝聚力,在提供基于特定人群的身体活动干预时可能也是需要考虑的重要因素。受过良好训练的领导者,具有与特定人群合作的专业知识/资质,利用积极的和社会支持的领导风格,将对坚持身体活动产生积极影响。

第 6 节   结   论

每个人参与身体活动都会经历不同障碍,但要记住许多障碍是可以改变的。身体活动指导师可以帮助制定身体活动方案,使其安全、易于管理和被接受,并帮助访客制定策略克服障碍。

大量证据表明身体活动对不同群体均有好处,未来干预措施的重点在于促进人们坚持身体活动,使得人们通过长期的积极生活方式提高生活质量,减少疾病相关的危险因素,并在长期的积极生活方式中获益[3,16,28]。

(贺梦阳译,王莜璐校,漆昌柱审)

参 考 文 献

1. American College of Sports Medicine. *ACSM's Guidelines for Exercise Testing and Prescription*. 9th ed. Baltimore (MD): Lippincott Williams and Wilkins; 2014.
2. Baranowski T, Bouchard C, Baror O, et al. Assessment, prevalence, and cardiovascular benefits of physical activity and fitness in youth. *Medicine & Science in Sports & Exercise*. 1992;24:237–47.
3. Bayles CM, Chan S, Robare J. Frailty. In: Durstine JL, Moore GE, Painter PL, Roberts SO, editors. *ACSM's Exercise Management for Persons with Chronic Diseases and Disabilities*. 3rd ed. Champaign (IL): Human Kinetics; 2009. p. 201–8.
4. Booth M, Bauman A, Owen N, Core C. Physical activity preferences, preferred sources of assistance, and perceived barriers to increased activity among physically inactive Australians. *Preventative Medicine*. 1997;26:131–7.
5. Borschmann K, Moore K, Russell M, Ledgerwood K, Renehan E, Lin X. Overcoming barriers to physical activity among culturally and linguistically diverse older adults: a randomized controlled trial. *Australasian Journal on Aging*. 2010 Jun;29(2):77–80.
6. Centers for Disease Control and Prevention. *Youth Risk Behavior Surveillance–United States, 2009*. Department of Health and Human Services, Centers for Disease Control and Prevention, 2010. 26 p. Available from: http://www.cdc.gov/mmwr/pdf/ss/ss5905.pdf.
7. Centers for Disease Control and Prevention Web site [Internet]. Atlanta (GA): Centers for Disease Control and Prevention; [cited 2011 August 15]. Available from: http://www.cdc.gov/physicalactivity/everyone/guidelines/index.html.
8. Ibid.
9. Chen YM. Perceived barriers to physical activity among older adults residing in long-term care institutions. *Journal of Clinical Nursing*. 2010; 19: 432–9.
10. Chodzko-Zajko WJ, Proctor DN, Singh, MAF, et al. Exercise and physical activity for older adults. *Medicine & Science in Sports & Exercise*. July 2009;41(7):1510–30.
11. Courneya KS, Friedenreich CM. Physical activity and cancer control. *Seminars in Oncology Nursing*. 2007;23(4):242–52.
12. De Onis M, Blossner M, Borghi E. Global prevalence and trends of overweight and obesity among preschool children. *American Journal of Clinical Nutrition*. 2010;92:1257–64.
13. Department of Health and Human Services Web site [Internet]. Washington (D.C.): Administration on Aging; [cited 2011 August 10]. Available from: http://www.aoa.gov/AoARoot/Aging_Statistics/index.aspx.
14. Donnelly JE, Blair SN, Jakicic JM, Manore MM, Rankin JW, Smith BK. Appropriate physical activity intervention strategies for weight loss and prevention of weight regain for adults. *Medicine & Science in Sports & Exercise February*. 2009;41(2):459–71.
15. Doyle C, Kushi L, Byers T, Courneya, K, et al. Nutrition and physical activity during and after cancer treatment: An American Cancer Society guide for informed choices. *CA Cancer J Clin*. 2006;56:323–53.
16. Fjeldsoe B, Neuhaus M, Winkler E, Eakin E. Systematic review of maintenance of behavior change following physical activity and dietary interventions. *Health Psychology*. 2011;30(1):99–109.
17. Gillison FB, Skevington SM, Sato A, Standage M, Evangelidou S. The effects of exercise interventions on quality of life in clinical and healthy populations: A meta-analysis. *Soc Sci Med*. 2009;68(9):1700–10.
18. Gourlan MJ, Trouilloud DO, Sarrazin PG. Interventions promoting physical activity among obese populations: A meta-analysis considering global effect, long-term maintenance, physical activity indicators and dose characteristics. *Obesity Reviews*. 2011;12: e633–45.
19. Hacker E. Exercise and quality of life: Strengthening the connections. *Clin J Oncol Nurs*. 2009 Feb;13(1):31–9.
20. Haskell WL, Lee IM, Pate RR, et al. Physical activity and public health: Updated recommendation for adults from the American College of Sports Medicine and the American Heart Association. *Med Sci Sports Exercise*. 2007;39(8):1423–34.
21. Hayes SC, Spence RR, Galvao, Newton, RU. Australian Association for Exercise and Sport Science position stand: Optimising cancer outcomes through exercise. *J Sci Med Sport*. 2009;12(4):428–34.
22. Huhman M, Potter L, Duke J, Judkins D, Heitzler C, Wong F. Evaluation of a national activity intervention for children: VERB campaign, 2002–2004. *American Journal of Preventative Medicine*. 2007;32:38–43.
23. Irwin ML. Physical activity interventions for cancer survivors. *Br J Sports Med*. 2009 Jan;43(1):32–38.
24. King A. Interventions to promote physical activity by older adults. *Journal of Gerontology*. 2001;58A:36–46.
25. Knobf MT, Musanti R, Dorward J. Exercise and quality of life outcomes in patients with cancer. *Semin Oncol Nurs*. 2007 Nov;23(4):285–96.
26. Kumanyika S. Obesity treatment in minorities. In: Wadden TA, Stunkard AJ, editors. *Obesity: Theory and Therapy*. 3rd ed. New York: Guilford Publications, Inc.; 2002. p. xiii–377.
27. McAuley E, Morris K, Motl R, Hu L, Konopack J, Elvasky S. Long-term follow-up of physical activity behavior in older adults. *Health Psychology*. 2007;26:375–80.

28. Muller-Riemenschneider F, Reinhold T, Willich SN. Cost-effectiveness of interventions promoting physical activity. *British Journal of Sports Medicine.* 2009;43:70–6.

29. Nelson ME, Rejeski WJ, Blair SN, et al. Physical activity and public health in older adults: recommendations from the American college of sports medicine and the American heart association. *Medicine & Science in Sports & Exercise.* 2007;39(8):1435–45.

30. O'dea JA. Why do kids eat healthful food? Perceived benefits of and barriers to healthful eating and physical activity among children and adolescents. *Journal of the American Dietetic Association.* 2003;103(4):497–500.

31. Pangrazi R, Beighle A, Vehige T, Vack C. Impact of promoting lifestyle activity for youth (PLAY) on children's physical activity. *Journal of School Health.* 2003;73:317–21.

32. Pate R, Pfeiffer K, Trost S, Ziegler P, Dowda M. Physical activity among children attending preschools. *Pediatrics.* 2004;144:1258–63.

33. Rogers LQ, Markwell SJ, Verhulst S, McAuley E, Courneya KS. Rural breast cancer survivors: Exercise preferences and their determinants. *Psychooncology.* 2009 Apr;18(4):412–21.

34. Sallinen J, Leinonen R, Hirvensalo M, Lyyra TM, Heikkinen E, Rantanen T. Perceived constraints on physical exercise among obese and non-obese older people. *Preventative Medicine.* 2009;49:506–10.

35. Sallis JF, McKenzie TL, Alcaraz JE, Kolody B, Faucette N, Hovell MF. The effects of a 2-year physical education program (SPARK) on physical activity and fitness I elementary school students. *American Journal of Public Health.* 1997;87:1328–34.

36. Schmitz KH, Courneya KS, Matthews C, et al. American College of Sports Medicine roundtable on exercise guidelines for cancer survivors. *Med Sci Sports Exercise.* 2010 Jul;42(7):1409–26.

37. Speck RM, Courneya KS, Masse LC, Duval S, Schmitz KH. An update of controlled physical activity trials in cancer survivors: A systematic review and meta-analysis. *Journal of Cancer Survivorship.* 2010;4(2):87–100.

38. Speed-Andrews AE, Courneya KS. Effects of exercise on quality of life and prognosis in cancer survivors. *Curr Sports Med Rep.* 2009 Jul–Aug;8(4):176–81.

39. Stone W. Physical activity and health: Becoming mainstream. *Complementary Health Practice Review.* 2004;9:118–28.

40. Strauss RS, Pollack HA. Epidemic increase in childhood overweight, 1986–1998. *Journal of the American Medical Association.* 2001;286(22):2845–48.

41. Telama R, Yang X, Laakso L, Vikari J. Physical activity in childhood and adolescence as predictor of physical activity in young adulthood. *American Journal of Preventative Medicine.* 1997;13:317–23.

42. Tomporowski P, Lambourne K, Okumura M. Physical activity interventions and children's mental function: An introduction and overview. *Preventative Medicine.* 2001;52:S3–S9.

43. U.S. Department of Health and Human Service Web site [Internet]. Washington (D.C.): 2008 Physical Activity Guidelines For Americans; [cited 2011 August 15]. ODPHP Publication No. U0036. Available from: www.health.gov/paguidelines/.

44. Wang G, Pratt M, Macera CA, Zheng XJ, Heath G. Physical activity, cardiovascular disease, and medical expenditures in U.S. adults. *Ann Behav Med.* 2004;28(2):88–94.

45. Whitehead S, Lavelle K. Older breast cancer survivors' views and preferences for physical activity. *Qualitative Health Research.* 2009;19:894–906.

46. Williams MA, Haskell WL, Ades PA, et al. Resistance exercise in individuals with and without cardiovascular disease: 2007 update: A scientific statement from the American heart association council on clinical cardiology and council on nutrition, physical activity, and metabolism. *Circulation.* 2007;116:572–84.

47. World Health Organization Web site [Internet]. Geneva (Switzerland): Obesity and Overweight: Fact sheet number 311; [cited 2011 August 15]. Available from: http://www.who.int/mediacentre/factsheets/fs311/en/index.html.

48. Yancey A, Ory M, Davis S. Dissemination of physical activity promotion interventions in underserved populations. *American Journal of Preventative Medicine.* 2006;31:82–91.

49. Zabinski MF, Saelens BE, Stein RI, Hayden-Wade HA, Wilfley DE. Overweight children's barriers to and support for physical activity. *Obesity Research.* 2003;11:238–56.

50. Zoeller RF. Physical activity: Depression, anxiety, physical activity and cardiovascular disease: What's the connection? *American Journal of Lifestyle Medicine.* 2007;1:175–80.

第 9 章

评估身体活动行为改变的计划和实践

Paul A. Estabrooks , Kacie Allen , Erin Smith , Blake Krippendorf , Serena L. Parks

219

概要

随着你对本书的深入学习,你已经了解到设计一个改变身体活动的计划所需要考虑的关键因素。很有可能你已经有了一些具体的新方案,并且准备在访客身上付诸实践。你可能还想尝试一些新的东西,需要一些你现在还没有的资源,这需要得到主管的批准和帮助,这可能会延长你的实施时间。在这种情况下,就需要有一个好的评价体系来证明你在计划实施过程中所做的改变对你的工作影响很大。

本章旨在帮助你推进身体活动计划向前发展,并揭示你打算实现的任何行为改变的价值,或者只是证实你当前方法的价值。你可能会注意到这里使用了"计划的价值",而不是"计划的有效性"。无论你是为自己制定计划,还是为公共卫生机构工作,抑或在诊所或康复中心提供护理帮助,你首先需要证明你的工作是有效的。然而,虽然证明身体活动项目的有效性是必要的,但它并不足以确保感兴趣的组织或保健人员在社区或临床策略中采纳和持续应用你的身体活动计划策略[2,23]。

这一章重点在"重新制定目标(RE-AIM)"的框架上规划和评估你的工作,特别是优化项目方面(包括有效性),这样你的计划成功概率就会大大增加[22,31,38]。如图9.1所示,通常,实施一个计划包括很多步骤:确定目标、在目标的基础上确定计划各因素、实施计划、评估计划。在多数情况下,推行一个新项目或者更新现有计划时,这些步骤是依次逐步完成的。"运动是良医"(网址:http://exerciseismedicine.org/fitpros.html)网站中有很多关于运动项目的资料,包括:市场行情、个人运动项目、团队或组织运动项目等。

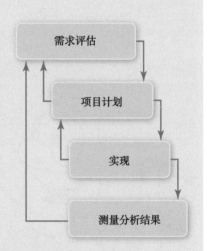

图 9.1 实施程序

公共健康领域的研究者对"目标重设"框架(如图9.2)进行了理论和实践研究,概述了从业者的工作范围和效果,以及如何选择不同的方法或不同水平的教练。这些因素(包括价格)在计划中,都应该被适当有效地实施。最后,在训练中必须坚持贯彻这些行动策略。表9.1对每一个维度进行了定义,并举例说明评价你的健身计划哪些数据是必要的,同时还包括本书前面描述的一些例子,例如如何报告信息。

你会注意到"目标重设"的一些诸如范围和效果方面的维度,其重点关注人们如何从个人经验中获益。其他诸如计划的采纳和实施维度,则重点考虑组织方面的因素,比如是否适合个人水平(如干预效果可以维持多久)或者组织水平(如计划或训练能够施行或坚持多长时间)。

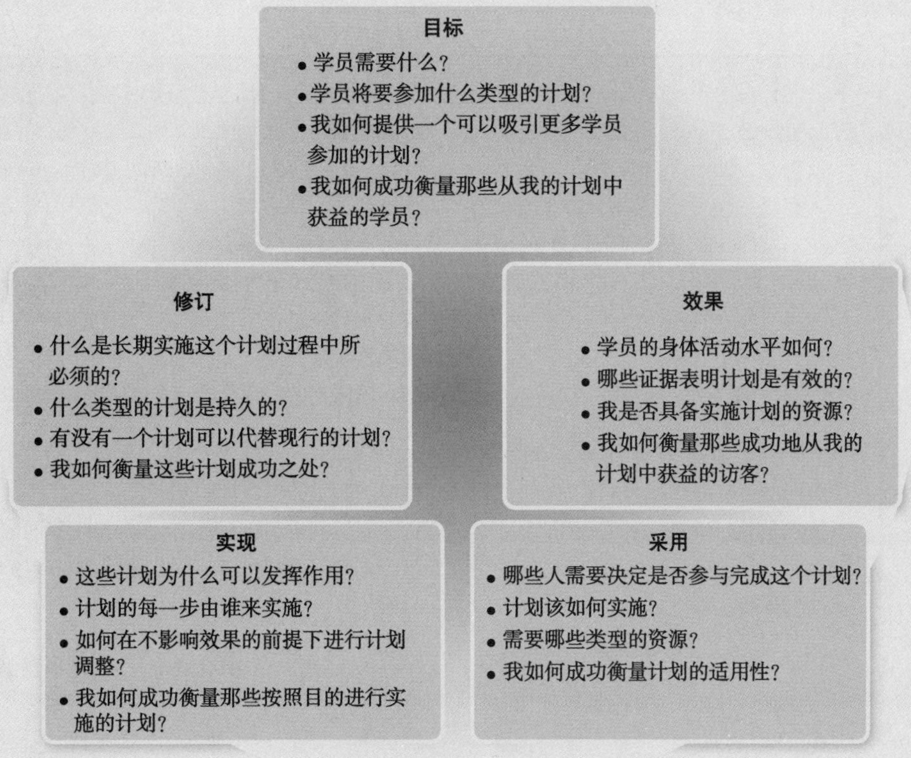

图 9.2 修订目标和程序开发问题

表 9.1 对研究中的定义、数据要求和研究案例进行重新制定目标

维度与定义	数据要求	案例研究和结果
参与度：预计观众数量，观众的代表性	分母：符合参与资格的潜在人群数量 分子：符合参与资格的参加人群数量	提高移动范围[2] 目标：通过医生提示，增加参与基于诊所的体力活动计划。 分母 -11 恢复期患者 / 周 分子 -8 患者同意参与 / 周 参与率 -72% 代表性 - 基于临床的普查数据，参与者年龄较大，并且女性居多
有效性：主要改变；对生活质量的影响；其他消极影响	行为改变前后评价（PO） 生活质量（QOL），和潜在的负面结果（PNO）	通过家庭关系来减少儿童肥胖[23,46] 目标：通过向家长提供自动电话咨询，以促进家庭环境的变化，从而降低肥胖儿童的体重状况。 PO：显著减少 BMI 的 Z 值评分。 生活质量：通过降低体重状态，提高生活质量 PNO：没有证据表明加剧饮食失调症状

续表

维度与定义	数据要求	案例研究和结果
采用：数量，百分比，参加人群代表性	分母 - 符合要求的场地或人群数量 分子 - 符合要求的使用场地或参与人员数量	堪萨斯州步行状况[19,20] 目标：通过团队增加身体活动，涉及一个州的活动计划 分母 - 堪萨斯的 105 个县 分子 - 实施计划的 48 个县 参与率 -46% 代表性：较小的人口县，更有可能提供。亲自参加身体活动的健康教育者更有可能提供。
实施：程序或策略持续推进的程度，以及计划的时间和成本	计划构成和重点的信息 资源使用信息	健康延伸 目标：增加社区的身体活动。 100% 的计划按期实施。 每个参与者大约 2.5 小时的健康教育时间超过 8 周。
维持：长期结果影响组织层面的计划	干预实施后 6 个月的结果评估 计划实施的文件	家庭关系改善，低 BMI 的 z 分数，在干预结束后持续 6 个月 堪萨斯州步行记录显示，在这项研究完后的 5 年时间里，那些参与这一计划的县中有 90% 的县仍在坚持

　　因为每个"目标重设"维度都应用在计划和评价身体活动改变中，本章旨在计划和评价这些维度信息。首先，要考虑的问题是制定身体活动计划，实施评价时，提供干预方法，文章提供了这些方面的研究成果。其次，你需要逐步实践这些必要的步骤，评估你的身体活动计划，以确保你的策略和方法能够影响 RE-AIM 的各个维度。

第 1 节　研 究 证 据

　　RE-AIM 框架是相对较新的理论，由 Russell Glasgow 博士和他的同事们于 1999 引入[31]，其工作包括将科学文献中关于"目标重设"维度的信息进行综述，过去的 12 年里，这些综述结果一致[14,21,30,51]：研究者认为不同程度的行为干预是有效的（例如：在优化条件下的干预程度），但是还没有报道病人、典型患者和那些花费了时间、精力和财力的个人的典型效果，以及这些干预变化发生在哪一种情景下。最近一个基于身体活动干预理论的研究证实了干预结果,包括这些综述里所说的研究结果[3],可以推广到社区和医疗环境,或在个体或患者群体中进行应用。

幸运的是,事情发生了变化,在现有研究基础上,过去 3 年内大约有 30 篇文章,在身体活动推广计划中明确运用了"目标重设"框架。本章主要概括在不同的实践环境下"目标重设"的不同维度,并提供了在可能情况下,以下三种可以提高身体活动的策略:首先,是最常见的身体活动提升策略,这些策略对于参与者而言是最有效的,这些策略包括一段时间内所使用的有效方式,例如:私人教练[52]、小组会议[40]、互联网或印刷材料[33]、电话咨询[16];其次,是那些改变环境以提升身体活动的策略。但是,并没有有效的实验数据表明[6,50],在社区里增加娱乐空间和健身小道、人行道,或者利用堵车时间,这些策略可以用来增加身体活动;再者,是那些旨在提倡健身的政策。这些行政法规可以完善医疗导向[17],制定学校健康法规[4]和地方性法规[44]。虽然,目前这样的行政法规还很少,但实际上,在制定法规和改变环境的过程中,你完全可以运用"目标重设"框架。

下面的表格分列了身体活动提升计划中优化测量的每个维度,需要注意的是,对于提升其中一个维度的方法,也许会对其他维度有副作用。举个例子:参与度越高意味着干预强度下降(如面谈机会更少,责任感更低),而增加干预强度则可能带来较大的行为变化[53]。特别是,健康计划只需要最开始的一次面对面会谈和随后的电话随访,就可以让更多的人参加,而不需要每周三次的锻炼课程、每周两小时的问题解决会谈和一些电话交谈;另一方面,这些锻炼课程和集体会谈可能会导致你行动的更多改变,而其实你接触的人并不多。我们期望你可以努力完成这些计划项目,我们的建议就是规划好你自己或你的组织的最大投入(例如,参与度与效果比例)——优化你计划的每一个维度。

参与度

从表 9.1 所提供的定义可知,在规划你的计划时需要做的第一个决定是:你所宣传的对象中,哪类人群对你而言最重要? 在研究中,可能最重要的方面就是代表性。实践研究表明,在同一个学习团队中的个人都有一定的特征(例如:相同的动机、人类学特征和行为特点)。在实践中,个体的成功常常是基于(a)对团队需求主动反应的适宜性,和(b)参与的总人数,而不管他们现在的身体活动水平、种族、社会经济地位,因此你的干预内容将有助于你决定哪些方面(可能是所有的!)可以达到改进的目的。

设想一下,在一个诊所里,有 1 000 个没有达到身体活动推荐指南的人(患者),这个诊所的目标就是让这 1 000 个人能够达到推荐的身体活动目标或从身体活动中受益。另一方面,社区卫生工作者可能需要在某一时间拥有一定数量的访客。因此,他们可能只关注其访客的数量和特点,以确保完成工作量指标。最后,如果你提供的是一项付费计划,那么你需要弄清楚如何增加参与者,并弄清楚哪些人不会参与是至关重要的。

增加参与度的一个明显的出发点是考虑如何宣传你的优势。大众媒体广告通常可以成功地将受众带入到一个身体活动计划中[49],但他们的成功往往取决于你的资源和方式。

如果你想提高你的资源效率,并在城市开始宣传你的项目,大众媒体广告是一个不错的选择;但是,如果你在农村地区宣传,往往更多的个人(和策略)口口相传才能扩大你的影响范围[49]。同样的,当你试图招收健康差异大的少数群体,基于位置的策略(例如:参与者在哪里)和直接接触潜在的参与者,比传单、海报,或其他互动较少的宣传策略更好[39]。此外,考虑到参加你的项目的人均成本,在你的目标受众聚集的地方举行活动,是一个成功的招募参与者的最廉价的方式[36]。

　　一个不太明显的提高参与度的方法是考虑你的设施或计划的特点。在作者的一项正在进行的研究中,比较了两项基于社区的身体活动计划[26],其中一个项目包括以数据为基础的方法,参与者每周12分钟为一组,每周90分钟;另外一个项目不包括每周一次的集中锻炼,但主要集中在组织目标的设定,让所有参与者在8周内每周完成150分钟身体活动。结果表明,在使用类似的广告策略后,第二个项目招聘的参与者人数接近第一个项目的4倍。这个实验表明,一个允许参与者在需要时再进行活动、有固定课程程序,并且鼓励参与者与朋友和家人一起设定目标的计划,比在固定时间和地点、定期每周集中锻炼的计划更有吸引力(而且前一个计划可能实施起来障碍更少)。通过实施政策和环境变化,可以实现更大幅度的改进。提高你能力的关键在于确定谁会一直接触到这些变化,例如,在“健康的年轻人”活动中(干预包括有针对性地增加身体活动和健康饮食),围绕健康教育课程进行政策改变,以保证所有学生运用有效的策略促进身体活动的变化[15]。

　　你如何评价你计划的参与度?确定参与度包括跟踪参与者或访客的数量、参与目标人群的比例,并确保那些能够从你的干预或专业知识中获益最多的参与者来自相同人群。虽然跟踪参与者的数量是一个简单的过程,但确定计划参与者的比例和代表性可能要复杂一些。要确定参与的目标人群的比例,确定基数(分母)是关键。如果你的项目或政策在一个明确的环境中实施(例如保健诊所、学校、教堂),那么可以有多少人参加的具体记录就一目了然了。在一项旨在促进糖尿病患者健康饮食、体力活动和体重控制的试验中,所有健康系统中的病人都被纳入分母,我们的糖尿病预防工作达到了8%(约1 000名患者)[1]。当你通过大众传媒或口碑推广时,计算分母则变得更具挑战性。然而,即使是一个合理的估计也是有价值的信息,可以帮助确定什么类型的策略最能吸引你的大部分目标人群的参与。例如,当使用报纸或电视广告时,使用媒体样本估计得到的受众群数量作为分母估计更合理。事实上,大多数媒体都是在网上发布这些信息来鼓励广告的。另一种方法是简单地确定社区中有资格获得你的计划的人数将其作为分母。在“徒步堪萨斯”,一个以社区为基础的身体活动计划,在计划实施地的成人总人口作为分母[20],在第一年的项目实施中约1%的人口(约6 000人)参加了会议。这2个例子表明,社区和临床干预中的比例很小(例如:1%和8%),但在考虑到特殊参与者人数的情况下这种招募仍然是成功的。

　　从一个环境或政策的角度来看,可能很难推断出到底有多少人受环境变化的影响[34,37],然而,数量估计可以通过确定暴露于政策或环境变化的目标人群来达到。这可以通过一些工具(例如:观测计算审核、市场调查、土地使用审核等)[34,35,37],你可以衡量一个特定的环境变化的缓冲区内的总目标人群来确定标准。政策改变的一个例子是确定那些在学校受到当地健康政策影响的孩子的数量。许多数据库,如美国人口普查地理信息系统,可以提供人口估计在缓冲区设置这样的学校,即办学规模、免费或减价午餐的孩子资格公开数据(经济状况的一个指标)可以使用[34,37,45]。最后,为了确定代表性,将目标干预区的关键特征与那些暴露在环境或政策变化中的人进行比较,有助于发现任何潜在的差距(见表 9.2)。

表 9.2　确定代表性的主要特征

人口统计	表现举止及健康状况
年龄	% 适度活跃
性别	% 久坐不动者
种族及背景	体能与力量水平
社会经济地位	普遍健康程度
教育	% 慢性病风险可以通过身体活动改善
健康素养水平	

有效性

在 RE-AIM 中,"E"可以表示功效或效益。功效指的是在最佳条件下进行干预的效果。有效性指的是干预在现实世界环境中的作用。因为本书针对的是与参与者一起工作的卫生专业人士,我们将坚持使用现实环境的版本,并使用效益的术语。效益不仅包括你的计划能很好地增加身体活动,而且还包括它影响参与者生活质量的程度。另外,安全防范是促进身体活动的关键。最近,美国运动医学学院(ACSM)发表了一份立场声明,它不仅概述了建议的身体活动的数量,而且还列出了提高安全性和避免不同人群[29]受伤的方法策略,鼓励从业人员重新审视这一立场,以获得有关身体活动处方安全问题的详细信息[24]。在过去的十年中,一些关于身体活动促进干预有效性的系统性综述[7,18,35,48]表明,相对于那些不使用特定干预而言,使用行为方法进行特定的干预手段,参与者的满意度更高,计划更成功。类似地,社会支持或团体动态干预可导致身体活动的持续增加。证据表明,如果没有与社区资源合作来支持身体活动,那么就不会有来自医生的心理咨询。与此相关的是,提高获取身体活动资源对行为也有积极影响。事实上,这本书中的许多章节突出了加强身体活动干预效益的前沿研究,了解促进身体活动的政策与增加行为之间的关系,可以掌握与当前研究基础之间的差距。

与参与度维度一样,当计划采用什么策略来增加目标人群的身体活动时,在你的活动与组织的任务和资源之间进行协调是非常重要的,而且有许多有效的身体活动策略可用,花点时间去寻找对你现有状态最好的方法。与参与度一样,有许多方法可以度量你的程序或计划的有效性。你的工作是确定可能满足关键利益相关者的信息类型(例如资助者、管理者、

参与者)。毫无疑问,你需要评估身体活动的变化,但这如何做到呢? 大多数社区支持的人使用自我报告来衡量项目前后的活动。为减少参与者或访客的负担,身体活动措施[32]可以作为注册文件的一部分。您可能还希望在参与者的随机选项(参见表 9.3)中引入一种直接测量体力活动的方法(见表 9.3),但是如果您要接触到大量的参与者并拥有有限的资源,这可能并不实用。

表 9.3 评估身体活动效果的方法

测量方法	例子
身体活动仪器测量	计步器 加速度计
身体活动自测量表	国际身体活动问卷(IPAQ) Godin 休闲锻炼问卷(GLTEQ) 老年人身体活动调查(PASE) 耶鲁身体活动调查(YPAS)
生活质量的测量	疾病预防控制中心健康日 SF-36v2(RAND-36) 幸福指数(QWB,QWB- 自测量表) 健康设施指数(HUI)

测量生活质量和潜在的负面影响也可以用简短的自我报告测试来完成。使用美国疾病控制和预防中心的健康天数测量方法(从实用工具箱 9.1 进行测量)是一个很好的选择,因为它比较简单(只有 4 项),并且允许将程序结果与整个美国的数据样本进行比较[42]。这一措施还可以整合为访客的注册表和后续评估。会产生潜在负面结果的措施包括简单地跟踪病人的受伤或其他健康行为的改变。其中一个例子就是在正在进行的营养项目中增加身体活动。在新的身体活动策略实施前后,对访客的营养变化进行测量,可以帮助确定是否增加了项目的营养教育成分的有效性[12]。

后续的评估是理想的,但是在社区和临床组很难完成。你的目标应该是在尽可能多的访客数量上取得后续的跟进(例如: 大于 70%)。帮助提高反应率的一种方法是对干预本身进行身体活动评估。例如,大多数项目包括开发某种形式的目标设置和反馈过程,包括让参与者定期通过程序报告身体活动水平。通过在注册表单上使用的相同身体活动度量,可以通过比较访客不同时间的报告来评估干预程序。作者在他们的研究中发现,通过提供不同的方法,如纸和笔、支持网络的措施,以及电话面试,可使评估变得更容易。使用这种不同方法进行后续评估的方法总是有效的。

在 "健康延伸" 项目中,所有参与者在程序的最后一周都得到一个后续评估的书面版本和一个在线版本的链接。在 3 年的时间里,这种方法进行评估得到大约是 50% 的反应率。针对那些不回应的人会收到一个电子邮件提示和后续评估的链接。电子邮件表达了对参与的欣赏、对改进项目评价的价值,以及认识到参与者可能没有时间在网上完成评估。在后一种情况下,参与者被告知他们可以在几天后的后续电话会议中完成评估。这条信息平均增加了 15% 的参与者(高达 65%)。最后,对其余 35% 的参与者进行电话联系,另外有 10% 的参与者回应,总反应率约为 75%。

对于环境和政策层面而言,虽然衡量有效性要困难得多,但并非不可能。如果可能的话,确定适当的身体活动措施,并观察和绘制环境变化前后发生的人口行为(前和后评估)变化[37]。例如对社区居民行走模式的观察可以在人行道改进措施之前和之后进行监测。

对于政策变化,从政策影响人群中随机抽取的样本可以用于评估政策执行前后的身体活动水平。随机抽样的一个缺陷是,如果政策或环境变化仅影响了一部分人,你可能会忽略身体活动的变化。

实用工具箱 9.1

核心健康日测量

1. 你会说总体上你的健康状况是优秀、良好、好、一般,还是很差?

2. 想想你的身体健康,包括身体疾病和受伤,在过去的 30 天里有多少天你的身体健康不好?

3. 想想你的精神健康,包括压力、抑郁,和情绪问题,在过去的 30 天里有多少天你的精神健康不好?

4. 在过去的 30 天里,由于身体或精神状况不佳,你有多少天不去做你平时的活动,比如自我照顾、工作或娱乐?

转自 www.cdc.gov/hrqol/pdf/mhd.pdf。

它可能会呼吁对政策或环境变化最有可能产生影响的组织进行更多的策略评估。这种策略也有它的缺点,但只要你记录下你是如何做评估的,以及你为什么做出了决策,你就会更清楚地了解到你的变化影响了谁(或没有影响谁)。

计划采用

采用的方法是设计一种干预手段,并由具有一定专业水平的人员提供各种设置和实施,以提高它的传播潜力。如果你在一个有多个健康专业人士的组织里工作,他们可以实施你的干预计划,那么了解你是如何让每个人采纳并开始实施这个项目,是你重新考虑的一个重要方面。很少有实验研究来确定影响采用体育活动项目的因素;然而,有大量文献总结了在其他组织环境中采用的方法(表 9.4)[43],对于一些实践者来说,采用可能是一个次要的维度。许多从业人员关注自己的实践,着眼于如何使他们的程序更好地实施,接触更多的人,并在其特定的环境中保持可持续性。

表 9.4   对采纳有积极影响的程序特征

- 低复杂性（即：没有很多不同的部分）
- 易于理解
- 与组织规范和价值的兼容性
- 对大型组织时间承诺的低需求
- 与强有力的证据基础相联系，可以限制差的或不确定结果的风险
- 可观察到的结果
- 易于测试并在必要时停止
- 能够随着时间的推移进行更新和修改

当激励、培训和组织结构问题被解决时，将身体活动计划与组织的特定工作流程结合起来也将提高采用率。例如，在电子医疗记录添加说明，提示医生在社区推荐身体活动资源也可以提高采用率[2]。目前的研究资料显示，与卫生专业人员在项目最终被采用的系统中进行身体活动计划的协作开发，可以显著提高采用率，其基本原则是，如果提供干预的人参与了设计，那么该设计对其肯定是适合的，而实施它的人也将会对该计划拥有一种所有权感。

当环境或政策变化时，需要考虑计划如何通过审批[37]。许多变化都需要最初开始就进行先进的规划，它将有助于追踪组织、居民和目标人群的成员。此外，至关重要的是了解哪些机构和组织批准了更改，并让它们采取行动步骤来完成更改。最后，尽管这可能是不言而喻的，但它是制定环境或政策变化的关键，即所有受变化影响的人，或需要实施它的人，都包括在计划和审批过程中[37]。

评估采用包括许多和评估范围相同的考虑因素，即采用是在组织和专业卫生人员实施程序或实施政策或环境变化的级别上的。10 000 步的 Rockhampton 项目提供了一个很好的例子，它通过初级保健实践来检验实践和专业健康的应用，同时也展示了评估身体活动项目的动态特性[17]。研究人员发现，在罗克汉普顿的 23 个诊所里，有 66 名全科医生作为潜在的个人和地点提供实施这个项目。当然，在项目实施的过程中，其中一些人停止了实践，而当采用了对诊所的实地考察评估时，总共有 55 名全科医生坚持了下来。

该项目的临床采用率非常高，23 个诊所中有 21 个参加了这个项目。在门诊中，采用该计划的全科医生比例为 58%（即 32/55）。为了确定全科医生和诊所的代表性，研究小组比较了诊所和医生的两个方面的特征，即每个诊所的医生数量和医生的性别。他们发现每个诊所的医生的数量和那些没有参加的医生的数量是一样的。他们还发现，男性和女性医生同样有可能提供这个项目[17]。

要确定采用政策和环境变化的组织或个人的采纳率和代表性是比较困难的。事实上，正如前面提到的，如果你的注意力集中在一个单一的社区、一个单一的位置，或一个单一的组织，那么你的采用率就没有什么意义了（也就是说，它将永远是 100%）。在这些情况下，需要进一步关注下一节内容。一些人提出，环境或政策干预的每个阶段的分母应该是被邀请参与促成变革的机构和组织的总数，而不是最终负责实施该战略的

机构[37]。

　　例如,研究人员可能会邀请以下组织帮助计划、批准、实施在低收入住宅区建公共游乐场:市长办公室、城市立法机构、市公共住房管理部门、影响公民联盟、居民、操场制作商,等等,然而,只有 3 个(城市公共住房经理、居民、和操场建造商)可能有兴趣参与每个采用阶段。那些实际参与的机构则是分子[37],在这些情况下,将合作伙伴划分为能够为计划作出贡献的是最有帮助的。(例如:所有的 6 个受邀方在分母上;6/6 计划中),那些可以生成资源的参与者(例如:6 个中的 4 个,但只有 3 个这样做;资源生成的 3/4),以及那些将参与实施的人(如前所述,3/3)。

实施

　　实施有时会与组织采用混淆,区分这两者的最好方法是考虑是否实施一个程序或制定策略并发起第一个行动的过程。另一种情况是,实施是与程序实施或监测相关策略同时进行的过程。使用早期的罗克汉普顿案例,采用的是基于诊所和医生同意参与项目的各个方面[17],实施被评估为他们在该协议中所遵循的程度[17]。与实施相关的核心概念,反映了你的主动性工作在多大程度上按照预期的方式进行。

　　举一个简单的例子,Welling TONNE 挑战工具包的实现——一个为专业卫生人员和社区团体来描述如何制定和实施社区干预的工具,是一种健康生活方式的循序渐进的工具包。98% 的专业卫生人员报告他们在社区使用它鼓励健康的生活方式行为[8]。一个更复杂的描述,来自应用你的选择程序的研究报告,86% 的教师实施所有 8 个课程,课堂观察证实,教师在每堂课上实施了 81% 至 100% 的内容[13]。

　　大量的文献资料可以促进或抑制程序实施的过程(见表 9.5)[9],在身体活动领域内,使用外部评估程序来确定对程序实现的积极和消极影响[41]。在针对老年人的项目中,他们发现,鼓励参与的人、管理人员和工作人员的高承诺、在生活促进者和卫生保健系统之间存在的良好关系,以及获得资金购买设备等方面的支持,都改善了实施过程。与采用类似,如果对象能从中获得更多好处,就可能改进实施过程。不足为奇的是,时间限制和缺少人员连续性与实施是负相关的[41]。

表 9.5　促进或阻碍实施的因素

因素	例子
干预特性	利益相关者对于内部 / 外部成熟干预措施的认知
	证明干预措施是否有效的证据质量
	相对于其他手段,该干预实施的优势
	干预措施的适应性
	实施干预的感知难度
	干预的设计质量和包装
	干预成本

续表

因素	例子
组织机构的外部设置	组织机构满足患者需要的能力 组织机构和外部组织机构联网的能力 实施干预的同伴压力 展开干预的外部政策和诱因
组织机构的内部设置	组织机构的结构特性（年限、大小、成熟度） 组织机构内部正式和非正式网络关系的质量 组织机构文化 组织机构的执行环境 组织机构实施方案的意愿
组织机构内部的个人特性	个人关于干预的态度和价值观 实施方案的个人自我效能 个人与干预的关系 个人与组织机构的关系 其他属性，比如个人动机、能力、地位和学习方式
过程要素	实施干预的规划程度 雇佣合适的个人（意见领袖、正式任命的执行领导、项目冠军、外部改变小组）来实施干预 根据计划执行 关于实施进展的定量和定性的反馈

　　以学校为基础的环境变化和政策干预似乎都有类似的实施障碍。在以学校为基础的身体活动干预中，当教师工作负荷高时，实施减少了，学校之间几乎没有合作，体育老师没有资格，而且干预指导思想没有得到很好的理解[11]。在考虑环境变化干预措施时，有必要确定环境变化的标准和指导方针[37]，包括预见社区的关注和抵触、障碍，以及任何可能影响成本的延迟[37]。

　　为了评估实施，你需要对干预或程序的特定模块、所使用的资源，以及实施项目的人员和时间有一个非常清楚的了解。评估实施的主要条件是项目按预期实施的程度，以及与该实施相关的成本。在最广泛的实施评估中，你可以简单地跟踪所有的干预部分是否已经完成。例如，如果你使用小组会议，你可以在指定的时间报告，10 个计划的会议中有 10 个都完成，如果你使用的是邮件支持或教育，你可以跟踪发送的邮件数量，并报告未返回的、未打开的邮件的比例（例如：如果地址不正确或改变了）。偶尔，这些信息可能并不是那么有用或有效。从作者与社区合作伙伴的经验中得知，如果会话建立起来，你会发现通过课堂出勤或收到邮件干预的报告来追踪参与者会更有帮助，除非有特殊的情况（例如：一场暴风雪使道路封闭，办公室的打印机故障）。

　　在实践中，跟踪的另一个重要方面是每个项目会话或联系人所包含的内容的程度。在乔治亚州进行的第 5 次干预行动中，实施评估涉及决定干预课程的多少，是按照预期的方式实施的。这一决定可以通过提供干预或随机观察课堂会话的人的自我报告来完成。在 Gimme 5,他们发现,在学校里只有一半的课程活动是实际实施的[10]。家长也是干预的关键,很少有家长在晚上上课时收到信息(小于 10%)[10]。

跟踪成本和资源使用可以提供有用的信息,可以集中精力提高你的项目效率。成本数据可以通过将工资转换为实施干预措施的员工的每小时成本,通过跟踪原材料成本和监控间接成本(如:办公地点出租、空调费)。通过监控每个程序模块的成本并实现一个良好的有效性评估,执行者可以测试不同的实施模型,从而在保证效率的前提下降低成本。

评估政策和环境变化的实施,重点是根据规划文件进行环境变化的程度,并按预期实施政策。对于环境变化来说,当可能需要进行持续的监测和维护时候,实施评估通常与环境变化的监测同时进行。但是,策略包括执行和持续遵守策略的核心模块计划[34]。虽有些繁重,但是在政策被采用的地区,地方审计可以用来确定政策实施的程度。对政策评估语言的监控和对关键涉众的访谈也可用于评估与政策模块相关的法规遵循程度。

保持

对于有效性而言,一旦干预结束,就会系统地对个人层面的身体活动进行评估。最近,在最初的项目完成至少 3 个月后,Fjeldsoe 和他的同事们检查了身体活动和饮食干预的效果[27]。自 2000 年以来,大约三分之一的研究都包含了关于保持的数据,而主要的研究结果表明,有许多干预措施的特征可以被修改以改善保持程度。持续 6 个月或更长时间的干预措施比短时间的项目更有可能导致身体活动的保持。

与此相关的是,一旦正式干预方案结束,包括后续提示的方案更可能导致行为保持。此外,虽然交互式技术的干预措施常常在保持行为改变上是有效的,但是任何包括面对面接触的干预(包括交互式技术干预)更可能导致身体活动的长期改变。以女性为被试的干预会仔细筛选志愿者以便挑选出那些更可能坚持,也更可能导致保持行为习惯的女性。相对于方案内容,这两个因素更可能源于最终样本的动机特点[27]。

就有效性来说,使用简短的身体活动和生活质量的度量,以及当对一个样本进行实际的直接测量时,使用直接措施可以提供身体活动改变保持的必要数据。你也可以采用相似的循序渐进疗法来跟进评估方法(在此章前面的关于效能的部分提到过)。为了评估环境和政策持续带来的影响,可以适当采用相同的措施和方法,及时评估实施后的效能。一个好的方案是,政策和环境变化评估的时间表是方案执行结束或者政策和环境变化实施之后每 6 个月一次。

关于身体活动方案传播的组织层面保持的信息很少,但是根据其他方面的调查,有一些关键的策略可以提高社区或诊所组织的可持续性[25]。特别是你的方案可以有广泛的参与者,可以看到有效增加身体活动的证据,对促进利益相关者的成功非常有帮助。这些信息可以编进材料,以推荐给未来的参与者和可以决定是否在未来提供这些方案的组织机构的决策者。因为减少资金供应经常危及其持续性[41],成立融资发展委员会和把方案整合到现有的业务中对于持续性方案也非常重要。社区参与和项目冠军的支持也可以显著提高可持续性机会[25]。

采用持续执行评估的好处在于作为方案评估持续性的评估可以做到事半功倍。如果一个方案继续实施,它将是其持续性的指示器。采用执行评估也可以提供是否需要改善持续性的适应指标。持续性评估的时间应为一年一次或半年一次。

 # 第2节 循序渐进:目标再评价

作者已经开发了这个逐步完成的身体活动倡议的 RE-AIM 评估过程,你的计划可以成为一个方案、环境变化或者政策,他们还将读者引导到 RE-AIM 网站(www.re-aim.org),以获取关于框架和说明的一般信息。网站包含详细的描述和评估例子,以及一些有用的检查表和计算工具。如果合适,在以下部分,会提供相关部分的具体链接。RE-AIM 最初的标题是 "RE-AIM 框架",以匹配从采用到参与度、实施、实施效果。接下来是达到效果之后的保持[28]。

以下将按照实际顺序进行说明。

步骤 1: 采用

(1)决定是否需要监控应用计划的过程。如果你是组织中唯一负责人(例如社区健康中心的健康教育者),而且尝试改善你对访客的影响,你就不需要通过采用这一步,直接到第二步范围。

(2)确认你的方案可以实施的所有情况。为协助此评估,可以访问 http://www.re-aim.hnfe.vt.edu/tools/links/index.html#data,在这里你可以找到特定地区学校、工地、健康中心、市民和社区组织的评估数据库链接。

(3)确定这些地方是否存在这些特征,这些地方对项目实施可能性的影响,并在这些地方找到可用的信息。在许多情况下,访客 / 健康机构比率、每个地方的专业卫生人员数量、人口普查区域的社会经济构成反映了该地区的人流来源,以及当地的作息时间都是可能影响采用的变量。请参阅 b 部分的链接,以获得此方面的信息。

(4)邀请本地的代表参与并提供干预项目,计算同意和不同意的数量,创建一个可采用的比例指标。

(5)将同意实施干预的地方和你收集到的所有符合条件的地方的信息进行比较(即"C")。不需要复杂的统计数字,只是简单地比较(例如:同意参加的教会的会众规模约为150,而平均而言,拒绝参会的人数大约为 300 人)。

(6)对于每个同意参与的地方,确定是否有多个保健专业人员可以实施这些策略。

如果是这样,确定每个参与环境中保健专业人员的共性。确定保健专业人员的具体特征(平均为好)。年龄、性别、体力活动状况(如果有的话)、种族、年龄、专业水平都是有用的特征。邀请所有的保健专业人员来完成这个计划,跟踪同意的和不同意的数量,建立一个保健专业措施采用的计量比例。再次,比较一下同意参与的特性及每个地方的平均特性。

对于政策或环境变化,确定并邀请对环境变化感兴趣的各种组织(公共工程、公园和娱乐等),以及参与规划、批准和实施阶段的机构 / 关键利益相关者。

(7)要衡量采用的比率,使用被邀请的机构的总数量作为分母,那些实际实施阶段作为分子,与其中一组类似的机构进行比较(正如我们以前所做的那样),根据你能够吸引的所有关键的、决定采用决策的受众程度来确定代表性。

(8)完成采用评估,记录同意实施你的计划或参与规划 / 实施你的环境或政策变化的设置和保健专业人员的数量。记录有资格从事设置和保健专业人员的水平(见 http://www. reaim.hnfe.vt.edu/resources_and_tools/calculations/adoption_calculator/index.html 用来帮助计算)。根据所提供的地区和保健专业信息,你可成功获得代表性样本程度的报告。

步骤 2:参与度

(1)确定有资格参加你的干预的人数或与提供干预的地区接收服务互动的程序。可使用 http://www.reaim.hnfe.vt.edu/tools/calculations/reach_calculator/finding_numbers_to_estimate_ reach.html,有助于评估你的分母的信息。该网站还提供了一种方法,用以评估接触到你的招募活动的访客的比例。

(2)利用普查数据或其他当地现有数据(例如:诊所的电子病历数据)确定目标人群的基本特征。基本的人口统计信息是适当的,但是其他的行为或健康状况信息也可以帮助你确定是否有一些子样本在你的干预中具有代表性还是代表性不足。

(3)确定对你的招募工作做出反应的人数并开始你的计划。

(4)比较那些同意参与干预的人,整理你所收集的所有符合条件的人的信息。与采用一样,这并不需要包含复杂的统计数据,只需简单的比较即可。(例如:在参与我们的干预中,拉丁美洲人的比例比我们提供该项目的工作场所的比例要小)。

(5)对于政策或环境的变化,估计在建议的环境变化周围的特定缓冲区内居住和工作的人员总数。利用横向调查确定个体的起源,观察和描述在实施环境变化后一天中不同时间的来访者。政府政策上对于孩子们参与青少年运动减免税收,分母为在该地区有资格减税的所有的孩子,而分子为那些实际上利用了政策的孩子。将此特定水平数据用作反映干预范围随时间的变化情况。

为了完成对参与度的评估,记录同意参与你的项目的人数,或者与你的环境或政策变化进行交流的人数。记录符合干预条件的合格者的百分比(参见 http://www.re-aim.hnfe. vt.edu/resources_and_tools/calculations/reach_calculator/index.html 采用计算器来帮助解决这

个问题)。根据所获得的信息,报告你成功获得的代表性样本的程度。

步骤 3: 实施

（1）确定干预的组成部分（例如: 小组会议,接下来是 3 个定制的邮件,6 个动机性访谈的电话),确定每个干预组件的关键内容。

（2）根据干预实施计划,跟踪干预的每个组成部分按时间实施的程度。使用一份健康专家的检查表来反映每次干预接触时所涉及的内容或未被覆盖的内容。

（3）计算按预期实施的干预比例（即: 什么是实施的分子,什么是预期的分母)。

（4）在确定计划的有效性时,根据所实施计划的百分比来检查差异。类似地,跟踪与干预相关的所有成本,并使用此方法考虑潜在的领域,从而在不减少关键内容的情况下保证效率。

（5）跟踪任何对已完成的干预的适应,以使其更适合于地方、员工的专业技能或潜在参与者的兴趣,包括在任何重大的适应变化之前和之后的有效性评估。

（6）对于环境或政策变化,确定你的变更标准或指导方针,并开发和使用计划文档。确定变更与计划文档和指导方针相一致的程度。与计划实现评估类似,跟踪与变更相关的所有成本。

步骤 4: 有效性

（1）选择一种合适的身体活动测量工具。确保该措施与你正在推广的身体活动的类型相一致,包括对频率、强度和持续时间的评估。使用一种有效的度量方法,而不是编造你的数据。如果可能的话,在你的小组的一个子样本中,使用直接测量身体活动的方法。

（2）为生活质量（见 CDC 健康日测量）和意外后果（这可能只是对次要和主要不利因素的跟踪)选择合适的措施。

（3）在开始和结束前评估身体活动和生活质量。为了更准确地估计,每周通过电话或在线跟踪来收集身体活动的报告。比较在身体活动上的改变以及生活质量和潜在负面结果的改变。

（4）跟踪参与者退出率（也就是说,在结束之前降低的比例是多少)。

（5）如果你的参与者中有很大一部分没有完成后续评估（例如 >30%),使用一个简单的过程: 使用基线值作为那些没有完成评估的人的后续值,你可以更保守地评估你的项目的有效性,这是意向分析的一种形式。

（6）使用收集到的数据,确定是否对你的样本中的不同亚群有不同的干预效果。同时检查退出者与没有退出者之间的差异。特别是,根据最初的体力活动水平、性别、种族 / 族裔和经济状况来检查差异。

（7）使用为了完成而收集来的数据,确定有效性是否受到参与者关键内容实施程度的影响。

（8）对于环境或政策的变化，在发生变化的环境中，用身体活动评估取代个别评估。如果可能的话，也要在之前和之后进行评估，以确定变化是否影响目标人群中的不同群体。

步骤 5: 保持

个人层面

（1）在个人层面上，保持评估使之持续有效，它包括正式干预之后一段时间内，对参与者的评估，通常在完成之后的 6 个月。

（2）按照有效性的步骤 e-h，在完成之后的 6 个月或环境或政策的变化已经发生之后。

组织层面

（1）与那些提供干预措施的人保持联系，跟踪一个计划提供的次数，并以此作为可持续性的指标。

（2）对执行干预措施的人员进行简短的采访，以确定是否适应、是否有计划继续，以及是否有扩展或缩减。

（3）简短的采访可以按计划实施，如果一个项目是 6 个月长，每半年跟踪一次才有意义；如果一个项目是 8 周长，需要更频繁地跟踪。

（4）记录所提供项目的持续次数和每个特定服务的参与度。

（5）对于环境或策略方面，决定是否有维持或可执行的计划，决定计划或组织可持续性所遵循那些计划的程度。

用 RE-AIM 框架可以评估很多不同类型的身体活动倡议。案例 9.1 展现了一个现实的、适用人群广泛的方法。它包括计划、政策和环境改变方法，作为一种以证据为基础的方案，它被推荐用来提升身体活动，而且之前已经成为 RE-AIM 评估的中心[35,47]。

案例场景 9.1

　　这项身体活动计划关注在大城市范围内的一个小社区，学校系统是该计划的重点，该计划预期改变小学、中学和高中的政策，让所有儿童每天都要进行规律的体育锻炼。设计者计划将课程与社区身体活动相协调，包括每周简报、团队目标和每周小组反馈。通过将其与学校课程相结合，他们希望鼓励家庭共同参与这项挑战。最后，设计者计划与学区合作，使学校的身体活动设施向社区开放。

步骤1：采用

因为我们的目标是对6所学校做出改变(在我们的虚拟社区有3所小学、2所中学和1所高中)，吸引社区里的所有人来参与，监测采用是很重要的。6所学校被确定为计划实施的地方，伴随着地方教会(4个)和医疗诊所(3个)来帮助增加成年受众的人数。目标社区存在一定的差异：2小学和1所中学有大约90%的学生有资格获得免费或减价午餐，而高中难以通过联邦的标准化测试，如果情况没有改善，可能会失去部分资金。另外，小学的规模和中学一样大。至于诊所，1个是专为医保病人服务的社区健康中心，其他2个是与当地医院系统有联系的。教会的大小差不多，但1个是浸礼会，1个是摩门教徒，1个是天主教徒，1个是卫理公会。为了平衡差异，从不同教会中选取有相同的人群和经济状况的会众。

社区组对前面描述的每个地方发出邀请，高中谢绝邀请，天主教和卫理公会教堂也一样，所有的中小学校同意参加，社区卫生中心和医院附属诊所也同意参加。采纳率可以通过分类型(即50%的教会、83%的学校、67%的诊所)或总体(69%)来计算。

有一种模式似乎可以解释为什么某些地方会拒绝。高中的管理者和老师都非常注重提高考试成绩，他们觉得任何不以考试为目标传授的课程都不是一个很好的选择。天主教和卫理公会教会都刚刚参与了一项乳腺癌意识计划，并感到他们不能同时参加另一项活动。诊所刚刚有2位医生退休，他们现在的负担过重，所有拒绝的机构都有合理的理由，限制了他们参与的能力。对于我们的号召，幸运的是那些给群体中经济状况差的人提供服务的机构同意加入，改善生活以使这些人不会脱离健康人群。

每个参加的诊所有10名医生，总共有20名，这5所学校，每所学校1名体育教师(负责课程改革)，所有的老师都对新课程感到兴奋(100%采纳)。在医生中，80%的人同意加入向不符合体育锻炼标准的患者推广身体活动的挑战，并为高危患者做筛查以确定参与的安全性。4个拒绝的医生年龄较大，而且平均比选择参加的人参与的时间更长。为了改变政策，学区负责人同意支持课程改革，并在放学后提供学校体育馆。

步骤2：影响

要确定有资格进行干预的人数，必须做出选择。在目前情况下，这可能是每个参与学校的学生数，参与的教会会众的人数，和在每个诊所的患者数。问题是，目标是让整个社区活跃起来，而教会和诊所只是一种宣传和帮助招募人员的方式，而不是提供干预。此外，教友和患者之间有一些可能重叠，可以在计算时添加一些高估误差分母。在这种情况下，社区中成人和学龄儿童的人口普查数字是最好的分母。人口普查数据也用来确定社区的种族/民族分类，贫困程度和其他人口统计学信息。使用这个信息并且能够很好地呈现达到身体活动建议的人口比例的信息。最后，我们的分母是3 000个孩子和15 000个成年人。

以学校为基础的课程活动达到了 3 000 名儿童中的 2 000 名（那 1 000 名是高中生）。随着身体活动挑战的临近，材料会被孩子带回家，医生会给它做安排，并且会在教堂公告，在教堂公告栏中公布。此外，教堂里会进行演示，潜在的参与者可以在现场进行注册。最后，广告会出现在当地报纸上，海报挂在社区的各个角落。

在发起挑战之前，有 3 000 名成年人报名参加，百分之 85% 的成年受访者是女性，其中大多数都有一个在学校上学的孩子参与，平均家庭收入略高于人口普查数据。拉丁裔和非裔美国妇女和白人妇女一样有可能参加，但少数民族男子比白人男子参加的可能性要小。在评估晚上学校设施使用便利性的政策变化时，有近 300 名种族和宗教相似的男性经常聚在一起打篮球。值得注意的是，使用健身房的男子平均居住在学校的 4 个街区以内。有了这些数据，可以根据儿童（67% 比例）、成人（22%）或总体（29%）来进行报告。研究人员成功地吸引了不同家庭收入的人，但在吸引大量的男性参与上并不是很成功。

步骤 3: 实施

运用每周通信，结合团队目标和反馈回顾干预的组成部分，包括学校体育政策和课程；放学后开放使用学校设施；以及社区范围的身体活动挑战。在课程上，体育教师合作准备挑战，而不是合作教授其他课程。平均来说，他们提供了大约 50% 的材料。对于成人，身体活动的挑战正如预期那样开始实施，每周有 100% 的关于目标反馈的时事通信发送出去，大约 5% 的邮件返回不正确的地址或退回寄件人，降低到实施部分的 95%。儿童和成人的实施数据没有合并，因为在基于实施有效性测试时，单独的数据可能更有效。

活动的成本不是很清楚。在学校里有一些人担心因为学校关门时间延长，公用设施费用账单（如取暖和照明）会上涨，但是这些信息没有从学校里收集到。体力活动挑战材料的成本，以及员工交通时间的成本，都是被追踪的。医生和牧师的时间都不包括在成本估算中，因为他们贡献了自己的时间，而且没有参与任何干预。研究人员考虑追踪招募的时间，并确定最有效的招募策略，但他们认为这超出了干预实施的评估。

步骤 4: 有效性

研究人员确定了一个有效和客观的评估工具，以确定身体活动在去学校前、体育课上和放学后对学生行为进行评估。他们还增加了一些简单有效的体力活动自我报告来回忆孩子们的入学准备，这样他们就可以在开学的第一天反馈给他们，研究人员可以在学校的最后一周再把他们送出去。对于处于挑战中的父母和正在使用健身房的男性，我们在参加活动的第一次或使用健身房之前，使用了简短有效的对身体活动的自我报告测量，要求参与者完成 CDC 健康天数测量和一个简短的人口调查问卷。要求挑战参与者每周一次报告他们的身体活动，而对于那些使用健身房的人，我们从他们在健身房的第一天开始每 6 个月对身体活动进行评估。在每项后续评估中，参与者都被问到由于身体活动增加而可能发生的任何损伤。

在完成这项挑战后,约有 2 000 人仍在参与,并开展后续项目的工作。因为最后超过 30% 人被遗漏了,所以这些人在项目之前的数据被复制并作为他们的后续行动,这就保证了研究人员不会高估那些没有做后续行动的人可能没有改变他们的体力活动的效果。对于研究中的孩子,我们了解到大约 90% 完成了后续工作。

成人平均每周增加身体活动约 45 分钟,而对于孩子,因为新的政策让他们有更多的体育课,所以他们的身体活动时间平均每周增加 120 分钟。有趣的是,使用健身房的成年人每周增加 90 分钟,平均每天使用健身房三个晚上。纵观各个组,这项计划似乎对孩子们的父母最有效;家庭收入较低的成年人比收入较高的成年人更容易获得成功,当我们考虑实施时,在计划实施较好的学校的学生更成功地增加身体活动。

步骤 5: 保持

个人层面

在学校首次实施改革一年之后,学生们仍然比参加政策和课程改革前参加更多的身体活动;参加身体活动挑战的成年人仍然比计划前更积极,但积极性比他们在项目刚结束时要低;没有接受挑战但使用开放式健身房的成年人保持了他们的活动水平,这可能是因为学校晚上还开着门。对学生来说,男生的变化比女生好,但在挑战中女性比男性更好。

组织层面

在计划的第一年之后,研究人员与学校负责人、校长、体育教师、牧师以及来自各个保健诊所的代表会面。所有人都享受第一年的推广,并有兴趣尝试第二年。有很多关于计划和推广的小变动,但是每个人都准备支持这个计划。校长指出,允许人们进入学校几个小时将被纳入学校健康政策中,他将监督学校确保他们遵守政策。

关键信息

需要再一次强调的是,虽然人们认为每个 RE-AIM 维度是重要和有价值的,但它们可能并不都适用于你的环境。不过,这里有 5 条关键信息:

1. 要注意谁参与了你的项目,或政策和环境的变化影响了谁,了解他们的特点和你所接触的目标人群上的差距。

2. 跟踪不同特性的参与者在你的项目中是否得到了公平对待,你的项目对哪些人有效,对哪些人无效。

3. 参与度和代表性通常是由采纳推动的,如果你的干预计划主要为更高经济地位的人和少数族裔访客提供服务,那么你能得到的目标人群可能是非常少的。

4. 以一种持续的方式监控实施情况,以确保你的计划按预期推广。但是随着适应性的产生(他们总是这样),它也可以让你知道适应是否影响有效性,无论是积极的还是消极的。

5. 专注于保持会让你知道你的努力是否导致长期的变化,并向你的目标人群展示了你项目的价值。

改变身体活动是一项具有挑战性的工作,尤其是考虑到在现实环境中实施不同策略的问题。本章旨在强调考虑 5 个领域,如果加以解决和评估,可以增加你在目标人群中影响力的机会。你很可能曾经在你的工作中考虑过这些领域中的大部分,通过系统的方式提供这些信息,并通过分步说明和示例场景,你将能够对你的项目进行 RE-AIM 评估[6]。

(何燕燕译,邓炜校,漆昌柱审)

参 考 文 献

1. Almeida FA, Shetterly S, Smith-Ray RL, Estabrooks PA. Reach and effectiveness of a weight loss intervention in patients with prediabetes in Colorado. *Prev Chronic Dis* [Internet]. 2010 [cited 2010 Sept];7(5):A103. Available from: http://www.cdc.gov/pcd/issues/2010/sep/09_0204.htm.

2. Almeida FA, Smith-Ray RL, Van Den Berg R, et al. Utilizing a simple stimulus control strategy to increase physician referrals for physical activity promotion. *J Sport Exerc Psychol.* 2005;27(4):505–14.

3. Antikainen I, Ellis R. A RE-AIM evaluation of theory-based physical activity interventions. *J Sport Exerc Psychol.* 2011;33(2):198–214.

4. Belansky ES, Cutforth N, Delong E, et al. Early effects of the federally mandated Local Wellness Policy on school nutrition environments appear modest in Colorado's rural, low-income elementary schools. *J Am Diet Assoc* [Internet]. 2010 [cited Nov];110(11):1712–17. Available from: doi 10.1016/j.jada.2010.08.004.

5. Berwick DM. Disseminating innovations in health care. *JAMA* [Internet]. 2003 Apr 16 [cited 2011 Oct 10];289(15):1969–75. Available from: http://jama.ama-assn.org/content/289/15/1969.full.pdf doi 10.1001/jama.289.15.1969.

6. Brownson RC, Housemann RA, Brown DR, et al. Promoting physical activity in rural communities: Walking trail access, use, and effects. *Am J Prev Med* [Internet]. 2000 Mar 15 [cited 2011 Oct 10];18(3):235–41. Available from: http://www.sciencedirect.com/science/article/pii/S0749379799001658 doi 10.1016/S0749-3797(99)00165-8.

7. Burke SM, Carron AV, Eys MA, Estabrooks PA. Group versus individual approach? A meta-analysis of the effectiveness of interventions to promote physical activity. *Sport Exerc Psychol Rev* [Internet]. 2006 [cited 2011 Oct 10];1:16. Available from: http://spex.bps.org.uk/spex/publications/sepr.cfm.

8. Caperchione C, Coulson F. The WellingTONNE Challenge Toolkit: Using the RE-AIM framework to evaluate a community resource promoting healthy lifestyle behaviours. *Health Educ J* [Internet]. 2010 Mar [cited 2011 Oct 10];69(1):126–34. Available from: http:// hej.sagepub.com/content/69/1/126.full.pdf doi10.1177/0017896910363301.

9. Damschroder LJ, Aron DC, Keith RE, Kirsh SR, Alexander JA, Lowery JC. Fostering implementation of health services research findings into practice: A consolidated framework for advancing implementation science. *Implement Sci* [Internet]. 2009 Aug 7 [cited 2011 Oct 10];4:50. Available from: http://www.implementationscience.com/content/4/1/50 doi 10.1186/1748-5908-4-50.

10. Davis M, Baranowski T, Resnicow K, et al. Gimme 5 fruit and vegetables for fun and health: Process evaluation. *Health Educ Behav* [Internet]. 2000 Apr [cited 2011 Oct 10];27(2):167–76. Available from: http://heb.sagepub.com/content/27/2/167.long doi 10.1177/109019810002700203.

11. De Meij JSB, Chinapaw MJM, Kremers SPJ, Van der Wal MF, Jurg ME, Van Mechelen W. Promoting physical activity in children: The stepwise development of the primary school-based JUMP-in intervention applying the RE-AIM evaluation framework. *Br J Sports Med* [Internet]. 2008 Nov 19 [cited 2011 Oct 10];44(12):879–887. Available from: http:// http://bjsm.bmj.com/content/44/12/879.long doi 10.1136/bjsm.2008.053827.

12. Doerksen SE, Estabrooks PA. Brief fruit and vegetable messages integrated within a community physical activity program successfully change behaviour. *Int J Behav Nutr Phys Act* [Internet]. 2007 Apr 10 [cited 2011 Oct 10];4:12. Available from: http://www.ijbnpa.org/content/4/1/12 doi doi:10.1186/1479-5868-4-12.

13. Dunton GF, Lagloire R, Robertson T. Using the RE-AIM framework to evaluate the statewide dissemination of a school-based physical activity and nutrition curriculum:"Exercise Your Options." *Am J*

Health Promot [Internet]. 2009 [cited 2009 Mar-Apr]; 23(4):229–32. Available from: http://www.ncbi.nlm.nih.gov/pmc/articles/PMC2657926/?tool=pubmed doi 10.4278/ajhp.071211129.

14. Dzewaltowski DA, Estabrooks PA, Klesges LM, Bull S, Glasgow RE. Behavior change intervention research in community settings: How generalizable are the results? *Health Promot Int* [Internet]. 2004 [cited 2011 Oct 10];19(2):235–45. Available from: http://heapro.oxfordjournals.org/content/19/2/235.full.pdf+html doi 10.1093/heapro/dah211.

15. Dzewaltowski DA, Estabrooks PA, Welk G, et al. Healthy youth places: A randomized controlled trial to determine the effectiveness of facilitating adult and youth leaders to promote physical activity and fruit and vegetable consumption in middle schools. *Health Educ Behav* [Internet]. 2009 June [cited 2011 Oct 10];36(3):583–600. Available from: http://heb.sagepub.com/content/36/3/583 doi: 10.1177/1090198108314619.

16. Eakin E, Reeves M, Lawler S, et al. Telephone counseling for physical activity and diet in primary care patients. *Am J Prev Med* [Internet]. 2008 Dec 5 [cited 2011 Oct 10];36(2):142–149. Available from: http://www.sciencedirect.com/science/article/pii/S0749379708008970 doi 10.1016/j.amepre.2008.09.042.

17. Eakin EG, Brown WJ, Marshall AL, Mummery K, Larsen E. Physical activity promotion in primary care: Bridging the gap between research and practice. *Am J Prev Med* [Internet]. 2004 [cited Nov];27(4):297–303. doi 10.1016/j.amepre.2004.07.012.

18. Eakin EG, Lawler SP, Vandelanotte C, Owen N. Telephone interventions for physical activity and dietary behavior change: A systematic review. *Am J Prev Med* [Internet]. 2007 May [cited 2011 Oct 10];32(5):419–34 Available from:http://www.sciencedirect.com/science/article/pii/S0749379707000104 doi 10.1016/j.amepre.2007.01.004.

19. Estabrooks P, Bradshaw M, Fox E, Berg J, Dzewaltowski DA. The relationships between delivery agents' physical activity level and the likelihood of implementing a physical activity program. *Am J Health Promot* [Internet]. 2004 May–June [cited 2011 Oct 10];18(5):350–3. Available from: http://ajhpcontents.org/doi/abs/10.4278/0890-1171-18.5.350 doi10.4278/0890-1171-18.5.350.

20. Estabrooks PA, Bradshaw M, Dzewaltowski DA, Smith-Ray RL. Determining the impact of Walk Kansas: Applying a team-building approach to community physical activity promotion. *Ann Behav Med* [Internet]. 2008;36(1):1–12. Available from: http://www.springerlink.com/content/w21404885lwx3424/ doi 10.1007/s12160-008-9040-0.

21. Estabrooks PA, Dzewaltowski DA, Glasgow RE, Klesges LM. School-based health promotion: Issues related to translating research into practice. *J Sch Health.* 2002;73:7.

22. Estabrooks PA, Gyurcsik NC. Evaluating the impact of behavioral interventions that target physical activity: Issues of generalizability and public health. *Psychol Sport Exerc* [Internet]. 2003 Jan [cited 2011 October 10];4(1):41–55. Available from: http://www.sciencedirect.com/science/article/pii/S146902920200016X doi:10.1016/S1469-0292(02)00016-X.

23. Estabrooks PA, Shoup JA, Gattshall M, Dandamudi P, Shetterly S, Xu S. Automated telephone counseling for parents of overweight children: A randomized controlled trial. *Am J Prev Med* [Internet]. 2008 Dec 16 [cited 2011 October 10];36(1):35–42. Available from: http://www.sciencedirect.com/science/article/pii/S0749379708008374 doi 10.1016/j.amepre.2008.09.024.

24. Estabrooks PA, Smith-Ray RL, Almeida FA, et al. Move more:Translating efficacious physical activity intervention principles into effective clinical practice. *Int J Sport Exerc Psychol* [Internet]. 2011 May 20 [cited 2011 Oct 10];9(1):4–18. Available from: http://www.tandfonline.com/doi/abs/10.1080/1612197X.2011.563123#.UZt_UCs4XBI doi: 10.1080/1612197X.2011.563123

25. Estabrooks PA, Smith-Ray RL, Dzewaltowski DA, et al. Sustainability of evidence-based community-based physical activity programs for older adults:Lessons from Active for Life. *Transl Behav Med* [Internet]. 2011 [cited 2011 Oct 10];1:7. Available from: http://www.springerlink.com/index/370162N8282NL370.pdf doi 10.1007/s13142-011-0039-x.

26. Estabrooks PA, Wages JG, Chappell D, et al. Comparing evidence-based principles to evidence-based program: A test of research practice partnerships. *Ongoing Study.*

27. Fjeldsoe B, Neuhaus M, Winkler E, Eakin E. Systematic review of maintenance of behavior change following physical activity and dietary interventions. *Health Psychol* [Internet]. 2011 Jan [cited 2011 Oct 10];30(1):99–109. Available from: http:// psycnet.apa.org/journals/hea/30/1/99.pdf doi 10.1037/a0021974.

28. Gaglio B, Glasgow RE. Evaluation approaches for dissemination and implementation research. Chapter in R Brownson, G Colditz, E Proctor, editors. *Dissemination and Implementation Research in Health:Translating Science to Practice*, Oxford University Press. Forthcoming.

29. Garber CE, Blissmer B, Deschenes MR, et al. American College of Sports Medicine position stand. Quantity and quality of exercise for developing and maintaining cardiorespiratory, musculoskeletal, and neuromotor fitness in apparently healthy adults: Guidance for prescribing exercise. *Med Sci Sports Exerc* [Internet]. 2011 Jul [cited 2011 Oct 10];43(7):1334–59. Available from: http://www.aliceveneto.com/1/upload/quantity_and_quality_of_exercise_for_developing.26_1_.pdf doi10.1249/MSS.0b013e318213fefb.

30. Glasgow RE, Bull SS, Gillette C, Klesges LM, Dzewaltowski DA. Behavior change intervention research in healthcare settings: A review of recent reports with emphasis on external validity. *Am J Prev Med* [Internet]. 2002 Jul [cited 2011 Oct 10];23(1):62–69. Available from: http://www.sciencedirect.com/science/article/pii/S0749379702004373 doi 10.1016/S0749-3797(02)00437-3.

31. Glasgow RE, Vogt TM, Boles SM. Evaluating the public health impact of health promotion interventions: The RE-AIM framework. *Am J Public Health* [Internet]. 1999 Sept [Cited 2011 October 10];89(9):1322–27. Available from: http://ajph.aphapublications.org/doi/abs/10.2105/AJPH.89.9.1322 doi10.2105/AJPH.89.9.1322.

32. Godin G, Jobin J, Bouillon J. Assessment of leisure time exercise behavior by self-report: A concurrent validity study. *Can J Public Health*. 1986;77(5):359–62.

33. Jenkins A, Christensen H, Walker JG, Dear K. The effectiveness of distance interventions for increasing physical activity: A review. *Am J Health Promot* [Internet]. 2009 [cited Nov–Dec];24(2):102–17. Available from: http://ajhpcontents.org/doi/abs/10.4278/ajhp.0801158 doi 10.42 7H/n}bp. OHO 1158.

34. Jilcott S, Ammerman A, Sommers J, Glasgow RE. Applying the RE-AIM framework to assess the public health impact of policy change. *Ann Behav Med* [Internet]. 2007 [cited 2011 Oct 10];34(2): 105–14. Available from: http://www.springerlink.com/content/840wu11643867432/ doi 10.1007/BF02872666.

35. Kahn EB, Ramsey LT, Brownson RC, et al. The effectiveness of interventions to increase physical activity– A systematic review. *Am J Prev Med* [Internet]. 2002 [cited 2002 May];22 Suppl 4:73–107. Available from: http://www.thecommunityguide.org/pa/pa-ajpm-evrev.pdf doi 10.1016/S0749-3797(02)00434-8.

36. Katula JA, Kritchevsky SB, Guralnik JM, et al. Lifestyle Interventions and Independence for Elders pilot study: Recruitment and baseline characteristics. *J Am Geriatr Soc* [Internet]. 2007 May [cited 2011 Oct 10];55(5):674-683. Available from: http://www.thelifestudy.org/docs/Published_Version_JGS_1136.PDF doi 10.1111/j.1532-5415.2007.01136.x.

37. King DK, Glasgow RE, Leeman-Castillo B. Reaiming RE-AIM: Using the model to plan, implement, and evaluate the effects of environmental change approaches to enhancing population health. *Am J Public Health* [Internet]. 2010 Sep 23 [cited 2011 Oct 10];100(11):2076-2084. Available from: http://ajph.aphapublications.org/doi/full/10.2105/AJPH.2009.190959doi10.2105/AJPH.2009.190959.

38. Klesges LM, Estabrooks PA, Dzewaltowski DA, Bull SS, Glasgow RE. Beginning with the application in mind: Designing and planning health behavior change interventions to enhance dissemination. *Ann Behav Med* [Internet]. 2005 Apr [cited 2011 October 10];29 Suppl:66–75. doi 10.1207/s15324796abm2902s_10.

39. Lee RE, McGinnis KA, Sallis JF, Castro CM, Chen AH, Hickmann SA. Active vs. passive methods of recruiting ethnic minority women to a health promotion program. *Ann Behav Med* [Internet]. 1997 [cited 1997];19(4):378–84. Available from: http://www.springerlink.com/content/d14423u68018j275/ doi 10.1007/BF02895157.

40. Lee RE, Medina AV, Mama SK, et al. Health is power: An ecological, theory-based health intervention for women of color. *Contemp Clin Trials* [Internet]. 2011 Jul 18 [cited 2011 Oct 10];32(6):916–23. Available from: http://www.sciencedirect.com/science/article/pii/S1551714411001820 doi10.1016/j.cct.2011.07.008.

41. McKenzie R, Naccarella L, Thompson C. Well for Life: Evaluation and policy implications of a health promotion initiative for frail older people in aged care settings. *Australas J Ageing* [Internet]. 2007 [cited Aug 6];26(3):135–40. doi 10.1111/j.1741-6612.2007.00238.x.

42. Mielenz T, Jackson E, Currey S, DeVellis R, Callahan LF. Psychometric properties of the Centers for Disease Control and Prevention Health-Related Quality of Life (CDC HRQOL) items in adults with arthritis. *Health Qual Life Outcomes*[Internet]. 2006 Sep 24 [cited 2011 Oct 10];4:66–73. Available from: http://www.ncbi.nlm.nih.gov/pmc/articles/PMC1609101/?tool=pubmed doi10.1186/1477-7525-4-66.

43. Rogers EM. Diffusion of preventive innovations. *Addict Behav* [Internet]. 2002 Nov–Dec [cited 2011 Oct 10];27(6):989–93. Available from: http://www.sciencedirect.com/science/article/pii/S0306460302003003 doi 10.1016/S0306-4603(02)00300-3.

44. Sallis JF, Cervero RB, Ascher W, Henderson KA, Kraft MK, Kerr J. An ecological approach to creating active living communities. *Annu Rev Public Health* [Internet]. 2006 [cited Apr];27:297–322. doi 10.1146/annurev.publhealth.27.021405.102100.

45. Schwartz MB, Lund AE, Grow HM, et al. A comprehensive coding system to measure the quality of school wellness policies. *J Am Diet Assoc*[Internet]. 2009 Jul [cited 2011 Oct 10];109(7):1256–62. Available from: http://citeseerx.ist.psu.edu/viewdoc/download?doi=10.1.1.175.4297&rep=rep1&type=pdf doi 10.1016/j.jada.2009.04.008.

46. Shoup JA, Gattshall M, Dandamudi P, Estabrooks P. Physical activity, quality of life, and weight status in overweight children. *Qual Life Res* [Internet]. 2008 [cited 2011 Oct 10];17(3):407–12. Available from: http://www.springerlink.com/index/95925t0328786v55.pdf doi 10.1007/s11136-008-9312-y.

47. Van Acker R, De Bourdeaudhuij I, De Cocker K, Klesges LM, Cardon G. The impact of disseminating the whole-community project '10,000 Steps': A RE-AIM analysis. BMC Public Health [Internet]. 2011 Jan 4 [cited 2011 Oct 10];11. Available from: http://www.biomedcentral.com/1471-2458/11/3 doi:10.1186/1471-2458-11-3.

48. van den Berg MH, Schoones JW, Vlieland T. Internet-based physical activity interventions: A systematic review of the literature. *J Med Internet Res* [Internet]. 2007 [cited Sept 30];9(3):44. Available from: http://www.jmir.org/2007/3/e26/ doi

10.2196/jmir.9.3.e26.

49. Wages JG, Jackson SF, Bradshaw MH, Chang M, Estabrooks PA. Different strategies contribute to community physical activity program participation in rural versus metropolitan settings. *Am J Health Promot* [Internet]. 2010 [cited Sept–Oct];25(1):36–39. doi 10.4278/ajhp.080729-ARB-143.

50. Wang G, Macera CA, Scudder-Soucie B, Schmid T, Pratt M, Buchner D. A cost-benefit analysis of physical activity using bike/pedestrian trails. *Health Promot Pract* [Internet]. 2005 [cited 2005 Apr];6(2): 174–79. doi 10.1177/1524839903260687.

51. White SM, McAuley E, Estabrooks PA, Courneya KS. Translating physical activity interventions for breast cancer survivors into practice: An

evaluation of randomized controlled trials. *Ann Behav Med* [Internet]. 2009 Mar 3 [cited 2011 Oct 10];37(1):10–19. Available from: www.springerlink.com/index/784r6j0r2u225423.pdf doi 10.1007/s12160-009-9084-9.

52. Wing RR, Jeffery RW, Pronk N, Hellerstedt WL. Effects of a personal trainer and financial incentives on exercise adherence in overweight women in a behavioral weight loss program. *Obes Res.* 1996;4(5):457–62.

53. Wing RR, Papandonatos G, Fava JL, et al. Maintaining large weight losses: The role of behavioral and psychological factors. *J Consult Clin Psychol* [Internet]. 2008 [cited Dec];76(6):1015–21. doi 10.1037/a0014159.

第 10 章

促进身体活动行为改变的策略：专业实践和应用技巧

Carol Ewing Garber , Kimberly Samlut Perez

概
要

运动行为改变受到健康与健身专业人员的经验、胜任力和个性的影响[2,4]。健康与健身专业人员有必要了解自己的专业技能以及个人特质，以便更好地提供专业服务促进运动行为改变。本章的重点是讨论促进行为改变的专业实践和实务指导。

健康与健身专业人员的工作领域比较多元，包括健身中心、社区中心、工作站以及其他临床领域，因此，健康与健身专业人员的从业范围很广泛，工作内容丰富多样。读者可以参考《美国运动医学会指南》，以便获取更多运动医学专业的实践方案[1]。

尽管健康与健身专业人员的工作场所不同，工作实践和训练实务中依然存在一些通用的基础知识、技术技巧和伦理操守。本章将提供一些实例分析、沟通技巧和实务指南的知识，便于从业人员掌握使用。

第 1 节　交　　流

语言和非语言交流

经验丰富的专业人员深谙利用语言和非语言的方法与访客或潜在访客沟通的重要性。双方见面要报之以友善的问候和微笑，并有眼神接触。虽然见面握手是寻常事情，但是有些访客可能出于卫生或宗教原因不愿意握手，当访客有握手的意向时，从业人员要及时回应，握手时力度适中，并保持一定眼神交流。

交谈时脸和双肩应朝向访客，并保持适当的目光接触。就座时，身体应略倾向访客以示重视。说话音量要适度，以便倾听和表达信息。适当采取点头、做笔记和手势等非语言技巧提高沟通质量。

健康与健身专业实践目标是去教育、激发和促进身体运动行为改变。语言沟通技巧是核心技巧，无论是通信或面谈，说什么和怎么说都会影响到访客学习、接受和反馈的意愿，进而影响身体运动行为改变的心理状态。

要根据访客的需求、个性和理解力来灵活调整话语，以便做到差异化对待。表达清晰，避免过多使用俚语能够提高沟通质量，也有助于提升专业形象。简短的停顿有助于整理沟通思路，便于访客理解，从而获取有效的反馈。务必避免带有贬损和骚扰性质的言辞。对访客穿着或外形的评价可能会被误解成性骚扰。对种族、信仰、性取向和身体习惯的评论会被认为有贬损意图，健康与健身专业人员要接受相关培训，便于识别和避免这类问题。

电话与电子通信

　　在培训开始阶段要和访客做前期沟通。第一次培训结束后的 24~48 小时内，再做一次电话回访以评估培训效果。根据访客的需求和偏好，选择电邮、短信或社交媒体等方式与访客沟通[3]。时间管理和档案管理有助于保持有效沟通。

　　若访客明确说明使用电邮联系，有必要注明电邮通讯录和主题，通讯录要注明访客的姓名和头衔，对于初次接触的访客，电邮主题要注明访客姓名和事项，电邮正文要标注所沟通的简要内容和缘由（见案例场景 10.1）。

案例场景 10.1

与访客的初次沟通

　　Sam 是当地一家健康俱乐部的私人培训师，他正在做与潜在访客初次沟通的准备。Jones 刚加入了会员，注册了一项私人训练课程。Sam 给 Jones 先生留了好几次信息，都没有收到回复，Sam 留意到 Jones 在会员申请表中勾选了电子邮件联系而非电话联系，说明 Jones 更喜欢通过邮件联系。由于 Jones 今年 62 岁，是一家大公司的高级主管，他每天要收到大量邮件，因此邮件被关注的可能性较低，为增加邮件被看到的可能性，Sam 采用描述性的电邮主题，邮件内容简单直接，并且推送了 5A 咨询程序和健康行为理论。

　　Sam 的邮件如下：

　　邮件主题：关于您在 Exer 俱乐部的个人训练课程

　　尊敬的 Jones 先生：

　　获悉您在 Exer 俱乐部申请了个人训练课程，想和您约个时间谈谈相关事宜，便于尽快开始训练，希望您能告知方便的时间和联系方式，便于与您联系。

　　您可以通过电话、邮件和短信的方式联系到我，期待与您一起完成锻炼目标。

　　您真诚的 Sam

　　私人培训师 Exer 俱乐部

　　电话：212-444-4444

　　电邮：SSpencer@ExerClub.com

　　很快 Sam 收到了 Jones 的短信回复，让他周四上午 8 点电话联系。Sam 回复道：Jones 先生，我会在 3 月 7 日星期四上午给你打电话，电话号码是 212-666-6666，若更改联系方式请您提前告诉我。

　　Sam 在约定的时间给 Jones 先生打电话，通话内容如下：

Jones 先生您好，我是 Exer 俱乐部的私人教练 Sam Spencer，今天打电话是想多了解一下您的基本情况，本次通话大概需要 5 分钟。请问是什么原因让您决定开始锻炼？您觉得常常感到疲惫，想要增强体能。没有问题。对于大部分访客，我们每周会见面一至两次，每次 30~45 分钟，当然，这也可以根据您的时间安排进行调整。

为了尽早开始训练，我们有必要安排一次会面来了解您的健康状况、锻炼习惯并且做一些相关测试，便于有针对性向您推荐训练计划，时间大约需要 1 个小时，您看 3 月 12 日周二的上午 7 点怎么样？为了节省时间和提高效率，会面之前您需要填写一些表格，您觉得表格发送是以电邮还是信件形式发给您？好的，我会邮寄给您，这里确认一下您的地址。

期待 4 月 15 日上午 7 点在 Exer 俱乐部的会面，俱乐部地址：曼哈顿百老汇东 57 号。我用邮件发给您电子日历要求，您可以将其导入您的日历里，同时，我会提前一天以短信或电邮提醒，您还有其他问题吗？谢谢。

电邮往来通常不会被加密，所以会有安全隐患。雇主和其他个人可能会通过电邮、短信和网络聊天获取电邮内容，因此电邮不适用于涉及访客隐私的内容。社交网络、网站、聊天室、电话会议以及博客都可以用于和访客交流的平台。只要有效地监控培训进程、问题解决、提供即时反馈以及分享教育资源的平台和工具，都可以尝试使用。

第 2 节   教 与 学

从业人员使用个性化教学策略以满足访客学习风格和个人偏好。为了使教学达到效果，教学方法和训练策略要以行为改变和学习理论作为理论基础。行之有效的教学方式包含示范、观察、解释和反馈（见图 10.1），常见的教学策略是讲师示范并且讲授，学员观察、练习并反馈。表 10.1 是指导体育锻炼的要点。

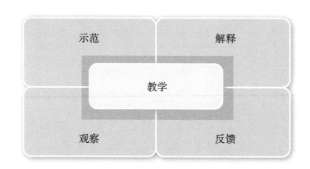

图 10.1 体育教学活动和锻炼的要素（© Carol Ewing Gaber, Ph.D., 2012. Used with permission.）

表 10.1　指导体育锻炼的要点

介绍：使用简单的词汇命名这项练习。

解释：为什么这项练习会作为这套锻炼的一部分。

比较：通过某项熟悉活动或者简单动词来描述这个练习。
示例："今天开始的第一个练习是固定弓步，这项运动对于提升臀部和膝盖的力量很有帮助，可以把这项运动想象成我们周一做的下蹲动作。不同的是，这个练习的腿要前后错开，而不是靠在一起"。

提示：尽量通过语言表述和动作示范让访客理解这个项目，减少专业词汇的使用。有效提示（不是过度提示）要使用简单易懂的词汇。

示范：示范动作时，保持必要的目光交流。

强调：用简单易懂的语言来提醒动作要领，使练习更加规范。
示例：示范练习时，指出需要注意的部位："这个动作需要前脚完全着地，臀部保持水平，脊椎应该伸直，肩膀正向前方，脊椎保持竖直的同时，下蹲调整双腿保持平衡"。

©Kimberly S. Perez, 2011. Used with permission.

第 3 节　环　　境

为促进运动行为改变，咨询、测试和训练场所的环境应该保证安全、舒适且令人愉悦；运动设施要整洁干净，相关场所要避免干扰；要安置噪声消除装置，避免泄露敏感信息；还要为残障人士提供特殊设备和周详的服务。

第 4 节　循序渐进：准备接待访客与跟进

与访客的每一次会面都需要做充足准备，包括引导、咨询、测试或训练等各环节，这对于访客的行为改变和目标达成都是有益的。仅凭一张满满的日程安排来组织训练，很容易手忙脚乱；仅凭经验而不顾访客个性的老生常谈，通常得不到理想的效果。从业人员要根据访客的个人特点量身定制会谈内容和训练课程[2]。另外，准备不足容易滋生纰漏，严重甚至危及访客健康和安全。

会谈准备还包括回顾访客资料，包括既往史和目前的就医记录，培训期间的身体活动和表现，这样做有利于健康与健身的从业人员通盘考量如何与访客相处，确保会谈适合访客需求和促进身体行为的改变，并提高安全意识。和访客探讨近期报纸杂志关于锻炼的文章也是一种很好的健康教育方式。

条件允许的话，健康与健身的从业人员可以促成其他健康专业人员一起为访客提供专业服务,例如初级护理医师、理疗师,或者营养师等,这有助于形成综合的专业建议,以最大限度地保障访客利益并减少干扰行为改变的其他因素,以上这些工作要做在访客来访之前,来访后还要对需求做及时跟进。

第 5 节 循序渐进:健身程序和测试

访客运动方案会谈的要素

运动方案会谈阶段,建议健康与健身专业人员以开放式问题与访客做方案会谈,为开发个性化的锻炼计划营造一个开放互动的氛围。开放轻松的气氛有助于促使访客分享真实感受,袒露顾虑,并表露更多有用信息,进而形成"安全岛效应"。有很多理论框架适用于方案会谈,建议健康与健身从业人员根据环境适应性、时间限制和访客要求选择性应用。除了选用的理论框架,还可以考虑一些通用元素:

(1)明确会谈目的。
(2)评估访客对于训练的准备情况。
(3)基于访客反馈、健康状况、人口学因素、锻炼目标,提供明确建议。
(4)总结计划进展,确保访客了解情况。
(5)建立时间表和跟进模式(见图 10.2)。

| 第1步 明确会谈目的 | 第2步 评估访客的训练准备 | 第3步 为访客提供明确建议 | 第4步 总结计划进展确保访客知会 | 第5步 建立时间表与跟进 |

图 10.2 会谈的要素(© Carol Ewing Gaber, Ph. D., 2012. Used with permission.)

通过与访客开放式谈话可以收集到大量信息,但是仍有一些是否问题(如,只能回答"是"与"否")和客观问题,无法使访客回答得更加具体。表 10.2 提供了一个有效的提问框架。

表 10.2 提出有效的问题

局限性问题	主观问题	开放式问题
您喜欢锻炼吗?	锻炼时,您倾向于高强度活动还是强度适中的活动?	您喜欢哪些高强度的锻炼活动?
近一年内,您抽烟或者戒烟了吗?	去年,您什么时候开始戒烟?	能 10 个月不抽烟,了不起。戒烟后,您有什么改变吗?
您有兴趣减肥或增肥吗?	描述下您的理想体重。或者说体重多少让您感觉舒服?	您认为什么因素会导致您的体重增加?

　　咨询会谈的提问环节，从业人员需要使用以访客为中心的动机性访谈技巧，动机性访谈要兼顾专业考量和访客诉求双方的立场。对于从业人员而言，可以从访客反馈的困难、顾虑和喜好中了解到访客偏好、个性以及风险预期。对于访客而言，能够通过咨询会谈意识到自己的生活方式，获得有助于坚持运动计划的自我激励策略。双方良性互动有利于建立良好的合作意识，当然，这个过程并非一蹴而就，需要循序渐进，逐步协调。改变生活方式和运动习惯是需要倾注精力、耗费时间以及付出相当耐心。除此之外，双方还需要根据生活环境、生活经验和态度变化适时地修改和完善运动计划。

健康状况分析

　　如 ACSM 建议，访客健康状况系统分析是吸引访客的重要手段，在日常拜访中还要予以及时更新。读者可以参考第 2 章以及《美国大学运动医学指南》以获取更多信息和手段[1]。健康状况方面的信息不仅对于访客安全至关重要，还有助于跟踪身体活动计划，防备各种急慢性健康问题引发的突发状况。

第 6 节　身体活动与健身行为总结

　　如前文第 2 章所述，了解访客当前和既往的运动经验对于制定或修订运动计划非常重要，有很多现成的问卷和工具可以用来评估和监控身体活动和锻炼的情况。

　　从行为学的角度来看，个体运动方面的自我效能感是促进运动行为改变的关键。另外，还要了解其他影响锻炼偏好的认知、环境和心理因素，例如文化规范和社区环境。表 10.3 是关于身体活动参与 / 检查会谈的技巧。

表 10.3　身体情况的初步会谈的技巧

问候访客：称呼访客先生或女士，这样既显示尊重，也便于明确对象。
自我介绍：举例："我叫 John，Excel，健身中心的锻炼心理学家。"
介绍来访目的：举例："我是一名执业的私人教练，今天来访是想进一步了解您的情况，以便为您提供更好的训练计划。"
使访客感觉自在：座位高度与访客保持水平或略低，而不要高于访客。
适合谈话的坐姿：保持目光接触，身体前倾，表现出对访客的兴趣。
言谈清晰，语速适中，留意访客言语理解能力的差异。
使用开放式问题：例如："今天感觉如何？""平时坚持锻炼吗？"
明确谈话内容与获取更多信息：当你不理解访客的陈述或者发现访客陈述存在矛盾时，要进一步明确访客表达的意思。遇到一些重要信息（例如胸腔不适），一定要追问细节。

续表

提出访客的顾虑：例如："您看上去担心不适应锻炼，是因为感觉身体不够健壮吗？"
询问访客关于他们健康和健身的问题：例如："你如何看待你的运动习惯？""你当前的健康困扰是什么？"
适当回应访客关于焦虑或不适的话题：例如："很多人因顾虑个人体型，不清楚到健身所能做什么，而不愿意去健身"。
对访客提供信息做总结性理解，并求证是否全面和正确：例如："Jones 先生，咱们确认下今天训练计划的几个要点"。
具体询问访客当前和过去健康情况和需求：例如："Jones 先生，就您的健康状况，询问几个问题，以便您能选择一种安全锻炼的方式"。问题通常包括病史、服药史、酒精和药物使用情况、心血管疾病风险、睡眠习惯以及心理因素，等。
直接询问你所需要了解的事情：访客通常不会主动提供信息，而是期待你发现问题。
询问访客是否还有其他关心的事情：例如："是否还有没有讨论到的问题？"
询问访客是否有疑问。
结束时要总结、答谢和展望。

与访客交谈时，要经常向他们强调训练计划和训练过程中的要点，确保访客注意或理解这些要点。例如：访客可能记不起在做静态弓箭步动作时应该保持前膝与脚对齐，或者应该保持伸展 10~30 秒这些细节。

从业人员应该持客观、专业和真诚的态度，询问访客当前和过去的运动情况。访客在训练时可能会表达真实想法，这时要抓住能让访客坚持训练的关键点。健康与健身专业人员还应该意识到并不是所有人都喜欢锻炼，很多人会认为锻炼是困难且痛苦的，担心自己无法坚持，这需要从业人员加强指导和鼓励。

对于先前的身体活动经历，建议从身体活动和锻炼的角度予以解释，因为访客可能对此缺乏清晰和全面的理解。区分包括日常活动行为、职业或上下班身体活动和锻炼在内所有身体活动行为，不仅有助于健身评估和锻炼诊断，还为制定锻炼计划提供线索。另外，还要了解访客在做什么锻炼，在哪里锻炼，以及锻炼方式偏好。

了解访客的运动偏好有助于制定一个让访客舒适的训练计划，提高访客运动的依存性。从运动安全角度来看，非常有必要了解顾客先前运动相关伤病情况及由此造成的运动限制。比如，一位访客在之前的锻炼中膝盖受过伤，那么现在的锻炼就要避免加剧伤痛，而有些锻炼方法有助于缓解关节疼痛。从业人员既要了解访客的运动限制，既避免加剧损伤，又能帮助恢复。

访客的职业、习惯和生活环境都会影响到行为改变计划。从业人员要了解一下顾客对职业、生活和社区环境等方面的态度，这些信息有助于适时调整锻炼计划，提高访客的运动积极性。例如：繁忙的管理人员会因为频繁出差影响到锻炼时间；要照顾孩子的父母还要定时去接孩子；一些宗教或文化团体可能忌讳男女共同锻炼或者某些特定的锻炼方式。

在制定训练计划时应该与访客做充分沟通，确保访客积极参与计划，为访客提供一份值得且满意的运动旅程。在计划开始之前，先与访客进行核对，确保计划满足访客的需求。在核对确认环节，应该把训练中可能出现的阻碍和问题提前告知访客，并商量好解决方案。即使已经获得双方确认的方案，仍需要告知访客训练计划还可以适宜地调整。

训练计划的跟进与指导

一旦有意外发生，不要急于恢复锻炼，应根据手册予以重新评估。当出现体检或治疗时，不宜马上改变锻炼计划，应该参照《美国运动医学会指南》来处理[1]。健康和健身专业人员要提供一个简易表格标记出需要注意的问题，这有助于康复人员和其他健康专家快速参与解决问题，避免贻误处理时机。例如：在访谈期间，访客的血压显著升高，健康与健身专业人员应该正视而非淡化这个问题："斯密斯先生，您的血压有点高，医生知道这种情况吗？这可能与您进入新环境有关，建议您将这种情况知会医生。"

健康和健身测试环节，确保向访客充分解释测试的目的和过程，这是知情同意的一部分，可以不用签知情同意书，但是有必要口头解释测试的风险、益处以及可替代的测试，允许访客质疑并予以回答。要让访客获悉他们可以拒绝任何测试，可以随时停止测试。即便是有些测试是规定动作并且非常必要。

训练课程

训练进行时，健康和健身专业人员需要向访客传授运动方法和技巧，并在训练过程中监督访客的运动情况。从业人员的独特价值在于通过教授和提供反馈来提高访客的成就感，这个激励的过程可以通过语言和非语言的交流技术来达成。锻炼计划的开始阶段，尤其需要激励学员获得锻炼益处的感知和完成锻炼的成就感。学员会逐渐意识到身心的改变，例如衣服更合身、精力更充沛等，还可以利用自我监控的数据收集和展现身体的改变，包括锻炼日志、时间和距离的统计数据、计步器、APP 或在线工具等[2]。

关键信息

健康与健身专业人员对促进访客身体行为改变发挥重要促进作用。专业的形象、行动和交流是健康与健身专业人员成功实践的关键；同时，还要保持专业实践的高标准。所采取的教学和健康行为改变技术，要建立在专业理论建构、促进访客身体改变以及提高锻炼依从性上。保密原则和坚持伦理标准是健康与健康专业实践的内核。文化敏感性、避免潜在骚扰言行以及科学的身体接触也是健康与健康专业实践的必备要素。

（郭远兵译，邓炜校，漆昌柱审）

参 考 文 献

1. American College of Sports Medicine. *ACSM's guidelines for exercise testing and prescription*. 9th ed. Philadelphia (PA): Lippincott Williams & Wilkins; 2014.

2. Garber CE, Blissmer B, Deschenes MR, et al. Quantity and quality of exercise for developing and maintaining cardiorespiratory, musculoskeletal, and neuromotor fitness in apparently healthy adults: Guidance for prescribing exercise. *Med Sci Sports Exerc*. 2011;43(7):1334–59.

3. Marcus BH, Williams DM, Dubbert PM, et al. Physical activity intervention studies: What we know and what we need to know: A scientific statement from the American Heart Association Council on nutrition, physical activity, and metabolism (Subcommittee on Physical Activity); Council on Cardiovascular Disease in the Young; and the Interdisciplinary Working Group on Quality of Care and Outcomes Research. *Circulation*. 2006;114(24):2739–52.

4. Seguin RA, Economos CD, Palombo R, Hyatt R, Kuder J, Nelson ME. Strength training and older women: A cross-sectional study examining factors related to exercise adherence. *J Aging Phys Act*. 2010; 18(2):201–18.

55检